Netzwerke

Dieter Bensmann

Netzwerke

Eine innovative Organisationsform nutzen und managen

1. Auflage

Haufe Group
Freiburg · München · Stuttgart

Bibliografische Information der Deutschen Nationalbibliothek

Die Deutsche Nationalbibliothek verzeichnet diese Publikation in der Deutschen Nationalbibliografie; detaillierte bibliografische Daten sind im Internet über http://dnb.dnb.de abrufbar.

Print: ISBN 978-3-648-10959-5   Bestell-Nr. 10265-0001
ePub: ISBN 978-3-648-10961-8   Bestell-Nr. 10265-0100
ePDF: ISBN 978-3-648-10962-5   Bestell-Nr. 10265-0150

Dieter Bensmann
Netzwerke
1. Auflage 2018

© 2018 Haufe-Lexware GmbH & Co. KG, Freiburg
www.haufe.de
info@haufe.de
Produktmanagement: Anne Rathgeber

Lektorat: Text+Design Jutta Cram, Augsburg
Satz: kühn & weyh Software GmbH, Satz und Medien, Freiburg
Umschlag: RED GmbH, Krailling

Inhaltsverzeichnis

Vorwort

Netzwerke gelten als eine Organisationsform, der innovative Lösungen zugetraut werden. So ist es nicht verwunderlich, dass immer mehr Menschen

- sich Netzwerken anschließen und diese nutzen,
- von ihrem Unternehmen/ihrer Institution in Netzwerke delegiert werden und
- in die Lage kommen, Netzwerke zu managen.

Netzwerkorganisationen gründen sich aus Eigeninteressen, aber die Netzwerkgründung ist inzwischen mitunter auch eine Bedingung, um Zuwendungen der öffentlichen Hand zu bekommen. Die öffentliche Hand verspricht sich von der Netzwerkbildung bessere Qualität und effizienten Ressourceneinsatz.

Netzwerke werden auch genutzt, um Akteure aus Politik, Verwaltung, Wirtschaft, Kultur und Bildung an einen Tisch zu bringen, um die regionale Entwicklung zu inspirieren. So gibt es in Deutschland weit über 200 Netzwerke zur Bindung von Fachkräften in der jeweiligen Region.[1]

Sind die Erwartungen an Netzwerke realistisch? Was ist das Geheimnis von erfolgreichen Netzwerken? Wie können Netzwerkmitglieder diese Organisationsform bestmöglich nutzen? Wie lassen sich Netzwerke steuern?

Das Buch ist in vier Teile gegliedert. Der erste und der zweite Teil enden jeweils mit praxisorientierten Tests, Tipps und der Vorstellung gängiger Methoden.

In der ausführlichen Einführung geht es um die Orientierung im begrifflichen Netzwerkdschungel und um die Herleitung der vier Grundmerkmale von Netzwerkorganisationen. Ein Exkurs beantwortet die Frage, was die Innovationsfähigkeit von Netzwerken im Grundsatz ausmacht.

Im ersten Teil stehen die Teilnehmerinnen und Teilnehmer von Netzwerken im Mittelpunkt. Das Wissen um die vier Grundmerkmale von Netzwerken – Tausch, Ziele, Unterschiedlichkeit und Vertrauen – erleichtert das »Doing« in Netzwerken. Danach geht es um spezifische Herausforderungen, die Netzwerke an Mitglieder stellen, z.B. bezogen auf Mitwirkungs- und Mitentschei-

---

1 Siehe Datenbank des »Innovationsbüro Fachkräfte für die Region« unter: www.fachkraefte-buero.de.

dungsmöglichkeiten, aber auch auf Zwickmühlen, die Netzwerke kennzeichnen, wie z. B. Konkurrenz und Kooperation.

Der zweite Teil stellt Netzwerkmanagerinnen und Netzwerkmanager in den Mittelpunkt und beschäftigt sich mit dem Managen von Netzwerkorganisationen. Instrumente zur Analyse und Bewertung von Netzwerken (auch des eigenen) und die bewusste Gestaltung der Rolle als Netzwerkmanagerin bzw. -manager bei der Initiierung, Weiterentwicklung und Revitalisierung von Netzwerken werden betrachtet. Eine besondere Bedeutung hat in diesem Zusammenhang die Gestaltung der Kommunikation und der Austauschprozesse sowohl face to face als auch durch Software ergänzt und unterstützt.

Im dritten Teil werden fünf erfolgreiche Netzwerke ausführlich vorgestellt. Diese sind in unterschiedlichen inhaltlichen Arbeitsbereichen tätig und sehr verschieden aufgebaut. Die Spanne reicht vom Bildungsnetzwerk bis zum Unternehmensnetzwerk. In allen Teilen des Buches werden Einzelheiten aus den Porträts zur Veranschaulichung und als Belege für Annahmen, Aussagen und Auffassungen zu Netzwerkorganisationen genutzt. Die detaillierten Beschreibungen in den Porträts ermöglichen es, dort Bewährtes abzugucken, nachzumachen oder modifiziert zu kopieren. Aus den Porträts werden zwei Trends zur Entwicklung von Netzwerkorganisationen abgeleitet, die am Ende des Teils vorgestellt werden.

Im vierten Teil wird der Hype um Netzwerke in den Kontext gesellschaftlicher Entwicklungen gestellt. Dazu wird der Betrachtungsstandpunkt geändert: Anstatt Netzwerkorganisationen aus organisationstheoretischer Perspektive zu betrachten, werden sie aus supervisorischer Sicht in den Fokus genommen.

Das Buch bietet Orientierungswissen und Handwerkszeug zur erfolgreichen Nutzung und Gestaltung der Organisationsform »Netzwerk«. In diesem Sinne ist es auch als Handbuch zu nutzen, das bei Bedarf Informationen zum Verständnis von Netzwerkorganisationen anschaulich vermittelt und praxiserprobte Anregungen zur Netzwerkgestaltung zur Verfügung stellt.

Ich wünsche Ihnen eine anregende Lektüre, die zu mehr Verständnis von dem führt, was Netzwerke ausmacht, und die mit einem Zuwachs an Handlungskompetenz in Netzwerkorganisationen verbunden ist.

Hamburg im März 2018 Dieter Bensmann

Einführung

Orientierung im begrifflichen Netzwerkdschungel

Egozentrische Netzwerke

»Ich bin gut vernetzt!« »Auf mein Netzwerk kann ich mich verlassen.« Diese oder ähnliche Aussagen sind häufig zu hören, wenn es um das Thema »Netzwerke« geht. In diesen Beispielen wird über individuelle, personenbezogene Netzwerke gesprochen. Im Fachjargon heißt diese Form von Netzwerk »egozentrisches Netzwerk«.

Egozentrische Netzwerke betrachten die Verbindungen zwischen Menschen aus der Perspektive eines Akteurs, der als »Ich/Ego« ins Zentrum gesetzt wird.

Das eigene egozentrische Netzwerk kann visualisiert werden, indem – ausgehend vom Ich – in Form einer Mindmap familiäre, freundschaftliche und berufliche Verbindungen dargestellt werden. Durch Nähe und Distanz zum Ich wird ausgedrückt, welche Personen besonders wichtig und/oder vertraut sind und welche weniger Bedeutung haben.
Egozentrische Netzwerke sind wie alle Netzwerke dynamisch: Eine Person, die dem Ego heute sehr nahe steht, kann in einer Visualisierung desselben Egos fünf Jahre später am Rande stehen. An diesem Beispiel ist zudem zu erkennen: Zu einem egozentrischen Netzwerk gehören auch Personen, zu denen das Ich lange Zeit keinen Kontakt mehr hatte, bei denen es sich aber auf »die alten Zeiten« beziehen könnte, um den Kontakt wieder aufleben zu lassen.

Das entscheidende Merkmal eines egozentrischen Netzwerks ist: Alle Personen haben Verbindungen zum Ich, umgekehrt ist das Ich mit allen verbunden. Das schließt nicht aus, dass Personen aus einem egozentrischen Netzwerk auch untereinander Verbindungen haben. Diese Verbindungen sind dann jeweils Bestandteil von deren egozentrischen Netzwerken.

In egozentrischen Netzwerken gibt es starke und schwache Beziehungen.[2] Die starken Beziehungen werden in der Abbildung durch die Punkte dargestellt, die dem Ego am nächsten sind. Indikatoren für starke Beziehungen sind u.a. Häufigkeit und Dauer von Begegnungen und Kontakten, der Grad von wech-

---

2   Siehe hierzu auch Kap. 4.2.2.

selseitigem Vertrauen, die Häufigkeit und Intensität von gemeinsamen Erfahrungen, die Aktualität der Beziehung.

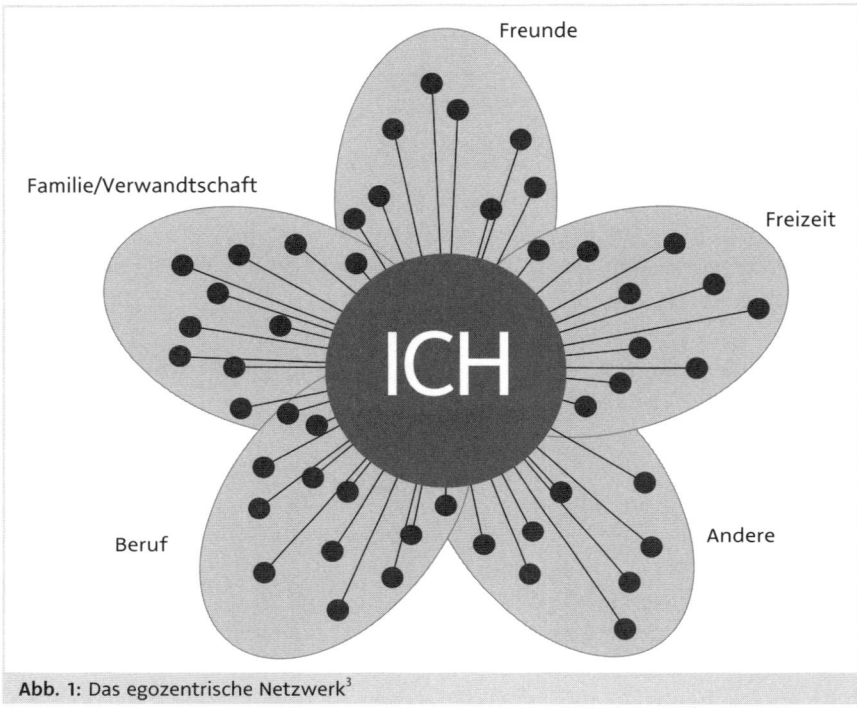

Abb. 1: Das egozentrische Netzwerk[3]

Das besondere Charakteristikum eines egozentrischen Netzwerks ist Potenzialität: Das egozentrische Netzwerk kann nur das Ich – und niemand sonst – aktivieren. Eine Geburtstagseinladung kann z.B. als Aktivierung des egozentrischen Netzwerks des Geburtstagskinds betrachtet werden. Das egozentrische Netzwerk kann auch genutzt werden, um zu streuen, dass das Ego eine neue Arbeitsstelle sucht. Die Netzwerkforschung hat gezeigt, dass die Vermittlung neuer Arbeitsstellen mithilfe egozentrischer Netzwerke dann besonders erfolgreich ist, wenn das Ego seine schwachen Beziehungen aktiviert.

Eine gute individuelle Vernetzung ist – das entspricht der Lebenserfahrung von vielen – nützlich und hilfreich. Das Netzwerk besitzt allerdings keine eigene Identität, da es nur im Kopf des Egos existiert und sich ausschließlich durch das Beziehungshandeln des Egos konstituiert hat.

---

3   Zur Visualisierung von egozentrischen Netzwerken siehe auch Strauss in Stegbauer/Häußling, S. 527 ff. und Krempel in Stegbauer/Häußling, S. 539 ff.; zur Datenerhebung und Datenanalyse in egozentrischen Netzwerken siehe Wolf in Stegbauer/Häußling, S. 471 ff.

Deshalb ist ein egozentrisches Netzwerk keine Netzwerkorganisation. Ebenso wenig wie Onlinedienste, die sich selbst als »soziale Netzwerke« bezeichnen.

Facebook und Co. – soziale Netzwerke

Soziale Netzwerke wie Facebook[4] bieten die Möglichkeit, das eigene Profil zu veröffentlichen. Es ist dann für jeden Besucher von Facebook sichtbar. Ist ein Profil interessant, können Facebook-Nutzer eine Freundschaftsanfrage senden. Wird diese angenommen, werden sie bei Facebook als Mitglied im »Freundeskreis« des Betreffenden geführt. Facebook macht die egozentrischen Netzwerke derjenigen sichtbar, die dort ihr Profil veröffentlichen. Sichtbar wird das Profil durch bestätigte Freundschaftsanfragen, aber auch durch Beiträge, die Mitglieder eines egozentrischen Netzwerks posten. Jeder Eintrag aus dem Netzwerk eines Egos profiliert den Autor und trägt dazu bei, das Netzwerk des entsprechenden Egos deutlicher zu charakterisieren.

Ein egozentrisches Netzwerk gewinnt für Mitglieder dieses Netzwerks Kontur durch die Summe aller Kommunikationsakte, die sich in diesem Netzwerk ereignen. Zu den Kommunikationsakten zählen nicht nur eigene Beiträge, sondern auch das sog. Liken von Beiträgen anderer Nutzer, mit dem Zustimmung zu den Inhalten signalisiert wird.

Da nicht nur ein egozentrisches Netzwerk in Facebook sichtbar ist, sondern zusätzlich die egozentrischen Netzwerke von Millionen anderer Facebook-Nutzer, ergibt sich ein zusätzlicher Effekt: Die egozentrischen Netzwerke vernetzen sich untereinander: In meinem Netzwerk bin ich das Ego, in vielen anderen egozentrischen Netzwerken mit einem anderen Ego bin ich Teil des Netzwerks dieses Egos.

Darüber hinaus bietet Facebook die Möglichkeit, Gruppen zu bilden. Deren Kommunikation ist anderen Facebook-Mitgliedern nicht zugänglich. Gruppen werden gebildet, um sich zu einem bestimmten Thema austauschen zu können:
- Eine Großfamilie kann über Facebook Familiennachrichten verbreiten.
- Eine Facebook-Gruppe wird z.B. auch von Franchisenehmern genutzt, um sich untereinander Tipps zum erfolgreicheren Betreiben des eigenen Franchiseunternehmens zu geben und um sich über gemeinsame Strategien dem Franchisegeber gegenüber abzusprechen.

---

4   Facebook steht hier exemplarisch für viele ähnlich arbeitende soziale Netzwerke wie die Businessplattformen LinkedIn oder Xing bzw. die ebenfalls zum Unternehmen Facebook gehörenden Netzwerke WhatsApp und Instagram.

Die Gruppenfunktion von Facebook kann genutzt werden, um ein organisationales Netzwerk zu befördern. Diese Netzwerke verfolgen einen Zweck und folgen bestimmten Regeln, haben eine Kultur. In der Regel reicht die Nutzung eines Onlinedienstes nicht aus, um ein organisationales Netzwerk erfolgreich zu betreiben. Bei einem Franchisenehmer-Netzwerk gehören beispielsweise regelmäßige Treffen und Kontakte zwischen Einzelnen – telefonisch oder face to face – dazu, um das Weiterbestehen des Netzwerks zu sichern. Face-to-Face-Treffen mit eingespielten Abläufen und aufeinander abgestimmten Erwartungen, die sich auch in Rollen manifestieren können, sind in der Regel Bestandteil der Netzwerkkultur, die neben und/oder ergänzend zum Onlineleben des Netzwerks zu finden sind.

Es scheint so zu sein, dass der Teil organisationaler Netzwerke, der außerhalb der Onlinedienste stattfindet, oft nicht als eigenständiger Teil des Netzwerks wahrgenommen, sondern als zu Facebook gehörig betrachtet wird.

Sozialen Netzwerken, die sich – wie Facebook – als Onlinedienst anbieten, fehlt ein verbindender Zweck, der über die Vernetzung selbst hinausgeht. Mit einer Vernetzung können gleichwohl verschiedene Unterziele verfolgt werden. Businessnetzwerke wie Xing oder LinkedIn können genutzt werden, um geeignete Mitarbeiter ausfindig zu machen oder zu Konkurrenten zu recherchieren. Hiermit sind verschiedene Möglichkeiten beschrieben, die in sozialen Netzwerken geschaffene Vernetzung zu nutzen. Soziale Netzwerke wie Facebook lassen sich im Kern also als ein Instrument beschreiben, das Menschen untereinander vernetzt. Außer Vernetzung gibt es kein weiteres Ziel, das Nutzer von Onlinediensten gemeinsam verfolgen. Deshalb sind auch soziale Netzwerke keine Organisationsnetzwerke.

Netzwerk-Marketing

Im Begriff »Netzwerk-Marketing« wird ebenfalls die positiv besetzte Konnotation des Begriffs »Netzwerk« genutzt. Es bezeichnet die Nutzung des eigenen Freundes- und Bekanntenkreises zur Vermarktung von Produkten und Dienstleistungen. Eine besonders bekannte Form des Netzwerk-Marketings sind Tupperpartys. Der Freundeskreis des Gastgebers wird genutzt, um einem Verkäufer der Firma Tupper Gelegenheit zu geben, in der Wohnung des Gastgebers Küchenprodukte zu verkaufen. Inzwischen wurde diese Form des Marketings weiterentwickelt. Es gibt Formen des Direktvertriebs, bei dem Personen als Freiberufler beschäftigt werden, um Produkte in ihrem Freundes- und Bekanntenkreis zu verkaufen. Dabei nutzt der freiberufliche Verkäufer die Vertrauensposition im eigenen egozentrischen Netzwerk als Verkaufsargument. Beim Netzwerk-Marketing werden also egozentrische Netzwerke zu Verkaufszwecken genutzt.

Der Netzwerkbegriff in der Netzwerkforschung

Die Netzwerkforschung beschäftigt sich in Form der Netzwerkanalyse ausführlich mit den Beziehungen innerhalb von Netzwerken. Dabei werden diese Beziehungen grafisch als Kanten/Linien dargestellt, die die Akteure eines Netzwerks (durch Knoten repräsentiert) miteinander verbinden.[5] Mit diesem Grundmodell werden Ressourcenflüsse (Geld, Informationen, Reputation, Beziehungen) erforscht[6] oder Markengemeinschaften visualisiert.[7] Ebenso ist es möglich, informelle Strukturen[8] in Unternehmen zu untersuchen mit dem Ziel, Beschäftigte zu identifizieren, die eine wichtigere Funktion im Unternehmen innehaben, als die formale Hierarchie es vermuten lässt. Dies kann hilfreich sein, wenn es z.B. darum geht, Personaleinsparungen so vorzunehmen, dass die Auswirkungen im Betrieb möglichst gering sind.

Alle diese Netzwerkanalysen haben eines gemeinsam: Sie beziehen sich auf Phänomene von Vernetzung. Sie untersuchen die Beziehungen von Menschen, mitunter auch von Institutionen zueinander, die als Ganzes nicht miteinander verbunden sind.

Daneben beschäftigt sich die Netzwerkforschung auch mit der Analyse von Netzwerken, die sich selbst als Organisation verstehen. So hat beispielsweise Nina Kolleck[9] lokale Netzwerke in fünf Städten Deutschlands mit Methoden der sozialen Netzwerkanalyse untersucht, die hierfür modifiziert wurden. Diese Netzwerke hatten sich aus kontinuierlichen Arbeits- und Austauschzusammenhängen heraus konstituiert mit Merkmalen, die Netzwerke als Organisationen kennzeichnen.[10]

Die Netzwerkforschung betreibt also einerseits Vernetzungsforschung, zum anderen erforscht sie Netzwerkorganisationen.

---

5   Albrecht in Stegbauer/Häußling, S.125.
6   Katzmair in Stegbauer/Häußling, S.658.
7   Hellmann/Marschall in Stegbauer/Häußling, S.649.
8   Siehe Ziegenhorn in Aderhold/Meyer/Wetzel, S.37ff.: Ziegenhorn spricht in diesem Zusammenhang von »informellen Netzwerken«.
9   Kolleck in Fischbach/de Haan/Kolleck, S.55ff.
10 Der Autor war beauftragt, die Ergebnisse der Analyse für die Akteure vor Ort nutzbar zu machen. Das Netzwerk *Nachhaltigkeit lernen in Frankfurt*, das in Kap. 8.4 porträtiert wird, ist eines dieser Netzwerke.

Fazit

Wenn von Netzwerken die Rede ist, besteht die Gefahr von Missverständnissen. Drei Bedeutungsebenen sind zu unterscheiden:

- Das eigene, personenzentrierte Netzwerk ist das egozentrische Netzwerk.
- Onlinedienste, die die egozentrischen Netzwerke von Millionen von Nutzern sichtbar machen und miteinander verknüpfen, werden als soziale Netzwerke bezeichnet.
- Der Begriff »Netzwerk« bzw. die englische Übersetzung »Network« wird auch im Sinne von »Vernetzung« verwendet.

Der Hörer/Leser muss situativ entscheiden, welche Bedeutungsebene jeweils gemeint ist.

In diesem Buch geht es um keine der drei Bedeutungsebenen.

> **!** **Wichtig**
>
> In diesem Buch geht es um Netzwerke, die sich als Organisationen verstehen und entsprechend agieren.

Das Netzwerk als Organisationsform zwischen Markt, Kooperation und Unternehmen/Institution

Auch wenn es nicht der landläufigen Wahrnehmung entspricht: Netzwerke sind Organisationen. Sie stehen in einem spezifischen Zusammenhang zu den bekannten Organisationsformen »Markt«, »Kooperation« und »Unternehmen/Institution«. Die Besonderheit von Netzwerken als Organisationsform wird im Vergleich mit ihnen deutlich und zeigt, dass Netzwerke sich durch Integration jeweils eines spezifischen Merkmals der Organisationsformen »Markt«, »Kooperation« und »Unternehmen/Institution« konstituieren.

In der folgenden Tabelle werden alle genannten Organisationsformen in einer Gegenüberstellung miteinander verglichen. Die Angaben zur Organisationsform »Netzwerk« sind ein Vorgriff auf das Netzwerkverständnis, das hier entwickelt werden wird. Es dient an dieser Stelle der Einführung und der Orientierung.

Danach werden die Organisationsformen »Markt«, »Kooperation« und »Unternehmen/Institution« beschrieben mit dem Fokus auf das Grundmerkmal, das die Organisationsform »Netzwerk« mit konstituiert:

- Tausch als Merkmal der Organisationsform »Markt«
- Unterschiedlichkeit als Merkmal der Organisationsform »Kooperation«
- Zielorientierung als Merkmal der Organisationsform »Unternehmen/Institution«

Das vierte Grundmerkmal von Netzwerkorganisationen, das die anderen gewissermaßen verbindet, ist Vertrauen.

	Markt	Netzwerk	Kooperation	Unternehmen
Verantwortung/ Zielorientierung	individuell und spontan	durch eigeninitiatives Handeln	vertraglich vereinbart	durch Hierarchie festgelegt
Zugehörigkeit	spontan	durchlässige Systemgrenzen; durch Mitwirkung des Einzelnen	durch Vereinbarung geregelt	durch (Arbeits-) Vertrag
Entscheidungs-/Sanktionsmacht	durch Kaufentscheidung	durch Resonanz; Möglichkeit, sich für eine Kooperation zu entscheiden	nach Vereinbarung	durch Hierarchie vorgegeben
Sicherheit/ Bindung	Sicherheit gering; Bindung lose; Kultur des Tauschs von Ware gegen Geld	durch Vertrauen/positive Erfahrungen/ Nutzen	durch Vertrag	Einbindung in verbindliche Strukturen, Bezahlung
Kommunikation	spontan	ereignisorientiert	akteurs- und zielorientiert; vertraglich geregelt	ziel- und ergebnisorientiert entsprechend der Unternehmenskultur
Motto	Ich gebe, damit du gibst.	Was uns fremd erscheint, wird uns vertraut, wenn wir uns austauschen. Dann werden Ziele gemeinsam erreichbar.	Unterschiedlichkeit nutzbar machen	Gewinn erzielen durch nachgefragte Produkte und Dienstleistungen

Organisationsformen im Überblick

Der Vergleich zeigt: Jede Organisationsform ist durch Stärken und Schwächen gekennzeichnet. Netzwerke sind also nicht die Lösung für jedes Problem, für das eine Organisationsform gefunden werden soll.

Die Stärke des Marktes ist Flexibilität bezogen auf die Gestaltung von Tauschakten. Der Markt als Organisationsform ist eindimensional, beschränkt darauf, den Tausch von Waren, Dienstleistungen und Informationen zu ermöglichen. In der Regel geht es dabei um direkten Do-ut-des-Tausch (»Ich gebe, damit du gibst.«).

Die Stärken der Organisationsform »Kooperation« sind Verbindlichkeit und Transparenz. In der Konstituierungsphase ist Kooperation beweglich und gestaltbar. Nach der Gründung sind Kooperationen eher unflexibel. Das ist der Preis für die Verbindlichkeit. In der Regel bedarf jede Veränderung der Zustimmung aller Kooperationspartner.

Die Stärke von Unternehmen/Institutionen ist die Fähigkeit, aufgrund der hierarchischen Struktur schnell zu entscheiden. Feste Strukturen bieten Mitgliedern klare Orientierung und sorgen für Sicherheit, führen mitunter aber auch zu Widersprüchen zwischen den Interessen des Unternehmens/der Institution und denen seiner/ihrer Mitglieder.

Die Stärke von Netzwerken ist die Potenzialität, besonders ausgeprägt in Form von Innovationsfähigkeit.[11]

Netzwerkorganisation: eine Synthese von Wesensmerkmalen aus Markt, Kooperation und Unternehmen/Institution

Die Konstituierung der Organisationsform »Netzwerk« durch Integration von Wesensmerkmalen der drei anderen Organisationsformen »Markt«, »Kooperation« und »Unternehmen/Institution« ist in Abbildung 2 veranschaulicht. Die folgenden Kurzbeschreibungen der Organisationsformen »Markt«, »Kooperation« und »Unternehmen/Institution« veranschaulichen, welche Merkmale dieser Organisationsformen in Netzwerkorganisationen zusammengeführt werden.

---

11   Siehe auch Exkurs: Was die Innovationsfähigkeit von Netzwerken ausmacht.

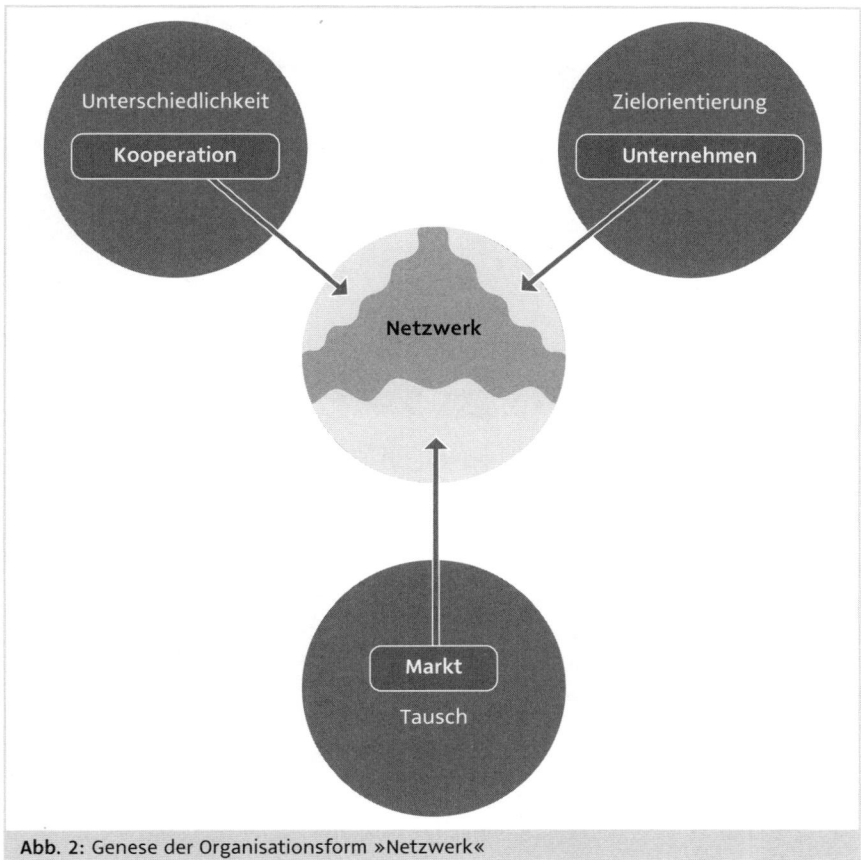

Abb. 2: Genese der Organisationsform »Netzwerk«

Markt: ein Ort zum Tauschen

Auf dem mittelalterlichen Markt kamen Menschen zusammen, die etwas anboten und gleichzeitig etwas anderes benötigten. Die Hauptaktivität war Tausch. Dabei gab es den direkten Tausch von Ware gegen Ware und den Tausch von Ware gegen Geld parallel. In beiden Fällen handelt es sich um den sog. Do-ut-des-Tausch.

Die Rollen von Anbieter und Nachfrager waren noch nicht ausgeprägt. Fast alle Marktteilnehmer waren Anbieter und Nachfrager in einer Person: Wenn sie hinter ihrem Stand ihre Produkte präsentierten, waren sie in der Anbieterrolle, wenn sie auf dem Markt herumgingen und nach dem suchten, was sie benötigten, waren sie in der Nachfragerrolle. Der Markt fand zu einer festgelegten Zeit an einem immer gleichen Ort statt.

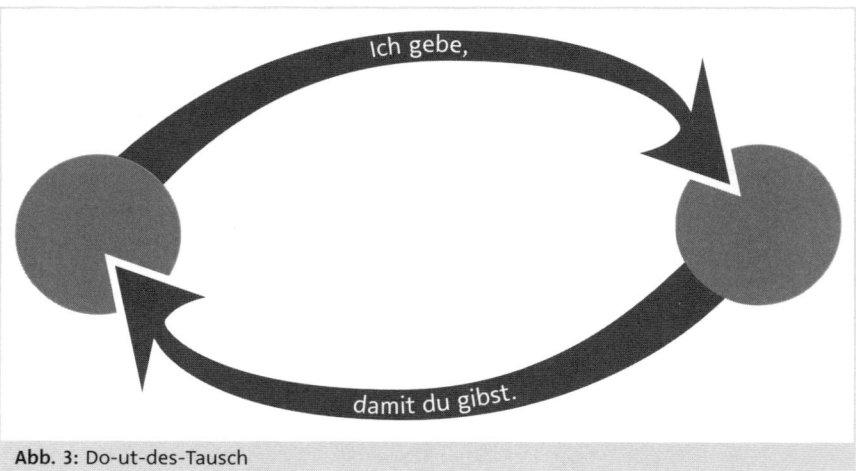

Abb. 3: Do-ut-des-Tausch

Beim mittelalterlichen Markt handelte es sich um ein System von Regeln, die z.B. in den Marktrechten festgelegt, aber auch in Gebräuchen kulturell geregelt waren (z.B. Handschlag als Form des Vertragsabschlusses). Diese Regeln dienten der Koordination von Handlungen, deren Zweck der Tausch von Produkten, ansatzweise auch von Dienstleistungen wie z.B. Wahrsagen war. All das sind Definitionsmerkmale einer Organisation.[12] Auch die bei Scherer genannte Definitionsbedingung, dass es sich um Tätigkeiten handelt, die in alleiniger Anstrengung nicht erreichbar sind, trifft zu: Ohne Markt hätte ein Bauer selbst herumreisen müssen, um jemanden zu finden, der das braucht, was er zu bieten hat, und der das besitzt, was der Bauer benötigt – ein schier unmögliches Unterfangen in der damaligen Zeit.

Neben den Waren gibt es darüber hinaus noch etwas anderes, das auf einem mittelalterlichen Markt getauscht wird: Informationen, Neuigkeiten aus anderen Teilen des Landes, aber auch Klatsch und Familiennachrichten von weiter entfernt wohnenden Verwandten und Bekannten.

Die Struktur des Marktes gibt zwar einen Rahmen vor. Wie dieser ausgefüllt wird, ergibt sich aber zum großen Teil spontan: Wer wann und wie lange auf

---

12 Siehe Definition von »Organisation« bei Scherer in Kieser/Ebers, S.19, im Wortlaut: »Menschen erleben Organisationen als Systeme von impliziten und expliziten Regeln, die auf einen (oftmals unausgesprochenen) Zweck gerichtet sind und Erwartungen sowohl an Organisationsmitglieder als auch an Nichtmitglieder kommunizieren, sich in einer bestimmten Art und Weise zu verhalten. Diese Regeln dienen der Koordination von Handlungen zur Erfüllung bestimmter Zwecke, die für das Individuum in alleiniger Anstrengung in vielen Fällen nicht erreichbar ist. Oftmals können allerdings die Individuen an der Zwecksetzung oder an der Regelfestsetzung gar nicht teilhaben, sondern finden diese schlicht vor.«

dem Markt präsent ist, wer was bekommen und losschlagen kann, ist nicht planbar. Welche Informationen ein Marktteilnehmer bekommt und welche er gibt, hängt davon ab, wann er wen trifft – auch das zum großen Teil ein Produkt des Zufalls.

Insgesamt kann man von einer eher fluiden Form der Organisation in einem vorgegebenen Rahmen sprechen, der in unberechenbarer Weise genutzt wird.

Wichtig !

Das Hauptmerkmal der Organisationsform »Markt« ist Tausch.

Kooperation: Unterschiedlichkeit produktiv werden lassen

Laut Wikipedia ist Kooperation »das zweckgerichtete Zusammenwirken von Handlungen zweier oder mehrerer Lebewesen, Personen oder Systeme in Arbeitsteilung, um ein gemeinsames Ziel zu erreichen.«[13] Im Unterschied dazu wird nicht zweckgerichtetes Handeln von Akteuren als »Interaktion« bezeichnet. Ein weiteres wichtiges Definitionsmerkmal von Kooperation ist die Eigenständigkeit der zusammenarbeitenden Akteure, seien es Personen, Institutionen oder Unternehmen.[14]

Kooperationen kommen dann zustande, wenn eigenständigen Akteuren etwas fehlt, um ein Ziel zu erreichen, das sie gerne erreichen wollen, und wenn das, was dem einen fehlt, vom anderen beigesteuert werden kann, dem umgekehrt etwas fehlt, das der Kooperationspartner beisteuert. In diesem Fall bietet Kooperation die Möglichkeit, gemeinsam ein oder mehrere Ziele zu erreichen, die man allein nicht hätte erreichen können.

Dazu zwei Beispiele:

Beispiel !

1. Wenn ein Unternehmen eine Beratungsdienstleistung nachfragt, die Organisationsentwicklungskompetenz und Coachingkompetenz beinhaltet, und ich selbst nur einen Teil kompetent anbieten kann, so habe ich die Möglichkeit, mit einem Kollegen zu kooperieren, der die fehlende Kompetenz in die Auftragsbewältigung einbringen kann.

---

13 https://de.wikipedia.org/wiki/Kooperation [19.12.2017]
14 Zum Beispiel im Gabler Wirtschaftslexikon: http://wirtschaftslexikon.gabler.de/Definition/kooperation.html [19.12.2017]

2. Als einzelnes Unternehmen bin ich zu klein, um einen hohen Rabatt bei einem Stromanbieter auszuhandeln. Also schließe ich mich mit mehreren Unternehmen zusammen, die einen hohen Stromumsatz repräsentieren, die alle bereit sind, den Stromanbieter zu wechseln, wenn die neuen Konditionen besser sind als die alten. Wenn ein solcher Stromanbieter gefunden ist, schließen die Unternehmen einen Kooperationsvertrag untereinander und binden sich gemeinsam vertraglich an den neuen Stromlieferanten.

Der Kooperation von gleichberechtigten Partnern liegen ein gemeinsames Verständnis und ein gemeinsames Interesse zugrunde: Dadurch, dass jeder etwas Unterschiedliches in die Kooperation einbringt, entsteht etwas Neues, das durch die Zusammenarbeit ermöglicht wurde.

In Abbildung 4 ist die Findungsphase visualisiert. Jeder Kooperationspartner bringt ein Puzzleteil ein. Die Puzzleteile bilden die unterschiedlichen Fähigkeiten und Erfahrungen der Kooperationspartner ab, die in der Kooperation bedeutsam sein können. In einer ausgestalteten Kooperation sind die Kompetenzen aufeinander bezogen, die unterschiedlichen Bildinhalte würden nach der vereinbarten Kooperation ein stimmiges Gesamtbild ergeben. Der Gesamteindruck ist darauf ausgerichtet, Ziele der Kooperation nach außen zu kommunizieren.

Kooperationen unabhängiger Akteure bedürfen in der Regel genauer Absprachen, die häufig in Kooperationsverträgen fixiert werden. In diesen wird festgelegt, wer welche Aufgaben übernimmt, wie Verantwortlichkeiten verteilt sind, welcher Anteil von evtl. anfallenden Investitionskosten von wem übernommen wird, wie Einnahmen verteilt werden usw. Der Aushandlungsprozess einer Kooperation ist deshalb eine sehr wichtige Phase der Kooperation. Diese ist von Offenheit – im Sinne von »noch nicht entschieden« – geprägt. Nicht nur die Ergebnisse sind offen, oft ist auch die Zusammensetzung der Kooperationspartner Gegenstand dieses Aushandlungsprozesses.

Warum sind Kooperationen, die in Netzwerken entstehen, ein Erfolgsindikator?
In Netzwerken gibt es einen pragmatischen Umgang mit den beiden Organisationsformen »Netzwerk« und »Kooperation«. Sie werden oft nicht unterschieden: Beide Formen der Organisation werden als Bestandteil des Netzwerks, also zum Netzwerk dazugehörig wahrgenommen.

Genau genommen ist das nicht präzise. Eine sorgfältige Unterscheidung von »Netzwerk« und »Kooperation, die aus dem Netzwerk hervorgeht« ist hilfreich, um Netzwerke bestmöglich zu steuern.

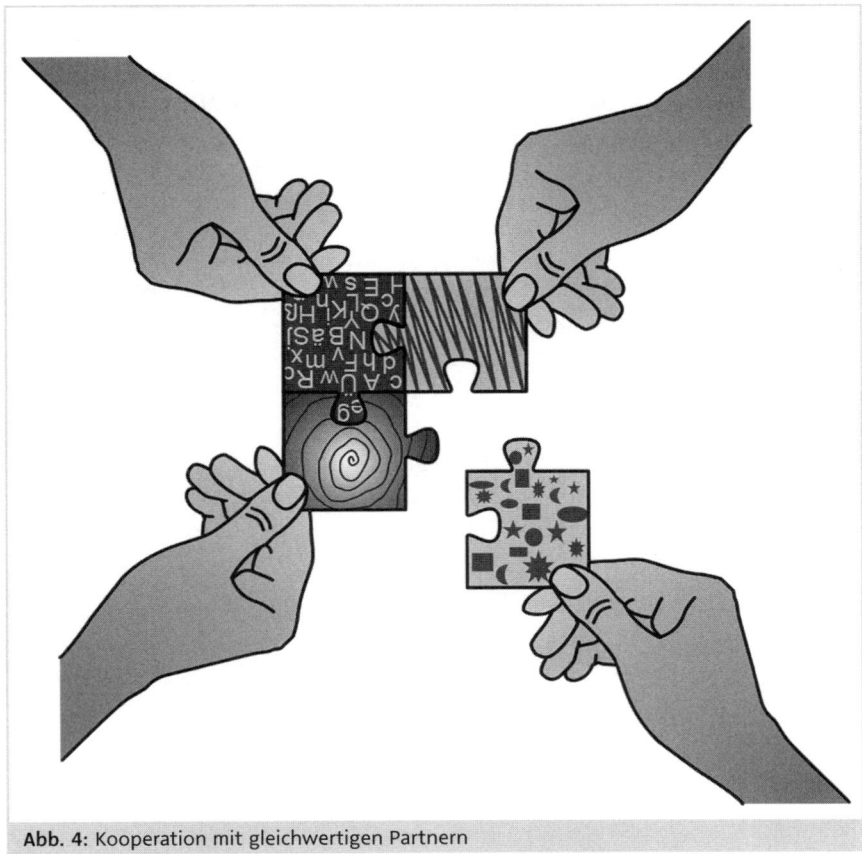

Abb. 4: Kooperation mit gleichwertigen Partnern

Kooperationen, die aus Netzwerken heraus entstehen, sind ein Indikator für erfolgreiche Netzwerkarbeit. Sie zeigen an, dass das Netzwerk in der Lage ist, Ideen umzusetzen und verlässlich und verbindlich Nutzen für seine Mitglieder zu generieren. Kooperationen verweisen auf die Beständigkeit eines Netzwerks.

Beispiel   **!**

- Im Ganztagschulnetzwerk hat sich gleich zu Beginn eine Arbeitsgruppe zusammengefunden, die eine Arbeitsplatzbeschreibung für Ganztagsschulkoordinatoren und -koordinatorinnen erarbeitet hat. Grundlage dieser Zusammenarbeit war eine mündliche Beauftragung durch das Netzwerk.
- Beim Projekt »Studienabbrecher« wurde eine in der Ems-Achse entstandene Idee genutzt, um sich für ein Projekt des Bundesinstituts für Berufsbildung (BIBB) zu bewerben. Mit dem Zuschlag für dieses Projekt ist eine Kooperation verbunden, die Netzwerkmitglieder, Netzwerkmanager und Partner außerhalb der Ems-Achse einschließt.

- Aus der Chinagruppe von NIRO (Netzwerk Industrie RuhrOst) hat sich eine Zusammenarbeit von zwei Netzwerkunternehmen entwickelt, die sich in China auf einem Gelände angesiedelt haben und teilweise gemeinsam einkaufen.
- Die Realisierung der *job4u*-App war nur möglich, weil Netzwerkmitglieder sowie ein Sponsor und zwei Kommunen als Nichtmitglieder zusammenarbeiteten.
- Im NIRO[15] gibt es inzwischen mehr als 30 Einkaufsgemeinschaften, die alle vertraglich geregelt sind. An einigen, wie der Einkaufsgemeinschaft für Strom, sind alle Netzwerkmitglieder beteiligt, in anderen Einkaufsgemeinschaften wie der für Laborbedarf haben sich nur wenige Netzwerkmitglieder zusammengeschlossen. Inzwischen wurden die Rahmenverträge auch für Unternehmen geöffnet, die nicht Mitglied bei NIRO sind.

Netzwerkorganisationen sind prädestiniert, durch Austausch auf der Basis vertrauensvoller Arbeitsbeziehungen Ideen zu entwickeln, Kontakte zu vermitteln und jegliche Formen von Tipps und Anregungen zu beschaffen. Netzwerke sind aufgrund ihrer Hierarchielosigkeit in besonderer Weise dazu in der Lage, für die Umsetzung von Ideen Resonanz bei anderen zu erzeugen und Partner für eine mögliche Zusammenarbeit aufeinander aufmerksam zu machen, die auf andere Art und Weise nur schwer oder gar nicht zusammengefunden hätten.

Wenn diese sich gefunden haben und die Idee, die gemeinsam realisiert werden soll, konkretisiert wurde, dann bedarf es einer Organisationsform, die Verbindlichkeit und klare Absprachen auch bezogen auf Ressourceneinsatz ermöglicht. Die Organisationsform, die dieses ermöglicht, ist **Kooperation**.

Die Beispiele zeigen: Kooperationen sind wichtige Ergebnisse, die in Netzwerken erzielt werden können. Sie zeichnen sich durch unterschiedliche Gestaltungsmöglichkeiten aus:

1. **Flexible Zusammensetzung**

   Was die Zusammensetzung der Kooperationspartner betrifft, gibt es — wie die Beispiele zeigen — viele Möglichkeiten:
   - Kooperationen können von allen Netzwerkmitgliedern geschlossen werden.
   - Sie können von einem Teil der Mitglieder geschlossen werden.
   - Sie können zwischen Mitgliedern und Externen geschlossen werden.
   - Sie können zwischen Mitgliedern und externen Investoren, Sponsoren und Auftragnehmern geschlossen werden

2. **Garantierte Wirkung**

   Kooperationen, die aus einem Netzwerk entstanden sind, wirken immer in dieses zurück, direkt oder indirekt:

---

15 Eine genaue Beschreibung des Netzwerkes ist in Kap. 8.2 zu finden.

- Direkt: Die »Arbeitsplatzbeschreibung«, die im Netzwerk Ganztagskoordination Hamburg in einer Kooperation von Mitgliedern erarbeitet wurde, war zunächst für die Nutzung durch die Mitglieder gedacht. Sie wirkte direkt ins Netzwerk zurück, ebenso wie die Kooperation mit der NIRO-Akademie. Die Angebote richten sich in erster Linie an die Mitglieder.
- Indirekt: Die China-Kooperation der beiden NIRO-Unternehmen, die in keine weitere NIRO-Aktivität eingebunden ist, ist vermutlich als ein Erfolg präsent, den das Netzwerk mit verursacht hat. Die Erfahrung stärkt das positive Selbstbild des Netzwerks und wirkt so identitätsbildend.

  Zwischen den Organisationsformen »Netzwerk« und »Kooperation« besteht eine Wechselwirkung. Einerseits ist die Organisationsform »Netzwerk« der »Humus«, der Nährboden, auf dem Kooperationen wachsen können. Netzwerke bieten dabei die Möglichkeit, dass sich Kooperationen zwischen Akteuren und mit Inhalten bilden, die in hierarchischen Organisationsformen nicht hätten geplant werden können, weil sich Kooperationen aus Netzwerken heraus ausschließlich aufgrund von Eigeninteresse und hierarchielosen Aushandlungsprozessen herausbilden.

  Andererseits wirken alle Formen von Kooperation ins Netzwerk zurück: durch Nutzen, der für Netzwerkmitglieder gestiftet wurde.

3. **Variable Dauer**

   Kooperationen sind auch bezogen auf die Dauer flexibel:

   Das Projekt »Studienabbrecher« ist in dem Teil, der durch öffentliche Mittel mitgefördert wird, befristet. Die Kooperation zur Erarbeitung einer Arbeitsplatzbeschreibung für Ganztagskoordination war mit Erledigung der Aufgabe abgeschlossen.

   Viele Kooperationen, die aus den in Teil 3 porträtierten Netzwerken heraus entstanden sind, sind oft auf Dauerhaftigkeit ausgerichtet, wie die NIRO-Rahmenverträge. Es gibt Ausstiegsregelungen, aber oft keine Befristungen für die Verträge.

   Michael Schlecht vom Netzwerk Nachhaltigkeit lernen in Frankfurt fasst seine in der Praxis erworbenen Erfahrungen zum Verhältnis von Netzwerk und Kooperation wie folgt zusammen: »Bei einem Netzwerk steht der Prozesscharakter im Vordergrund. Das Gelingen ist nicht garantiert. Erfolgreiche Netzwerke ermöglichen eine Kooperation bei hoher Integration unterschiedlicher gesellschaftlicher Gruppen, die mehr Umsetzungspotential bieten als die Summe der Wirkungsfähigkeit seiner einzelnen Mitglieder.«[16]

Wichtig   !

Kooperation ist die Organisationsform, die Unterschiedlichkeit produktiv macht.

---

16 Schlecht in Fischbach/de Haan/Kolleck, S. 172.

Unternehmen/Institution: auf ökonomischen Erfolg ausgerichtet

Ein Unternehmen ist laut Duden »ein aus mehreren Werken, Filialen bestehender Betrieb«[17]. In diesem Kontext geht es darum, dass Unternehmen im Sinne von Firmen wirtschaftlich agierende Einheiten sind. Sie stellen Produkte her oder bieten Dienstleistungen an. Der Profit hängt nicht unerheblich davon ab, wie effizient die Strukturen sind, die aufgebaut wurden, um Produkte und Dienstleistungen anzubieten.

Im Zuge der Industrialisierung hat sich in vielen Bereichen eine sehr starke Arbeitsteilung herausgebildet. Diese gilt als eine Methode zur Effizienzsteigerung. In arbeitsteiliger Produktion wird der Produktionsprozess in eine Abfolge von Prozessschritten gebracht, die in bestimmter Weise aufeinander bezogen sind: Entwicklung, Fertigung, Controlling, Vermarktung. Diese spiegeln sich in der Regel – zumindest in größeren Unternehmen – in entsprechenden Abteilungen wider. Ergänzt werden diese durch zentrale Dienste wie Personal- und Finanzabteilung. Ziel aller Unternehmen ist es, Produkte und Dienstleistungen kostengünstig herzustellen und profitabel, also mit Gewinn, zu verkaufen. Dieses Ziel bestimmt das organisationale Handeln. Es ist in der Regel durch hierarchische Strukturen gekennzeichnet. Über- und Unterordnung gliedern die Organisation »Unternehmen«. Im alltäglichen Kontakt zeigt sich diese Ordnung vor allem im Recht, Weisungen zu erteilen, also darin, wer wem und wie vielen Mitarbeitenden gegenüber weisungsbefugt ist.

Die Visualisierung der Struktur eines Unternehmens macht deutlich: Hier geht es darum, wer zu entscheiden hat – in diesem Beispiel die Geschäftsführung. Deutlich erkennbar sind in der Struktur auch die Regeln zur Festlegung der Arbeitsteilung. Der Geschäftsführung direkt zugeordnet sind vier Abteilungen, in denen sich die interne Arbeitsteilung auf der obersten Strukturebene ausdrückt: externe Dienste, interne Dienste, Produktion/Entwicklung und Dienstleistungen. Diesen sind jeweils eine Reihe von Unterabteilungen unterstellt. Die Bezeichnungen der Unterstrukturen lassen darauf schließen, welche Aufgaben die Mitglieder im Einzelnen haben, z.B. Security oder Hardwarekonfiguration. Fügt man als Titel des Unternehmens z.B. »Motorenwerke Classic« hinzu, wird deutlich: Die Struktur ist aufgebaut worden, um Motoren zu produzieren.

Es wird davon ausgegangen, dass diese Form der hierarchischen Gliederung am besten dazu geeignet ist, die Orientierung auf das benannte Ziel im Unternehmen zu verankern. Als Organisation sind Unternehmen durch eine ausgeprägte Zielorientierung und durch eine hierarchische Gliederung gekennzeichnet.

---

17   https://www.duden.de/rechtschreibung/Unternehmen [19.12.2017]

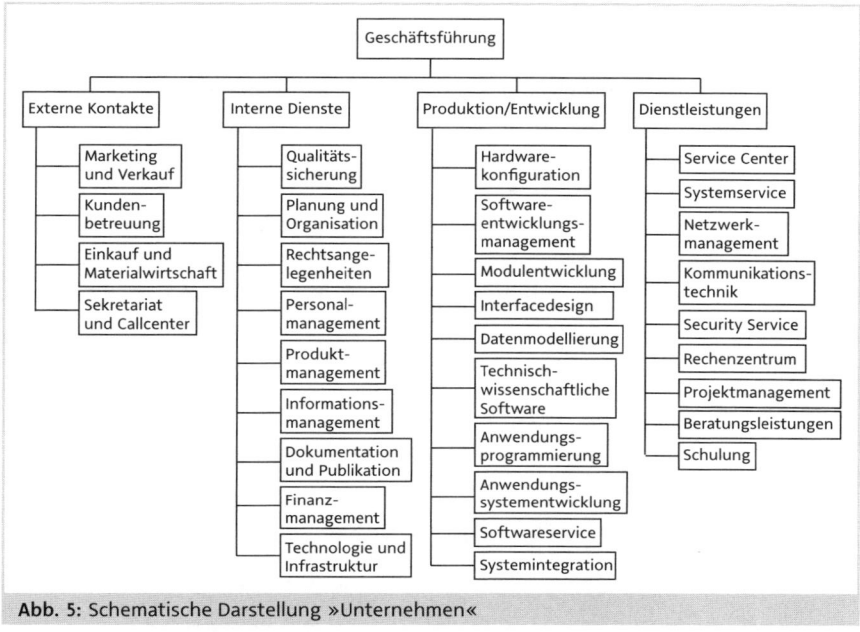

Abb. 5: Schematische Darstellung »Unternehmen«

Mit »Institution« wird laut Duden eine öffentliche, staatliche oder kirchliche Einrichtung bezeichnet, die für eine bestimmte Aufgabe zuständig ist.[18] Institutionen unterscheiden sich in ihrem Tätigkeitsfeld: Ihre Aufgaben sind zumeist staatlich veranlasst und werden in der Regel durch Steuergelder bezahlt. Institutionen sind in diesem Sinne keine regulären Marktteilnehmer oder genauer: Sie sind in einem staatlich regulierten Markt tätig.

In der Organisationsweise unterscheiden sie sich in der Regel nicht von Unternehmen.

Wichtig	!
Unternehmen und Institutionen sind durch eine ausgeprägte Zielorientierung und Hierarchie gekennzeichnet.	

Das verbindende Element

Alle drei Organisationsformen sind gekennzeichnet durch spezifische Bindemittel:

---

18 https://www.duden.de/rechtschreibung/Institution [19.12.2017]

- Beim Markt ist der organisatorische Rahmen – fester Ort und feste Zeit – das Element, das verbindet.
- In Kooperationen verbindet ein Vertrag die Kooperationspartner.
- In Unternehmen bzw. Institutionen bindet die Eingliederung in eine hierarchische Ordnung und Bezahlung die Beteiligten.

Netzwerken stehen die oben genannten Bindemittel nicht oder nicht im benötigten Umfang zur Verfügung. »Vertrauen« ist in Netzwerken das Element, das diese Organisationsform handlungs- und erfolgsfähig werden lässt.

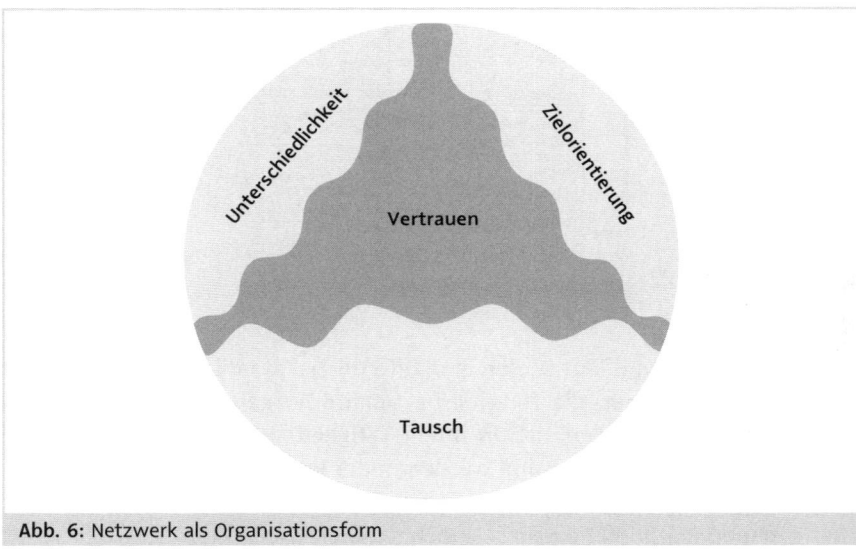

Abb. 6: Netzwerk als Organisationsform

> ! **Wichtig**
>
> Voraussetzung für den Erfolg der Organisationsform »Netzwerk« ist das Vorhandensein und die Gestaltung der vier Grundbestandteile Tausch, Ziele, Unterschiedlichkeit und Vertrauen.

Exkurs: Was die Innovationsfähigkeit von Netzwerken ausmacht

Noch in der 6. Auflage des Grundlagenwerks »Organisationstheorien« von Alfred Kieser und Mark Ebers taucht 2006 der Begriff »Innovation« im Register nicht auf. Vier Jahre später widmen Kieser und Walgenbach dem Thema ein ganzes Kapitel, das mit »Organisation, Flexibilität und Innovationsfähigkeit« überschrieben ist. Ein Indiz für die wachsende Bedeutung, die der Innovationsfähigkeit von Organisationen in der heutigen Zeit zukommt. Kieser und Walgenbach verstehen unter Innovation »die Erarbeitung und Implementierung einer Lösung, die in dieser Organisation bisher noch nicht realisiert wurde«[19].

Sie unterscheiden drei Phasen in Innovationsprozessen: Initiierung, Entwicklung und Implementierung.

Initiierung: Ihrer Meinung nach werden Innovationen in der Regel nicht durch Gedankenblitze eines genialen Erfinders ausgelöst, sondern sind in informellen Strukturen schon am Gären. Investitionen in Innovationsprozesse werden meist durch externe Schocks ausgelöst: Konkurrenten erzielen entscheidende technologische Vorsprünge, Marktanteile brechen ein etc.

Entwicklung: Für die Entwicklungsphase werden Pläne erstellt, in denen sich Antworten auf folgende Fragen finden: Welche Abteilungen und Personen sollen beteiligt werden? Welchen Zeitumfang hat der Prozess? Welche Kriterien gibt es für Erfolg/Misserfolg? Kieser und Walgenbach sehen in dieser Phase die Zusammenarbeit von Abteilungen als besonders schwierig, da sie oft durch unterschiedliche Interessen geprägt sind. Das führt – wie Forschungsergebnisse zeigen – nicht selten dazu, dass kooperative Beziehungen zu Konkurrenzbeziehungen mutieren.

Implementierung: Nüchtern stellen Kieser und Walgenbach fest, dass die Implementierungsphase dadurch gekennzeichnet ist, dass geplante Innovationen erfolgreich umgesetzt oder eingestellt werden, wenn sie keine umsetzbaren Ergebnisse hervorgebracht haben.

Kieser und Walgenbach benennen sieben Ausprägungen von Struktur, die günstige Voraussetzungen für Innovationen bieten:[20]
1. geringe Spezialisierung auf Stellen- und Abteilungsebene,
2. starke Dezentralisierung,
3. flache Hierarchien,
4. Minimierung der Stärke zentraler unterstützender Abteilungen (Stäbe),
5. einfache Konfiguration, d.h. keine umfassenderen Matrixstrukturen,
6. leichte Ergänzbarkeit, um temporäre Teams für größere innovative Vorhaben zu bilden, und
7. verstärkter Einsatz von Selbstabstimmung und Organisationskultur zur Koordination von Innovationsaktivitäten.[21]

---

19 Kieser/Walgenbach, S.390.
20 Kieser/Walgenbach, S.394.
21 Kieser/Walgenbach beziehen sich auf die Innovationsfähigkeit insbesondere von Unternehmen. »Selbstabstimmung und Organisationskultur zur Koordination innovativer Aktivitäten« meint in diesem Zusammenhang z.B. die eine Innovation befördernde, eigenverantwortliche Zusammenarbeit zwischen Abteilungen eines Unternehmens.

Die Aufzählung von Strukturausprägungen und die Beschreibung der Phasen machen deutlich: Wenn es um die Innovationsfähigkeit geht, so ist das zentrale Spannungsfeld in Organisationen dasjenige zwischen Innovation und Hierarchie. Dazu einige Beispiele zur Verdeutlichung, die teilweise auch als Dilemmata zu beschreiben sind:[22]

> **!** **Beispiel**
>
> - Je zentralisierter eine Organisation ist, desto länger werden die Dienstwege, desto mehr Schritte muss ein Lösungsvorschlag in der Organisation gehen, desto mehr Möglichkeiten gibt es, dass Bedenken zur Blockade von Ideen führen.
> - Pläne zur Gestaltung von Innovationsprozessen werden in hierarchischen Organisationen oben gemacht. Sie reduzieren einerseits die Komplexität von Herausforderungen und passen Innovationsprozesse in vorhandene Strukturen ein. Andererseits heißt Reduzierung aber auch, dass Herausforderungen auf das heruntergeschraubt werden, was Verantwortlichen als lösbar erscheint. Auf diese Weise werden nur minimierte Lösungen hervorgebracht, die der Komplexität der Herausforderung nur teilweise gerecht werden.
> - Erfolg oder Misserfolg wird durch das Management festgestellt. Sie beeinflussen den Erfolg zukünftiger Innovationsprojekte u. a. durch ihren Umgang mit Fehlern: Wenn Fehler als Misserfolgskriterium angesehen werden, kann aus Fehlern kaum gelernt werden, weil es keine zweite Chance gibt. Innovationen einer so geführten Organisation können sich nur entwickeln, wenn den Entwicklern im Innovationsprozess keine Fehler unterlaufen.
> - Die Feststellung von Erfolg oder Misserfolg durch das Management beeinflusst auch die Karrieren einzelner Beteiligter: im Erfolgsfall positiv, im Misserfolgsfall aber auch negativ. Die persönliche Zuschreibung von Erfolg und Misserfolg behindert Kooperation: Die Organisationsmitglieder »lernen«, ihre Mitwirkung an Innovationsprozessen insbesondere unter dem Gesichtspunkt zu betrachten, welche Chancen und Risiken für die eigene Karriere damit verbunden sind. Die Zuschreibungsmacht des Managements kann dazu führen, die Interessen der Organisation in Widerspruch zu den Interessen des Einzelnen zu bringen: Wenn mein Lösungsvorschlag ein Risiko des Scheiterns beinhaltet – es gibt keine Lösungen, bei denen es kein Risiko gibt –, werde ich meinen Vorschlag zurückhalten, um meine Karriere nicht zu gefährden.
> - Die Entwicklung von innovativen Lösungen braucht Informationen – von oben, aus Nachbarabteilungen, von anderen Hierarchieebenen, von außerhalb der Organisation, insbesondere von Nutzern der Organisationsangebote, -dienstleistungen und -produkte, aber auch von Kooperationspartnern. Wenn Informationen in Organisationen als knappes Gut gehandelt werden, z.B. weil sie genutzt werden, um die eigene Position eines Organisationsmitglieds oder einer Abteilung gegenüber anderen Mitgliedern bzw. Abteilungen zu stärken, ist die Innovationsfähigkeit stark eingeschränkt.

---

22   Siehe dazu auch Kieser/Walgenbach, S. 398 ff.

- Ob und wie voneinander gelernt wird, ist ein weiterer Faktor im Spannungsfeld zwischen Innovation und Hierarchie. Ein Indikator von Kooperation ist die Bereitschaft, voneinander zu lernen: ein Abteilungsspezialist vom anderen, eine Abteilung von der anderen, eine Hierarchiestufe von der anderen (z.B. Manager von Mitarbeitenden oder Stabsstelle von Abteilungen), Mitglieder der Organisation von Personen außerhalb der Organisation. Innovation braucht Neugier, Bereitschaft, die Sichtweise anderer wahrzunehmen, gerade wenn sie sich mit der eigenen Wahrnehmung reibt. Innovation heißt immer Veränderung. Veränderungsbereitschaft bei allen Beteiligten ist die Voraussetzung für Innovation.

Innovation durch Network Thinking

Network Thinking, eine Weiterentwicklung von Design Thinking, löst das Spannungsverhältnis zwischen Hierarchie und Innovation in Organisationen radikal auf: Enthierarchisierung ist eine wichtige Grundlage von Network Thinking. Ulrich Weinberg, Leiter der School of Design Thinking am Hasso-Plattner-Institut Potsdam, ist einer der profiliertesten Network-Thinking-Theoretiker und -Praktiker in Deutschland, der auch weltweit die Diskussion dieses Ansatzes inspiriert hat. Weinberg bezeichnet die bisherige lineare Form des Denkens in seinem Buch »Network Thinking« als »Brockhaus-Denken«, das geprägt ist durch Systematisierung und Strukturierung von A bis Z. Weinberg geht davon aus, dass diese Form des Denkens, die jahrhundertelang bewährt war, unsere Kommunikation und unser Handeln in der Gegenwart nicht mehr wirksam unterstützen kann.[23]

Network Thinking ist inspiriert durch die Vorgehensweise im Design Thinking, die in sechs Stufen erfolgt:
1. verstehen,
2. beobachten,
3. fokussieren,
4. Ideen entwickeln,
5. einen Prototyp bauen,
6. Feedback.

In seinem Buch präsentiert Weinberg zahlreiche Beispiele für die Anwendung von Network Thinking. Innerhalb eines Unternehmens wird Network Thinking z.B. bei Google praktiziert. Weinberg berichtet, dass dort jeden Donnerstag ein Treffen aller interessierten Mitarbeiter mit den Firmengründern Larry Page und Sergey Brin in der zentralen Cafeteria stattfindet, in dem sich jeder Googler zu Wort melden kann. Außerdem stellt Google jedem Mitarbeitenden 20% seiner Arbeitszeit für

---

23 Siehe Weinberg, S.11f.

die Umsetzung eigener Ideen zur Verfügung. Dazu gibt es u.a. die Google Garage, in der für die Herstellung von Prototypen z.B. eine tragbare Google-Street-Views-Kameraausrüstung, alle möglichen Werkzeuge und Geräte zur Verfügung stehen.

Viele andere Beispiele von Weinberg beziehen sich auf die Anwendung von Network Thinking in einem Setting, in dem Studenten der School of Design Thinking am Hasso-Plattner-Institut in Potsdam Unternehmen erfolgreich in einem Team von Laien unterschiedlicher professioneller Grundkompetenz beraten. Ein Team aus einer Zahnmedizinerin, zwei Betriebswirtschaftlerinnen, einem Psychologen, einem Computerwissenschaftler und einem Mitglied, das International Business Administration studiert, hat z.B. für die Zukunftsagentur Brandenburg ein Konzept dafür entwickelt, wie sich die Sicherheitskontrollen an Flughäfen für die Passagiere angenehmer gestalten lassen und gleichzeitig die Sicherheitsstandards erhöht werden.[24]

Altes und neues Denken, eben Network Thinking, grenzt er unmissverständlich voneinander ab: »Wer in Zeiten der Digitalisierung immer noch in Hierarchien, Fachgebieten und lexikalischen Kategorien denkt, wird den Anschluss bald verpasst haben. [...] Network Thinking ist das neue Denken, das wir brauchen, um unsere Welt von morgen zu begreifen und zu steuern.«[25]

»Network Thinking« übersetzt Weinberg mit »Denken in Netzwerken«. Beim Denken in Netzwerken geht es um die Struktur, die neues Denken ermöglicht, und nicht um die Organisationsform »Netzwerk«.

Für Weinberg sind Netzwerke weniger eine spezielle Organisationsform wie Kooperation oder Unternehmen, sondern eher eine Form des Denkens, die sich in allen Organisationsformen anwenden lässt. Network Thinking geht von dem aus, was Individuen brauchen, um innovative Lösungen zu generieren. Die Organisationen müssen sich den Bedürfnissen der Individuen für lösungsorientiertes Arbeiten anpassen. Network Thinking ist vor diesem Hintergrund zutreffender mit »vernetztes Denken« zu übersetzen.

Synopse zur Innovationsfähigkeit von Netzwerken

Kieser und Walgenbach arbeiten am Schluss ihres Kapitels Effizienzbedingungen für die Bewältigung innovativer Aufgaben aus organisationstheoretischer

---

24 Siehe Weinberg, S. 77 ff.
25 Weinberg, S. 13 f.

Sicht heraus. Diese ordnen sie vier Bereichen zu: Rollengefüge, Führung für innovative Vorhaben, Anreizsysteme und Organisationskultur. Diese Effizienzbedingungen werden im Folgenden den Bedingungen gegenübergestellt, die – nach Weinberg[26] – im Network Thinking identifiziert worden sind.

Aus dem Vergleich der beiden Effizienzbedingungen wird abgeleitet, was genau die Innovationsfähigkeit von Netzwerken ausmacht, bewirkt und konstituiert.

Effizienzbedingungen für Innovationen in Organisationen nach Kieser/Walgenbach[27]	Bedingungen für innovative Lösungen im Network Thinking nach Weinberg
Erste Forschungen Anfang der Siebzigerjahre identifizierten Fachpromotoren und Machtpromotoren als wichtige Rollen in Innovationsprozessen. Fachpromotoren sind die Spezialisten, die die inhaltliche Arbeit voranbringen, Machtpromotoren diejenigen, die den Innovationsprozess aufgrund ihrer Position in der Organisation verankern können. Sie werden auch als Sponsoren der Prozesse bezeichnet. In den Achtzigerjahren wurden Rollen in der Untersuchung von Innovationsprozessen identifiziert, die unter die des Prozesspromotors subsumiert wurden, wie z. B. Projekt Champion, Facilitator oder Orchestrator. Diese Rollen sind insbesondere durch Koordinationstätigkeit geprägt. (S. 420 f.)	»Der durch keine echte Sachkenntnis getrübte Blick der Nichtexperten eröffnet oft ungeahnte Perspektiven auf Lösungen.« (S. 78) »Das gleichförmige Denken selbst vieler hochkarätiger Experten bedeutet dagegen oft nur eine Potenzierung ähnlicher Optionen.« (S. 89) »Aus den Schnittstellen heraus entsteht Veränderung und Entwicklung. Spezialisierung und Separierung kosten demgegenüber zu viel Zeit und erbringen dafür längst nicht mehr die besten Ergebnisse.« (S. 130) »Die Romantik des einsamen Denkens bleibt ein schönes Bild. Für die tägliche Praxis sind viele Köpfe, die sich gegenseitig ergänzen und korrigieren können, immer die bessere Wahl.« (S. 146) »Es geht nicht darum, sich noch mehr zu spezialisieren und abzuheben von anderen Bereichen, sondern darum, Dinge und Menschen zusammenzuführen, unterschiedliche Sichtweisen gleichberechtigt im Team zu erarbeiten und dann gemeinsame Lösungen zu entwickeln.« (S. 155) »Eine komplexe Fragestellung kann am besten in einem komplexen Setting beantwortet werden – mit einem gemischt zusammengesetzten Team.« (S. 185)

Rollengefüge

---

26 Weinberg benutzt diese Kategorien nicht ausdrücklich. Entsprechende Aussagen wurden den Kategorien durch den Autor zugeordnet.
27 In Klammern jeweils die Seitenzahlen, denen die Aussagen entnommen wurden. Wörtlich übernommene Aussagen sind durch Anführungszeichen gekennzeichnet, Aussagen ohne Anführungszeichen wurden vom Autor zusammengefasst.

Rollengefüge in Netzwerkorganisationen

In der Organisationsforschung wird das Rollengefüge in Innovationsprozessen nach wie vor stark hierarchisch und an Experten ausgerichtet wahrgenommen. Machtpromotor und Fachpromotor werden als Innovationsritter beschrieben, denen die Aufgabe zukommt, Innovationsprozesse in Organisationen gegenüber den Beharrungskräften zu verteidigen. Auch Rollen, die in späteren Untersuchungen herausgearbeitet wurden, nutzen dasselbe Denkmuster. So wird z.B. der Product Champion als einsamer Wolf beschrieben, »der Innovationen gegen alle Widerstände durchkämpft, selbst wenn er dabei bestehende Regeln und Normen verletzt«[28]. Die neu identifizierte Rolle des Facilitator – jemand, der zuhört, nachfragt, mit unterschiedlichen Mitarbeitern spricht – weist in eine andere Richtung. In diesen Konzepten gewinnen die koordinierenden Anteile von Rollen in Innovationsprozessen an Bedeutung.[29]

In Netzwerkorganisationen wird dieses neue Rollenkonzept vor allem von Personen genutzt, die Netzwerke managen. Pascal Lampe von NIRO bezieht sich ausdrücklich darauf und bezeichnet sich als Facilitator. Auch Monika Krocke vom Netzwerk Nachhaltigkeit lernen in Frankfurt reflektiert ihr Handeln anhand der Rollenmodelle »Ermöglicher« und »Motor«. Dabei sieht sie sich aber auch in der Motorrolle nicht als Product Champion, der aufgrund von Ansehen und Fachkompetenz Ideen entwickelt und im Netzwerk vorantreibt. Vielmehr geht es ihr z.B. darum, den Rahmen für Zusammenarbeit produktiv und effizient zu gestalten, vereinbarte Ziele im Blick zu behalten und Rückmeldungen zu geben, wenn diese aus dem Blick geraten.

Bezogen auf das Rollengefüge stehen in Netzwerkorganisationen besonders die Rollen der Mitglieder im Fokus: Hier geht es vor allem um die beiden netzwerktypischen Rollen »Geber« und »Nehmer«, die für den Tausch in Netzwerken konstituierend sind. Während im Network Thinking Expertenwissen eher infrage gestellt wird, die Lösungskompetenz eher bei Laien gesehen wird, wird in Netzwerkorganisationen Expertenwissen in ein kollaboratives Miteinander gebracht:

- bei NIRO die Spezialisten der Unternehmen in den verschiedenen Tätigkeitsfeldern: Personal, Marketing, Einkauf etc.,
- in der Ems-Achse in der Planungsphase diejenigen Mitglieder, die bezogen auf ein zu planendes Projektthema kompetent sind,
- im Netzwerk Ganztagskoordination Hamburg kommen die Ganztagsschulexperten der Schulen zusammen.

---

28 www.innovationsmanagement.de/innovatoren/champions.html [19.12.2017]
29 Siehe hierzu auch Kieser/Walgenbach, S.421.

Dabei findet aber keine Überhöhung von Expertenwissen statt. Es wird durchaus wahrgenommen, dass Fachfremde dazu beitragen können, Lösungen zu optimieren:

Beispiel   **!**

- Im Netzwerk Nachhaltigkeit lernen in Frankfurt wurden zur Bearbeitung eines neuen Jahresthemas die Akteure eingeladen, die das vorangegangene Thema geplant und durchgeführt hatten. Die Mobilitätsexperten waren eingeladen, ihre Kompetenzen in die Planungen zum Thema »Ernährung« einzubringen.
- In der Ems-Achse werden zu den Fachwerkstätten branchenübergreifend alle Mitglieder eingeladen, weil davon ausgegangen wird, dass sie die Fachleute, deren Kompetenzen in der Planungsphase eines Projekts eingeflossen sind, sinnvoll ergänzen (können).

Als Organisationsform sind Netzwerke viel flexibler als andere Formen darin, Fachfremde zu integrieren, wenn das für sinnvoll gehalten wird. Die radikale Infragestellung der Expertenorientierung im Network Thinking kann in Netzwerkorganisationen durch die Gestaltung der Unterschiedlichkeit aufgegriffen werden. Netzwerke profitieren davon, wenn sie die Unterschiedlichkeit radikal gestalten und Personen in das Netzwerk integrieren, die auf den ers-

Effizienzbedingungen für Innovationen in Organisationen nach Kieser/Walgenbach	Bedingungen für innovative Lösungen im Network Thinking nach Weinberg
Studien zufolge werden drei Führungsstile in Innovationsprozessen gebraucht: visionäre, partizipative und transaktionale Führung. Für jede Phase ist ein anderer Führungsstil angemessen: In der Initiierungsphase ist visionäre Führung nützlich. Dazu gehört z.B. die Vermittlung eines attraktiven Endzustands und die Identifikation der Beteiligten mit dem Innovationsziel und dem Prozess. In der Entwicklungsphase ist – wie in Studien festgestellt wurde – ein partizipativer Führungsstil angemessen, der z.B. in den Rollen »Moderator«, »Coach«, »Berater« und »Konfrontierer« realisiert werden kann. Transaktionale Führung stellt sicher, dass das Mitwirken Einzelner durch die Organisation gewürdigt wird: Belohnung, Beförderung, Übertragung neuer Aufgaben durch »die höhere Ebene«. (S. 421)	Network Thinking nutzt die »Vorzüge des fächerübergreifenden und hierarchiefreien Zusammenarbeitens«. (S. 94) »Von kritischem kreativen Feedback, gegenseitiger Unterstützung und Fehlertoleranz lebt die vernetzte Denk- und Arbeitswelt. Dazu gehört dann auch eigenverantwortliches und selbstbestimmtes Arbeiten.« (S. 110) Form und Funktion von Unternehmen und Organisationen werden und müssen mehr in Einklang gebracht werden. (S. 210)

Führung

ten Blick nicht als potenzielle Mitglieder gesehen werden, z.B. Künstler, die eine spezifische Laienperspektive in Netzwerke einbringen können. Für das Rollengefüge in Netzwerken sind darüber hinaus – wie noch gezeigt wird – besondere Rollen wie Brückenbauer charakteristisch.

Führung in Netzwerkorganisationen

Führung im klassischen Sinne, also mit Macht und Weisungsbefugnis aus-gestattet, gibt es in Netzwerken nicht. Zwei der von Kieser und Walgenbach herausgearbeiteten drei Führungsstile, die in Innovationsprozessen gebraucht werden, lassen sich in den Porträts der Netzwerkmanager und -manage-rinnen aber durchaus wiederfinden: Visionäre Führung praktizierte Pascal Lampe insbesondere in der Gründungsphase des Netzwerks. Viele Tätigkei-ten, die Monika Krocke beschreibt, lassen sich einem partizipativen Führungs-stil zuordnen: Sie coacht z.B. Moderatoren von Teilgruppen oder moderiert Netzwerktreffen. Elemente von partizipativer Führung lassen sich in Netz-werkorganisationen auch an Externe delegieren, wie das Beispiel Netzwerk Ganztagskoordination Hamburg zeigt: Alle Netzwerktreffen werden von ex-ternen Fachleuten moderiert. Die Moderatoren wirken auch an der Planung der jeweiligen Treffen mit.

Belohnung und Beförderung von Mitgliedern durch Führungspersonen scheint es in Netzwerkorganisationen ebenso wenig zu geben wie die Würdigung ver-dienter Mitarbeiter im Sinne von Belobigung durch einen Vorgesetzten. Aller-dings gehört zur Ausübung partizipativer Führung selbstverständlich positi-ves Feedback, z.B. wenn sich ein Mitglied in besonders herausragender Form bei einem Treffen eingebracht hat.

Feedback ist im Design Thinking ein Instrument, das hierarchiefreies Zusammen-arbeiten charakterisiert. Dieses wird im Network Thinking noch ergänzt durch Fehlerfreundlichkeit. Fehlerfreundlichkeit beeinflusst Entwicklung und Lernpro-zesse positiv. Das ist inzwischen fast ein Allgemeinplatz in der Theorie – in der Praxis eher keine Selbstverständlichkeit. Fehlerfreundlichkeit ist als Bestandteil der Netzwerkkultur bei NIRO tief verankert. Ein Einzelbeispiel für die Wirksam-keit von Fehlerfreundlichkeit findet sich im Porträt von Anna Rommel (NIRO).

Die Würdigung von Netzwerkmitgliedern erfolgt mitunter auch durch andere Mitglieder, also unabhängig von der Führung. Nicht ungewöhnlich ist in Netz-werken auch die umgekehrte Richtung: Die Führung, das Netzwerkmanage-ment, wird durch die Mitglieder gewürdigt, weil die Entlastung wahrgenom-men wird, die ein visionärer bzw. partizipativer Führungsstil mit sich bringt. Mit anderen Worten: Transaktionale Führung spielt in Netzwerkorganisatio-nen kaum eine Rolle.

Führung in der beschriebenen visionären und partizipativen Form ist in Netzwerkorganisationen – so paradox das erscheinen mag – hierarchiefrei. Sie ist ein Angebot zur Entlastung der Organisation, aus dem sich keinerlei Machtoptionen für die Führungsperson ergeben. Diese Form von Führung übt Weinberg nach meiner Wahrnehmung in seiner Organisation, der School of Design Thinking, ebenfalls aus, wenn er z. B. die Präsentation der Ergebnisse seiner Studenten vor dem Zukunftsrat Brandenburg einführt. Insofern ist visionäre, partizipative Führung die Form, in der die Führungsfunktion in Netzwerkorganisationen angemessen – d. h. der Form der Organisation entsprechend – ausgefüllt wird. Netzwerkorganisationen bringen insofern Form und Funktion im Sinne von Network Thinking in Einklang.

Effizienzbedingungen für Innovationen in Organisationen nach Kieser/Walgenbach	Bedingungen für innovative Lösungen im Network Thinking nach Weinberg
Studien haben gezeigt, dass intrinsische Motivationen wie Spaß an der (Zusammen-)Arbeit und Stolz auf die Leistung entscheidend sind. Extrinsische Motivationen wie höhere Entlohnung, Prämien, Beförderungen und Belobigungen sind dagegen eher unbedeutend, ja sie können sogar intrinsische Motivationen verdrängen und Innovationsprozesse regelrecht torpedieren, wurde in Studien herausgefunden. (S. 422 f.)	Kollaborationsfähigkeit verhindernde Belohnungs- und Bewertungssysteme müssen überdacht werden. (S. 169) Aus einer kompetitiven Struktur muss eine vernetzende Struktur gemacht werden. (S. 198) Network Thinking schaut weniger auf den individuellen IQ, dafür mehr auf die WeQ, die Wir-Qualität, die Wir-Intelligenz. (S. 176)

Anreizsysteme

Anreizsysteme in Netzwerkorganisationen

Was Anreizsysteme betrifft, gibt es zwischen Network Thinking und Netzwerkorganisationen kaum Unterschiede. Die Antwort auf die Frage, welche Anreize wirken, wird einheitlich beantwortet: Die Motivation aus sich selbst heraus ist Motivationen durch von außen kommende Anreize bei Weitem überlegen. Aber was ist es genau, was als Anreiz in Netzwerkorganisationen wirkt?

Im Porträt von Anna Rommel finden sich zwei Hinweise: Ein starker Reiz geht davon aus, aus Fehlern lernen zu können, ohne das Gesicht zu verlieren. Außerdem erwähnt Rommel – ebenso wie Kieser und Walgenbach – Spaß als Anreiz. Wenn man das im Porträt geschilderte Spaß-Beispiel genauer analysiert, wird deutlich: Es geht nicht nur darum, bei der gemeinsamen Anreise im Kleinbus miteinander zu lachen. Vielmehr bieten solche Spaß-Situationen die Chance, persönlich miteinander in Beziehung zu treten, die Grenzen zwischen privat und beruflich zu verflüssigen. Die Auflösung gewohnter Grenzen scheint ein großer Anreiz zu sein.

Bei NIRO hat sich eine besondere Form herausgebildet, Spaß zu haben. Dazu zwei Beispiele:

! **Beispiel**

- Das fünfjährige Bestehen feierte NIRO auf einer Galopprennbahn. Höhepunkt der Feier war ein Pferderennen, in dem jedes Pferd eine *NIRO*-Arbeitsgruppe repräsentierte. Natürlich konnte man auf den Sieger wetten. Am Ende gewann das »Personaler-Pferd«.
- Bei einem Indoor-Kartrennen fuhr die AG Einkauf gegen die AG Personaler um die Wette.

Bei NIRO wird Konkurrenz genutzt, um den Spaß außerhalb der Arbeit, aber mit Netzwerkmitgliedern zu vergrößern. Beim Pferderennen wird die Konkurrenz an die Pferde delegiert: Die laufen um die Wette. Die Einzelsportart Kartfahren wird als Mannschaftssport betrieben – eine Gelegenheit, Kontakte zu einer Arbeitsgruppe zu knüpfen, zu der im Netzwerkalltag wenig Zeit und wenig Anlässe vorhanden sind.

Ein weiterer wichtiger Anreiz in Netzwerkorganisationen wird im *NIRO*-Porträt beschrieben. Die Mitglieder erleben, dass das Netzwerk nicht nur Nutzen für die Unternehmen stiftet, die sie im Netzwerk vertreten, sondern auch für sie selbst. Die Mitwirkung im Netzwerk verbessert in der Regel die individuelle Prozesskompetenz. Das verbessert die Stellung im eigenen Unternehmen. Die Verbindung von individuellem und institutionellem Nutzen ist ein nicht zu unterschätzender Anreiz.

Netzwerkorganisationen bieten vielfältige Möglichkeiten, Kontakte und Informationen zu generieren, die in dieser Organisationsform in der Regel umfänglicher und intensiver sind, da der Erfolg von Netzwerken von Unterschiedlichkeit und Vertrauen abhängt. Wo bekommt man als Mitarbeiter einer Kommunalverwaltung Kontakt zu Unternehmensvertretern und Mitarbeitenden von Schulen und Hochschulen so selbstverständlich wie in der Ems-Achse? Ein weiterer Anreiz.

Effizienzbedingungen für Innovationen in Organisationen nach Kieser/Walgenbach	Bedingungen für innovative Lösungen im Network Thinking nach Weinberg
Innovationsförderliche Eigenschaften einer Organisationskultur sind: ganzheitliche Aufgaben, Dezentralisierung, flache Hierarchien, wenig Personal in Stäben, Verzicht auf Matrixstrukturen und Einrichtung temporärer Teams. (S. 424)	Neues Denken erfordert neue Umgebungen, die durch ihre Gestaltung eine neue Symbolik transportieren, z. B. durch sechseckige Tische, die keine Hierarchie in Kleingruppen zulassen. (S. 60) Vertrauen spielt im Network Thinking eine große Rolle. (S. 133) »Kreatives Arbeiten kann jedoch nicht verordnet werden, sondern verlangt emotionale und physische Umgebungen, die sie beflügeln, gegen die sie sich nicht erst durchsetzen muss. [...] Ideen entstehen aus Leichtigkeit, nicht so sehr aus Anstrengung. Sie zu entwickeln setzt auch voraus, dass man zunächst Fehler machen darf. Fehler, Irrtümer, Missgriffe, die im nächsten Schritt dann korrigiert werden.« (S. 144) »Ernst gemeinte Ideenfindung braucht den geschützten Raum des Scheiterns.« (S. 190) »Menschen zusammenzubringen, den Austausch unterschiedlicher Sichtweisen wo immer und wann immer zu ermöglichen, Aufgaben und Probleme als gemeinsame zu sehen und deshalb auch gemeinsam zu lösen, nicht zum Vorteil Einzelner, sondern um für viele etwas zu bewegen und zum Positiven zu verändern – das unter anderem sind Kennzeichen einer neuen Art, Wirtschaft und damit Gesellschaft zu begreifen.« (S. 223)

Organisationskultur

Organisationskultur in Netzwerkorganisationen
Beim Network Thinking sind fünf Merkmale einer Organisationskultur zu identifizieren, die in der Lage sind, die Lösungsfindung zu unterstützen:

- Rahmen/Umgebung
- Vertrauen
- Leichtigkeit
- Scheitern als eine mögliche Gelingensbedingung wahrnehmen
- Austausch

Hier ist eine große Übereinstimmung zu dem festzustellen, was erfolgreiche Netzwerkorganisationen in Bezug auf ihre Kultur ausmacht.

Netzwerkorganisationen leben wie Network Thinking von der Face-to-Face-Begegnung. Hier kann Vertrauen in der Zusammenarbeit aufgebaut und die Vielfalt unterschiedlicher Sichtweisen genutzt werden. Zur Kultur in Netzwerkorganisationen gehört deshalb ein Rahmen, der ungezwungenen Austausch in unterschiedlichen Konstellationen ermöglicht. Ebenso wie im Network Thinking gibt es in Netzwerkorganisationen ein Verständnis davon, wie stark der äußere Rahmen die Lösungskompetenz unterstützen, aber auch blockieren kann. Zum Gestaltungsrepertoire des Rahmens in Netzwerkorganisationen gehören:

- barrierefreie Gestaltung des Raums durch Stehtische anstelle der üblichen Sitzordnungen, bei denen sich die Teilnehmenden hinter den Tischen verschanzen können
- Zwischendurch-Imbiss
- Namensschilder, gegebenenfalls mit Kurzinformationen zur Person, die Gesprächsanlässe bieten

Zur Kultur in Netzwerkorganisationen gehören auch Methoden der Gesprächs- und Austauschanregung, die einen übersichtlichen Rahmen dafür bieten, sich auf viele unterschiedliche Menschen und deren Sichtweisen und Ideen einzulassen – kurz: Methoden, die ereignisorientiert sind und Kontakt und Austausch unterstützen. Zur innovationsfördernden Kultur gehört in Netzwerkorganisationen die Form des indirekten Tauschs.

Wie im Network Thinking ist in Netzwerkorganisationen auch eine Kultur des Scheiterns im Sinne Bob Dylans wichtig: »There is no success like failure and failure is no success at all.« Die porträtierten Netzwerke hatten z.T. ernsthafte Krisen zu meistern, und auch Projekte scheiterten, wie z.B. der Ausbildungsbus des Netzwerks job4u Bremen (Näheres dazu in Kap. 8.3).

Die Verbindung von Spaß und Konkurrenz bei NIRO in internen Wettbewerben ist nicht nur ein Teil des Anreizsystems in diesem Netzwerk, sondern auch Bestandteil der Netzwerkkultur, die sich von anderen Organisationen abhebt: Der *NIRO*-Slogan »Konkurrenz, das sind die anderen!« persifliert den Bedeutungsinhalt »auskonkurrieren«, der oft mitgehört wird, wenn von Konkurrenz die Rede ist. Hier ist die Leichtigkeit spürbar, die im Network Thinking als eine Bedingung fürs Innovativsein angesehen wird.

Die Effizienzbedingungen für Innovationen, die Kieser und Walgenbach bezogen auf die Gestaltung der Organisationskultur benennen, haben eines gemeinsam: Sie gehen davon aus, dass die verschiedenen Ausprägungen eines hierarchischen Systems – Spezialisierung, Zentralisierung, Entscheidungen möglichst weit oben treffen, Stäbe und Abteilungsbezogenheit – allesamt Innovation behindern. Deshalb wird Innovation gefördert, wenn die Gegenrichtung eingeschlagen wird.

In diesem Zusammenhang stellen sich folgende Fragen: Ist die hierarchische Führungsstruktur von Unternehmen/Institutionen kompatibel mit dem hierarchiefreien Führungsverständnis in Netzwerkorganisationen? Können solche Unternehmen produktiv in Netzwerken mitwirken? Kann beispielsweise ein öffentlich gefördertes Projekt, in dem Netzwerkbildung ein Teil des Auftrags ist, selbst ausgeprägt hierarchisch strukturiert sein?

Einige Besucher des *NIRO*-Stands auf der Hannovermesse kommentierten, dass die interaktive, ergebnisoffene, entscheidungsfreudige Form der Mitwirkung in ihren Unternehmen undenkbar sei. Das deutet darauf hin, dass es Grenzen der Verträglichkeit bezogen auf unterschiedliche Hierarchieausprägungen geben könnte. Andererseits zeigen die Beispiele, die Weinberg anführt, dass auch in bekanntermaßen hierarchisch strukturierten Unternehmen eine Bereitschaft zum Denken in Netzwerken vorhanden ist, jedenfalls dann, wenn es von Externen exemplarisch in einem Beratungssetting eingesetzt wird. Wenn Network Thinking thematisch und zeitlich eingegrenzt ist, kann es anscheinend auch innerhalb der Organisation praktiziert werden.[30]

Fazit

Hierarchie und Innovation scheinen miteinander zu korrelieren, wenn es um das Innovationspotenzial in Organisationen geht: Je hierarchischer eine Organisation strukturiert ist, desto schwieriger ist es, neue Lösungen zu erarbeiten und zu implementieren. Netzwerkorganisationen verfügen aufgrund ihrer hierarchiefreien Führung über ein großes Innovationspotenzial. In allen vier Feldern, in denen die Organisationsforschung Effizienzbedingungen für Innovationen identifiziert hat, haben Netzwerkorganisationen Gestaltungsmerkmale entwickelt, die die Erarbeitung von Lösungen, die es bisher noch nicht gab, anregen, inspirieren und befördern. Kreativität und Vielfalt ist durchaus vergleichbar mit der, die beim Network Thinking zutage gefördert wird. Im Unterschied zu diesem sind Netzwerke eine Organisationsform, die auch und gerade die Zusammenarbeit von Experten ermöglicht, insbesondere

---

30 Weinberg beschreibt u. a. das Beispiel des Pharmaunternehmens Janssen-Cilag.

dann, wenn Unterschiedlichkeit als Gestaltungsmöglichkeit genutzt wird, Fachfremde in die Lösungsfindungsprozesse zu integrieren.

»Innovativ sein ist eine Frage der Einstellung«[31], zitiert Weinberg Mitglieder von »Dark Horse Innovation«, einer Beratungsagentur aus Berlin, die er als Innovationsmacher erlebt hat.

Innovativ sein ist auch – so ist nach der Synopse zu ergänzen – eine Frage des Vertrauens in das Leistungsvermögen von ergebnisoffener Zusammenarbeit.

---

31   Weinberg, S. 117.

Teil 1 Netzwerkorganisationen als Teilnehmer aktiv nutzen und gestalten

1 Die vier Grundmerkmale von Netzwerken

1.1 Tausch

Das Innovationspotenzial in Netzwerken zeigt sich im Ausmaß der Tausch-handlungen. Es lassen sich zwei Formen unterscheiden – der direkte und der indirekte Tausch.

1.1.1 Direkter Tausch

Die bekannteste Form des direkten Tauschs ist die Do-ut-des-Form: »Ich gebe (eine Leistung, ein Produkt), damit du gibst.«

Der Tausch von Ware/Dienstleistung gegen Geld ist in unserer kapitalorientier-ten Wirtschaftsform die gebräuchlichste, aber – wie noch gezeigt werden wird – nicht unbedingt die kreativste oder eine innovationsfördernde Tauschform.

Tausch ist in Netzwerken die Haupttätigkeit. Tauschen ist das Wechselspiel von »Geben/Einbringen« und »Nehmen/Bekommen«. Das ist mitunter schwie-riger, als es aussieht: Es gibt Menschen, die gern geben. Auf diese Weise trans-portieren sie die Botschaft: »Ich bin erfolgreich, ich weiß Bescheid.«

In einem Netzwerk, das nur aus Gebern/Geberinnen besteht, passiert – nichts. Umgekehrt genauso: Es gibt Menschen, die in Netzwerken nichts einbringen. Sie schauen nur, was sie bekommen und für sich nutzen können, und greifen dieses ab: Informationen, Kontakte, Tipps, Ideen. Oder Netzwerkmitglieder beobachten nur, ob etwas passiert, das für sie von Interesse ist: Wer sagt was, schlägt was vor, arbeitet mit wem zusammen? In jedem Fall gilt: In einem Netzwerk, das nur aus Nehmern/Nehmerinnen besteht, ereignet sich eben-falls – nichts!

> **Wichtig** !
>
> In erfolgreichen, nützlichen Netzwerken sind Geber/Geberinnen und Nehmer/Nehmerinnen vertreten. Nur dann kann Tausch stattfinden.

In besonders erfolgreichen Netzwerken füllen die Mitglieder beide Rollen glei-chermaßen aus. Netzwerkmitglieder sind dann besonders erfolgreich, wenn sie zwischen der Rolle des Gebers/der Geberin und der Rolle des Nehmers/der Nehmerin fortwährend wechseln können. Das heißt, dass die Netzwerkmitglieder in der Lage und willens sind, Impulse im Netzwerk zu setzen, sich in das Netzwerk einzubringen und etwas aus dem Netzwerk mitzunehmen. In einem Moment ist jemand Ideengeber, im nächsten Feedbackgeber für den Vorschlag eines anderen.

In der Lage, etwas in das Netzwerk einzubringen, ist ein Netzwerkmitglied dann, wenn es Ideen, Kontakte oder Angebote zur Mitwirkung hat, die aus seiner Sicht für das Netzwerk interessant sein könnten. Als Geber ist ein Netzwerkmitglied dabei in derselben Rolle wie ein Standinhaber auf dem Wochenmarkt: Es bietet etwas an. Genau wie auf dem Wochenmarkt kann es passieren, dass ein Angebot »gekauft«, also im Netzwerk aufgegriffen wird, Resonanz erzeugt.

Netzwerker können aber auch die Erfahrung machen: Das Angebot trifft auf keine Resonanz, wird im Netzwerk nicht aufgenommen. Dies mag zwar frustrierend sein – es ist aber nicht nutzlos. Denn: In Netzwerken geht es – genauso wie auf dem Markt – darum, sich zu zeigen, sich zu positionieren. Wie auf dem Markt erhalten Mitglieder in Netzwerken immer eine direkte Resonanz: Ein Angebot wird angenommen – oder nicht.

Wenn ein Angebot nicht angenommen wird, besteht die Möglichkeit zu schmollen und auf die Ignoranz des Netzwerks zu schimpfen – oder die Nichtbeachtung eines Tauschangebots zu entschlüsseln: durch Nachfrage. Dabei fördern Antworten oft Überraschendes zutage: Vielleicht wurde das Angebot missverstanden. Antworten können nachdenklich machen: Dem Ideengeber wird die Kompetenz, die für eine sinnvolle Mitwirkung als nötig angesehen wird, nicht zugetraut. In diesem Fall könnten Belege für die Kompetenz ergänzt oder das Angebot modifiziert werden, z.B. mit Probearbeit oder dadurch, dass der Anbieter ins unternehmerische Risiko geht.

Dieser Klärungsprozess lässt sich selbst als Tauschakt bezeichnen: Begründungen werden erfragt, Antworten gegeben. Durch solches Verhalten wird Tausch im Netzwerk angeregt – ein Beitrag zur Netzwerkentwicklung.

Wie auf dem Markt hat die Annahme eines Angebots sofort Konsequenzen: Auf dem Wochenmarkt erhält der Kunde das Gewünschte und muss umgekehrt den geforderten Betrag zahlen. Damit ist der Tauschakt abgeschlossen. In Netzwerken gibt es auch diese Form des direkten Tauschs: Antwort auf eine Frage, Rückmeldung zu einer Idee.

1.1.2 Indirekter Tausch

Das Innovationspotenzial von Netzwerken zeigt sich vor allem in einer besonderen Form des Tauschs: dem indirekten Tausch.

Schmidt beschreibt diesen als »individuellen Vorschuss«: »Netzwerke leben
stark von individuellen Vorschüssen einzelner Akteure. Ein adäquater Ausgleich kommt zumeist nicht direkt zustande, da diese Leistungen auch nur
schwer monetär bewertbar sind. In der Praxis passiert Ausgleich oftmals un-
verhofft und von einer anderen Stelle des Netzwerks.«[32]

Als Tauschakt beschrieben handelt es sich beim individuellen Vorschuss um
indirekten Tausch: Jemand gibt etwas ins Netzwerk hinein. Die Anregung wird
aufgenommen und an jemand anderen weitergegeben und dabei weiterentwickelt. Danach wird die weiterentwickelte Anregung an einen Dritten weitergegeben, der sie noch einmal mit eigenen Ideen anreichert. Diese weiterentwickelte Ursprungsidee wird zurück ins Netzwerk transportiert. Dort merkt
der Impulsgeber: »Eine tolle Idee, die übernehme ich!« In Netzwerken kann
es passieren, dass derjenige, der am Ende dieser Kette steht, gar nicht mehr
wahrnimmt, dass er der Impulsgeber war.

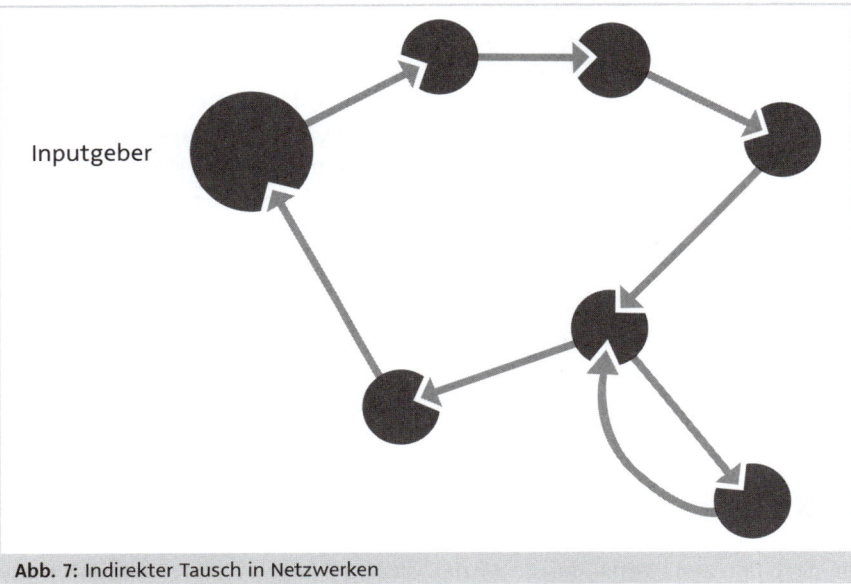

Inputgeber

Abb. 7: Indirekter Tausch in Netzwerken

---

32 Schmidt in Becker/Dammer/Howaldt/Loose, S. 97f.

Die Häufigkeit, in der indirekter Tausch in einem Netzwerk stattfindet, ist ein Kriterium für die Fähigkeit eines bestimmten Netzwerks, Innovationen hervorzubringen. Letztendlich kommt es in denjenigen Netzwerken häufig zu indirektem Tausch, in denen viele Netzwerkmitglieder diesen Effekt kennen – entweder intuitiv oder auf die ein oder andere Art bewusst. Eine Form von Bewusstheit ist das von Schmidt beschriebene Vorschussdenken: Als Netzwerkmitglied tue ich gut daran, Vorschuss zu geben! Wenn mir als Netzwerkmitglied Tausch als eine wichtige Säule von Netzwerken bekannt ist, werde ich freigiebig sein, weil ich weiß: Damit leiste ich einen Beitrag zur Freigiebigkeitskultur in meinem Netzwerk. Meine Freigiebigkeit und die anderer Netzwerker erhöht die Chance, dass sich im Netzwerk indirekter Tausch ereignen kann – eine Möglichkeit, das Innovationspotenzial des Netzwerks zu entfalten.

1.1.3 Tauschhaltung

Beim indirekten Tausch kommt es nicht nur auf die Fähigkeit an, etwas in das Netzwerk einzubringen, sondern vor allem auf den Willen, etwas in dem Bewusstsein einzubringen, dass man nicht direkt etwas zurückbekommt. Dabei handelt es sich um eine Haltung, die beim indirekten Tausch besonders deutlich zutage tritt.

Die Grundhaltung in unserer Gesellschaft ist, was Geben und Nehmen betrifft, sehr stark durch die Haltung geprägt, die in der lateinischen Wendung »do ut des« – ich gebe, damit du gibst – zum Ausdruck kommt: eine auf Unmittelbarkeit ausgerichtete Handlung mit damit verbundener fordernder Grundhaltung. Das Ergebnis dieser Art des Tauschs ist voraussehbar und berechenbar – in kapitalistischen, also geldbasierten Tauschbeziehungen immer auch mit Euro, Dollar oder Yen gekoppelt: Ich habe etwas bekommen und dafür eine bestimmte Anzahl von Währungseinheiten gezahlt.

In Netzwerken ist eine andere Tauschhaltung und ein anderes Tauschverständnis gefragt: Wie auf dem mittelalterlichen Markt geht es bei direktem Tausch vor allem um nicht geldbasierten Tausch von Ideen, Tipps und Erfahrungen. Anders als auf dem mittelalterlichen Markt können diese Güter nicht nur zwischen einem Käufer und einem Verkäufer getauscht werden. Vielmehr haben Netzwerke das Potenzial, dass ein Angebot zu Tauschakten mit mehreren Interessenten gleichzeitig (one-to-many) führt, wie in Abbildung 8 illustriert ist.

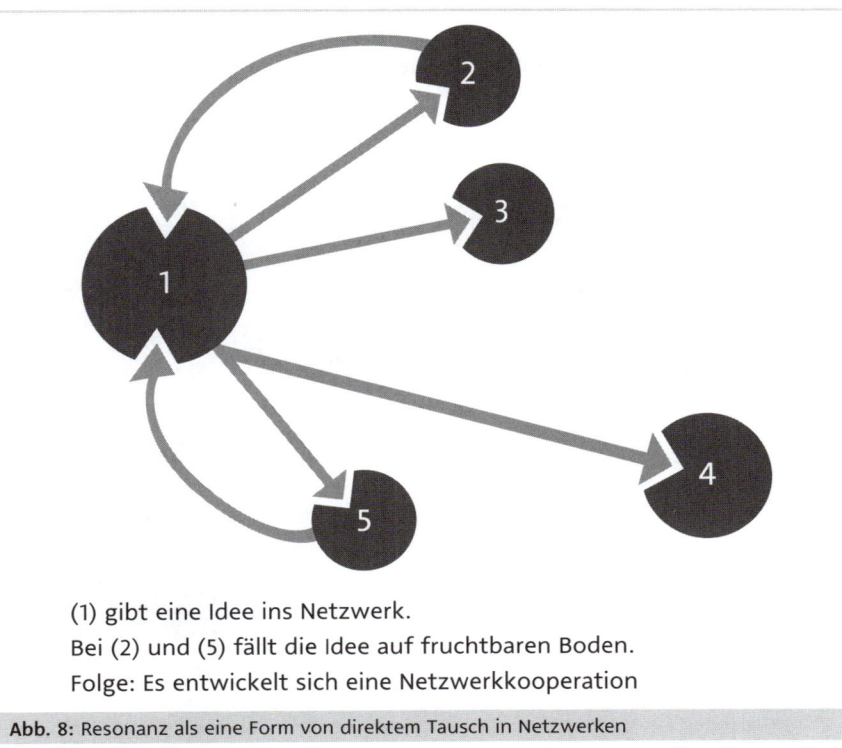

(1) gibt eine Idee ins Netzwerk.

Bei (2) und (5) fällt die Idee auf fruchtbaren Boden.

Folge: Es entwickelt sich eine Netzwerkkooperation

Abb. 8: Resonanz als eine Form von direktem Tausch in Netzwerken

1.2 Ziele

Wichtig !

Ziele in Netzwerken sind fluid. Ihre Tragfähigkeit entsteht durch Resonanz aller Beteiligten.

1.2.1 Fluidität

Ohne Ziele entsteht keine Organisation. Es gibt immer etwas, das in Organisationen auf den Weg gebracht werden soll. In Unternehmen und Kooperationen sind Ziele in der Regel wie Leuchttürme: Sie sind groß, sichtbar, erreichbar, stehen in einiger Entfernung, es ist also eine gewisse Strecke zurückzulegen, um dorthin zu gelangen.

Ziele in Netzwerken sind fluider als in Kooperationen oder Unternehmen. Es gibt zwar immer mindestens ein Ausgangsziel, aber schon dieses ist oft weniger genau umrissen als in anderen Organisationsformen. In Netzwerken entwickeln sich Ziele aus dem Zusammenwirken. Überraschende Fragen führen zu neuen Themen. Aus der Beschäftigung mit neuen Themen ergeben sich neue Ziele.

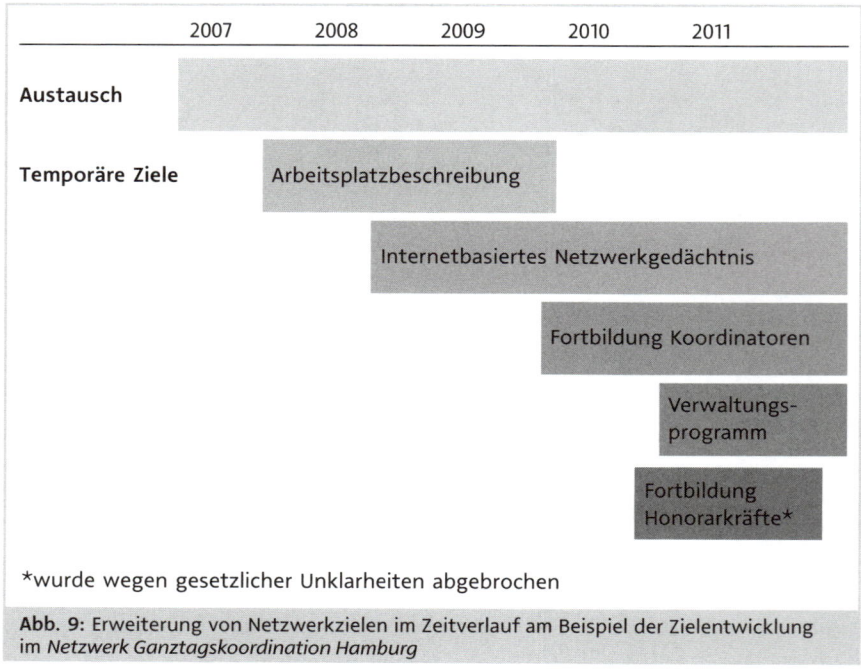

	2007	2008	2009	2010	2011

Austausch

Temporäre Ziele — Arbeitsplatzbeschreibung

Internetbasiertes Netzwerkgedächtnis

Fortbildung Koordinatoren

Verwaltungsprogramm

Fortbildung Honorarkräfte*

*wurde wegen gesetzlicher Unklarheiten abgebrochen

Abb. 9: Erweiterung von Netzwerkzielen im Zeitverlauf am Beispiel der Zielentwicklung im *Netzwerk Ganztagskoordination Hamburg*

Gerade weil Ziele in Netzwerken anfangs oft nicht eindeutig formuliert sind, sollten sich deren Mitglieder gleich zu Beginn über Ziele verständigen. Dabei reicht oft eine Vereinbarung über kurzfristige Vorhaben bzw. eine Verständigung darüber, welcher Nutzen bei der Gründung des Netzwerks damit verbunden wird. Da es keine Weisungs- und Entscheidungsbefugnisse gibt, werden Ziele nur erreicht, wenn genügend autonome Akteure aus dem Netzwerk ein Eigeninteresse an der Verwirklichung eines Ziels entwickeln. Selbstverständlich können auch mehrere Ziele parallel verfolgt werden.

Gerade weil Ziele in Netzwerken eher fluid sind, ist eine regelmäßige Verständigung über Ziele hilfreich. Mitunter geschieht das unbewusst, nämlich dann, wenn eine Idee Resonanz erzeugt. Eine Idee aus dem Netzwerk wird dann verwirklicht, wenn damit gemeinsam ein oder mehrere Ziele erreicht werden können. Eine Verständigung über Ziele kann auch bewusst herbeigeführt werden – durch Mitglieder oder das Netzwerkmanagement. Dabei geht es um Richtungsentscheidungen oder um die Entwicklung von Ideen, die das Netzwerk neu ausrichten, das Handlungsspektrum erweitern, neue Kooperationen initiieren.

1.2.2 Ereignisorientierung

In Unternehmen, Institutionen und Kooperationen werden Ziele in der Regel top-down vorgegeben, d.h., es herrscht nicht nur Klarheit darüber, welche Ziele verfolgt werden, es ist auch unstrittig, wo Ziele entstehen, nämlich »oben«. In Netzwerken sind nicht nur die Ziele selbst unbestimmter, prozessoffen – auch die Verständigung über Ziele erfolgt anders als in hierarchischen Organisationen: Netzwerke entwickeln Ziele über Ereignisorientierung. Netzwerke tun gut daran, Tausch in allen Formen, die beschrieben wurden, zu ermöglichen. Dadurch werden potenzielle Ziele zutage gefördert. Durch Resonanz erfolgt dann die Verständigung auf Ziele, die gemeinsam oder zumindest durch die Mitglieder verfolgt werden, die eine positive Rückmeldung zu einem Ziel gegeben haben.

1.2.3 Wichtig: passende Ziele wählen

Netzwerkziele müssen sowohl zum Netzwerk als Organisationsform als auch zur Organisationsform »Netzwerk« passen. Dazu ist es wichtig, sich den Charakter des Netzwerks klarzumachen.

In einem Netzwerk von Supervisoren und Supervisorinnen führt das Ziel, Aufträge zu bekommen, voraussichtlich nicht weit, da man sich dort in einem Netzwerk von Wettbewerbern befindet.

Dieser Netzwerkzusammensetzung angemessener ist es, sich auf Ziele zu verständigen, die zur Zusammensetzung passen, z.B.
- Austausch über erfolgreiche und weniger erfolgreiche Akquisestrategien,
- Austausch über Besonderheiten spezieller Kundengruppen,
- Austausch zu bestimmten Fachthemen wie dem Unterschied von Coaching und Supervision,
- Austausch über den Nutzen und Erfahrungen in Bezug auf Mitgliedschaften in Fachverbänden,
- Bildung von Angebotsgemeinschaften, um sich auf Aufträge bewerben zu können, für deren Bearbeitung mehrere Fachleute nötig sind.

Manchmal kann es hilfreich sein, unterschiedliche Zielebenen zu differenzieren. Bezogen auf das genannte Beispiel:
- ungerichtete Ziele: Kollegen kennenlernen, fachlicher Austausch
- gerichtete Ziele: Anbahnung von Kooperationen, Aufträge

Wie gezeigt wurde, ist der Einfluss der Organisationsmitglieder auf die Zielfindung in Netzwerken wesentlich größer als in hierarchischen Organisationen, aber auch größer als in Kooperationen. Da es in Netzwerken keine Entscheidungsmacht gibt, haben auch Mitglieder, deren Status und Größe bisher als gering angesehen wurde, die Möglichkeit, positive Resonanz auf Ideen zu bekommen, aus denen sich neue Ziele herausbilden.

Wenn Resonanz zur Verständigung auf ein Ziel geführt hat, ist dieses in Netzwerken genauso zu operationalisieren wie in anderen Organisationsformen. Auch auf Netzwerkziele lässt sich beispielsweise die SMART-Regel anwenden, nach der Ziele spezifisch, messbar, attraktiv, realistisch und terminierbar sein sollten.

1.3   Unterschiedlichkeit

> **! Wichtig**
>
> Die Gestaltung von Unterschiedlichkeit in Netzwerken ist der Nährboden für den Erfolg.

In Arbeitszusammenhängen sind vor allem die Bedingungen für eine erfolgreiche Zusammenarbeit in Teams untersucht worden. Das Ergebnis ist eindeutig: Teams erzielen dann gute Leistungen, wenn die Mitglieder unterschiedliche Kompetenzen zur Verfügung stellen und wenn es gelingt, diese in ein produktives Zusammenspiel zu bringen. Die Teamforschung bietet gute Anregungen für den Umgang mit Unterschiedlichkeit in Netzwerkorganisationen.

1.3.1   Was bedeutet »Unterschiedlichkeit« konkret?

Das Belbin-Teamrollenmodell
Der englische Soziologe Meredith Belbin hat ein Modell von Teamrollen entwickelt, in dem Rollen ausdifferenziert sind. Er hat in Untersuchungen von Teams herausgefunden, dass diese dann besonders erfolgreich sind, wenn die neun Rollen, die er identifiziert hat, besetzt sind.

Er unterscheidet die handlungsorientierten Rollen »Macher«, »Umsetzer« und »Perfektionist«, die kommunikationsorientierten Rollen »Koordinator/ Integrator«, »Teamarbeiter/Mitspieler« und »Wegbereiter/Weichensteller« und die wissensorientierten Rollen »Neuerer/Erfinder«, »Beobachter« und »Spezialist«.

Belbin fand in seinen Untersuchungen heraus, dass die Stärken, die mit einer Rolle verbunden sind, untrennbar mit Schwächen gekoppelt sind. Die Schwäche eines Machers ist beispielsweise Ungeduld, die eines Perfektionisten ist Ängstlichkeit und das Unvermögen zu delegieren. Diese Schwächen, die quasi die Kehrseite der jeweiligen Stärken sind, bezeichnet Belbin als zulässig, sie müssen akzeptiert werden, sie sind in der Substanz nicht veränderbar. Es hat also keinen Zweck, an den Macher zu appellieren: »Nun sei doch mal etwas geduldiger!«[33]

Unterschiedliche Teamrollen (nach Belbin)

Teamrolle	Rollenbeitrag	Charakteristika	Zulässige Schwächen
Neuerer/Erfinder	bringt neue Ideen	unorthodoxes Denken	oft gedankenverloren
Wegbereiter/ Weichensteller	entwickelt Kontakte	kommunikativ, extrovertiert	oft zu optimistisch
Koordinator/ Integrator	fördert Entscheidungsprozesse	selbstsicher, vertrauensvoll	kann als manipulierend empfunden werden
Macher	hat Mut, Hindernisse zu überwinden	dynamisch, arbeitet gut unter Druck	ungeduldig, neigt zu Provokationen
Beobachter	untersucht Vorschläge auf Machbarkeit	nüchtern, strategisch, kritisch	relativ ideenlos und unfähig, andere zu inspirieren
Teamarbeiter/ Mitspieler	verbessert Kommunikation, baut Reibungsverluste ab	kommunikativ, diplomatisch	unentschlossen in kritischen Situationen
Umsetzer	setzt Pläne in die Tat um	diszipliniert, verlässlich, effektiv	unflexibel
Perfektionist	vermeidet Fehler, stellt optimale Ergebnisse sicher	gewissenhaft, pünktlich	überängstlich, delegiert ungern
Spezialist	liefert Fachwissen und Information	selbstbezogen, engagiert, Fachwissen zählt	verliert sich oft in technischen Details

Das Belbin-Modell im Überblick (Quelle: https://de.wikipedia.org/wiki/Teamrolle)

---

33 Mit diesem Rollenverständnis unterscheidet sich Belbin von den Rollenbeschreibungen, die in der Gruppendynamik vorgenommen werden. Hier werden vorrangig Rollen beschrieben, die sich auf bestimmte Positionen in einer Gruppe beziehen. Im rangdynamischen Positionsmodell von Raoul Schindler geht es z.B. um Machtpositionen in einer Gruppe, die mit Alpha, Beta, Gamma und Omega beschrieben werden. Bei dieser Betrachtungsweise steht die Hierarchie innerhalb der Gruppe im Vordergrund.

Das Teamrollenmodell von Belbin verdeutlicht drei Aspekte von Unterschiedlichkeit, die in Netzwerken von großer Bedeutung sind:

- Einmal beschreibt es ein Rollenensemble, das nötig ist, um eine Zusammenarbeit erfolgreich zu machen. Damit wird die Notwendigkeit ausgeprägter unterschiedlicher Kompetenzen und Fähigkeiten auf Ziele bezogen. Wenn in einer Gruppe/einem Team Ziele erreicht werden sollen, ist Unterschiedlichkeit in Form von ausdifferenzierten Rollen ein wichtiges Erfolgskriterium. Je geringer die Ausdifferenzierung der Rollen, desto schwieriger wird es, als Gruppe ein Ziel zu erreichen bzw. desto schlechter ist das Ergebnis bei der Zielerreichung. Belbin hat Unterschiedlichkeit als Erfolgskriterium in Teams nachgewiesen.
- Die Verknüpfung von Stärken mit damit untrennbar verbundenen Schwächen entfaltet in Netzwerken eine besondere Wirkung: In Netzwerken treffen die zulässigen Schwächen der Mitglieder ungebremst und ungefiltert durch feste Strukturen und Hierarchien (»Wenn mein Kollege nicht delegieren kann, muss unser Chef da mal entsprechende Ansagen machen!«) aufeinander. Die zulässigen Schwächen müssen im freien Spiel der Kräfte ausgehandelt und vor allem ausgehalten werden. Aushandlung ist nur in dem Sinne möglich, dass Netzwerkmitglieder wechselseitig in Kommunikationsprozessen Verständnis dafür entwickeln, welche zulässigen Schwächen mit bestimmten Stärken verbunden sind.
- Belbin geht davon aus, dass ein Individuum mehrere Rollen einnehmen kann, dass es aber zwei Rollen gibt, die jedes Individuum besonders gut einnehmen kann, und zwei, die es in der Regel meiden sollte. Belbin hat in seinen Untersuchungen nachgewiesen, dass Personen Rollen mit einer gewissen Flexibilität einnehmen können. Das ist in Netzwerken nicht nur bezogen auf die Belbin-Rollen von Bedeutung. Auch zwischen den Rollen »Geber« und »Nehmer« ist in Netzwerken flexibel zu wechseln.

Das Teamrollenmodell von Belbin ist aus drei Gründen auf Netzwerke übertragbar:

- Das Modell kommt ohne hierarchisches Denken aus.
- Die Rollen beschreiben unterschiedliche Kompetenzen, die zu kombinieren sind, wenn Ziele bestmöglich erreicht werden sollen.
- Die Herausarbeitung zulässiger Schwächen, die mit Stärken verbunden sind, bietet Orientierung in Organisationsformen, in denen es keine Weisungsbefugnisse gibt.

Die von Belbin beschriebenen kompetenzorientierten Rollen sind dabei um die netzwerkorientierten Rollen »Geber« und »Nehmer« zu ergänzen. Jedes Netzwerkmitglied kann man unter Rollenaspekten zu jedem Zeitpunkt unter dem Gesichtspunkt betrachten, welche Belbin-Rolle gerade eingenommen wird und welche Netzwerkrolle. Als Netzwerkmitglied kann ich die Belbin-Teamrolle »Umsetzer« sowohl als »Geber« als auch als »Nehmer« ausfüllen. In der Geberrolle biete ich dem Netzwerk an, an der Umsetzung einer Idee mitzuwirken. In der Nehmerrolle setze ich eine Idee aus dem Netzwerk in meinem individuellen oder organisationalen Kontext um.

Tipp !

Als von Belbin inspirierter Netzwerker können Sie sich fragen:
- Was trage ich zur Unterschiedlichkeit in meinem Netzwerk bei?
- Welche Belbin-Rolle(n) nehme ich/nehmen andere Netzwerkmitglieder ein?
- Welche zulässige(n) Schwäche(n) mute ich anderen zu?/Welche zulässigen Schwächen von anderen nehme ich in Kauf?

Die vier Motivationstypen von Maccoby

Einen anderen Ansatz, Unterschiedlichkeit zu erfassen, repräsentiert das Modell der vier Motivationstypen von Maccoby. Während Belbin unterschiedliche Rollen im Team identifizierte, hat Maccoby vier unterschiedliche Persönlichkeitstypen definiert, mit denen das Verhalten eines einzelnen Menschen beschrieben werden kann. Maccoby unterscheidet vier Grundtypen, die er Managern zuschreibt:
- den Fachmann, für den Qualität und Sparsamkeit im Vordergrund steht,
- den Dschungelkämpfer, dessen Motto »Fressen oder gefressen werden« sein könnte,
- den Firmenmenschen, der von Hoffnung auf Erfolg motiviert und von der Sorge um Unternehmensprojekte und die zwischenmenschlichen Beziehungen in Betrieben getrieben wird,
- den Spielmacher, der Arbeit und Leben wie ein Spiel betreibt, in dem es um den Wettbewerb der Ideen und neue Wege geht.

Ein Team um den Berater Jürgen Lehmann von der *traintool consult GmbH* hat diese vier Grundtypen zu insgesamt 16 Typen weiterentwickelt, je nachdem, wie Menschen diese vier Energien miteinander verknüpfen. Diese und eine Anzahl ähnlicher Typologien[34] werden von Beratern/Trainern/Coaches angewandt, um persönlichkeitsgerecht mit Menschen umzugehen, aber auch, um das Maß an Heterogenität und Homogenität in einem Team oder Netzwerk darzustellen und individuelle Stärken zu lokalisieren und zu nutzen. Dabei wird aufbauend auf den Grundtypen auch mit Mischtypen, z. B. als Inspiratoren, Beobachter, Visionäre etc., gearbeitet.

---

34 Zum Beispiel Enneagramm, Insights discovery oder Hogan Personality Inventory.

Die vier Grundmotivationen werden mit Farben beschrieben:

- Die blaue Energie des **Experten** sorgt für unser Verständnis von Gründlichkeit, Genauigkeit und Perfektion. Sie steht für unser Interesse an der Sache/dem Thema und unser Streben nach Objektivität und Sachlichkeit. Sie ermöglicht uns, Situationen und Probleme zu analysieren, und verhilft uns zu Klarheit und Präzision.
- Die **grüne Energie des Unterstützers** sorgt für den Zusammenhalt unter Menschen, den Kontakt und die Nähe zu unserer Umwelt und den Mitmenschen. Sie steht für Verantwortung und das Vertrauen, das wir zueinander entwickeln und auf das wir setzen. Sie hilft uns, andere zu verstehen und das Bestehende zu bewahren. Sie setzt auf Beteiligung und persönliche Beziehungen, sorgt für Hilfe und braucht persönliche Akzeptanz und Wertschätzung.
- Die **gelbe Energie des Spielmachers** sorgt für Ideenreichtum, Neues und Dynamik. Sie steht für Begeisterung und großartige Ziele und Visionen. Sie ermuntert uns, mit Spaß und Leichtigkeit zu arbeiten, weiß andere auf spielerische Weise einzubinden und mitzureißen. Sie erkennt die reizvollen Möglichkeiten und vielfältigen Chancen und setzt auf emotionale Kraft von Begriffen und Bildern.
- Die **rote Energie des Machers** zielt auf Erfolg und Leistung und sorgt dafür, dass Dinge (möglichst direkt) erledigt werden. Sie kümmert sich um effiziente und effektive Arbeitsweisen und treibt an. Sie will sich an Herausforderungen beweisen und ist bereit, sich hierfür auch einzusetzen.

Während Belbin Rollen definiert, die in der Zusammenarbeit durch Verfestigung der Rollenerwartungen entstehen, weisen die Berater von *traintool consult* auf die unterschiedlichen Persönlichkeitsstrukturen hin, die Menschen in die Zusammenarbeit mitbringen, und wie man die Mischung von Stärken und Schwächen optimal nutzt. Wenn jemand stark auf Erfolg und Leistung aus ist, sich um effektive Arbeitsweise kümmert, zudem Ideen hat, den Kontakt zu bestimmten Personen in seinem Umfeld sucht und gleichzeitig Interesse an zwei Themen hat, könnte daraus geschlossen werden, dass es sich um einen Macher handelt, der aber auch Anteile der drei anderen Rollen in seinem Rollenrepertoire vereint.

Durch eine ausführliche Überprüfung des Modells von *traintool consult* wurde festgestellt, dass der dazugehörige Persönlichkeitstest »PersonalCompass-System (PCS)« gültige und hilfreiche Aussagen zu folgenden Aspekten liefert:

1. **Streben (Motivation):** Wonach strebt dieser Typ in seiner Arbeit? Dies ist ein innerer Vorgang, über den vorwiegend nur die jeweilige Testperson Auskunft geben kann.

2. **Typisches Arbeitsverhalten** und dessen Wirkung (auf andere): Dies ist ein beobachtbarer Tatbestand, über den auch das Arbeitsumfeld der Testperson Auskunft geben kann.

3. **Überfachliche Kompetenzen:** Hier geht es um die Fähigkeiten und das Können, insbesondere um die Anforderungen der Arbeit und den Umgang damit.

Für jeden der 16 Motivationstypen steht mit dem PCS ein ausführlicher, individueller Report (ca. 15 Seiten) zur Verfügung. Die persönliche Farbmischung kann kostenfrei auf der Homepage des Autors[35] abgefragt werden, der ausführliche Report ist dann kostenpflichtig.

In Netzwerken sind alle vier beschriebenen Energien notwendig. Es ist deshalb aus Nutzersicht interessant, ein Netzwerk daraufhin wahrzunehmen, ob diese Energien vorhanden sind und wie sie sich verteilen.

Tipp !

Als von Maccoby/*traintool consult* inspirierter Netzwerker können Sie sich fragen:

- Nehme ich Experten-, Unterstützer-, Macher- und Spielmacherenergie im Netzwerk wahr?
- Wie ist sie verteilt? Gibt es einzelne Personen, die diese Energie besonders ausgeprägt einbringen, oder sind die Energien auch auf die einzelnen Mitglieder verteilt?
- Welche Energie ordne ich bestimmten Personen vorrangig zu?
- Welche Energien bringe ich ein? Möchte ich an meinem Energiemix etwas ändern?

Einige Anregungen zur Deutung Ihrer Wahrnehmungen:

- Wenn Sie Unterstützerenergie kaum wahrnehmen können, deutet das eventuell darauf hin, dass (tabuisierte) Konkurrenz Sand in das Netzwerkgetriebe streut.
- Wenn Sie die Energie des Machers nicht identifizieren können, befinden Sie sich möglicherweise in einem Netzwerk, in dem man mit etwas Austausch schon zufrieden ist – nett, aber folgenlos.
- Wenn Sie die Energie des Spielmachers vermissen, ist das Netzwerk möglicherweise zu gleichförmig besetzt. Es fehlen Querdenker und Menschen, die keine Angst haben, Grenzen zu überschreiten.

---

35 www.bensmann-network.de

1.3.2 Unterschiedlichkeit gestalten

Unterschiedliche Abteilungen, unterschiedliche Verantwortlichkeiten, unterschiedliche Entscheidungsberechtigungen in hierarchischen Organisationen sind die Konsequenz von arbeitsteiligen Vorgehensweisen. Diese Art von Unterschiedlichkeit in Unternehmen oder Kooperationen wird meist als Teil der Struktur erlebt, also als stabil, verlässlich, manchmal auch statisch.

Die Berücksichtigung der Unterschiedlichkeit der Menschen ist der Kern von Zusammenarbeit. In Netzwerken lässt sich Unterschiedlichkeit gestalten. Dazu zwei Beispiele:

> **!** **Beispiel**
>
> - In der Gründungsphase eines Netzwerks »Familienbildung« in einem Landkreis in Norddeutschland saßen beim ersten Planungstreffen nur Vertreter aus dem Bildungsbereich zusammen: Familienbildungsstätte, VHS, Kitaträger. Der Berater schlug vor, Wohnungsbaugesellschaften, Künstler, Verkehrsbetriebe, Unternehmensvertreter etc. einzubeziehen. Die Mitglieder beschlossen nach kurzer Diskussion, den Kreis der Teilnehmenden auszuweiten. Die Erweiterung ergab sich auch aus der Zielsetzung des Netzwerks: Es sollte dazu beitragen, den Landkreis für Familien attraktiver zu machen. In diesem Zusammenhang waren z.B. Mobilität und Wohnen wichtige Netzwerkthemen. Durch den Erweiterungsvorschlag des Beraters waren diese Themen auch personell repräsentiert.
> - Ein Netzwerk von Führungskräften eines bundesweit tätigen Sozialverbands entwickelte die Kultur eines Kaminabends. Dazu lud man einen externen Gast ein. Gäste des Kaminabends waren u.a. ein Sägewerkbesitzer, der Intendant des Theaters des Jahres und ein Professor einer privaten Fachhochschule für Entrepreneurship.
>   Die unterschiedlichen Perspektiven der jeweiligen Gäste erlaubten es, den Kern der eigenen Tätigkeit besser zu verstehen. Außerdem wurden mehrfach überraschende Übereinstimmungen im Gespräch sichtbar, die Impulse für die Weiterentwicklung gaben. Das einhellige Fazit: „Sehr anregend für die eigene Arbeit!"

Unterschiedlichkeit gilt es selbstverständlich auch in anderen Organisationsformen zu berücksichtigen und zu nutzen. In Netzwerken ist sie eine wichtige Quelle der produktiven Zusammenarbeit, die mehr als in anderen Formen von der Organisation bewusst zu gestalten ist.

Die Beispiele zeigen, dass die Option, Unterschiedlichkeit in Netzwerken bewusst zu stimulieren, mitunter nicht gesehen bzw. zu wenig genutzt wird – vielleicht deshalb, weil unsere Erfahrungen stark durch hierarchische Organisationen geprägt sind. Damit wird das Potenzial eines Netzwerks beschränkt.

Angesichts fehlender Hierarchie ist es in Netzwerken sogar geboten, Unterschiedlichkeit Gestalt zu geben. Die Beispiele können dazu ermutigen, sich in Netzwerken bewusst für eine Art von Unterschiedlichkeit zu entscheiden, die den Zielen (Beispiel 1) und den Tauschwünschen der Netzwerkmitglieder (Beispiel 2) entspricht und die darüber hinaus geeignet ist, Unterschiedlichkeit – wie in Beispiel 2 – als Inspirationsquelle zu nutzen.

Es lohnt sich also immer zu fragen: Wer kann unserem Netzwerk etwas geben, dem wir auch etwas zu bieten haben?

1.4 Vertrauen

Wichtig !

Gegenseitiges Vertrauen ist in Netzwerken unerlässlich. Vertrauen ist dynamisch und entsteht durch Handlungen.

Vertrauen beschreibt eine besondere Qualität von zwischenmenschlichen Beziehungen. Von einer vertrauensvollen Beziehung zu sprechen, ist im Bereich der Privatsphäre üblich, um das Verhältnis zu einem Menschen als intensiv und offen zu kennzeichnen. In der Privatsphäre ist die Erfahrung präsent, dass Vertrauen sich entwickeln kann, dass es enttäuscht werden kann, dass es also dynamisch ist. Vielen ist auch bewusst, dass Vertrauen schwindet, wenn es in privaten Beziehungen nicht von Zeit zu Zeit durch Vertrauensbeweise aufgefrischt wird.

Auch in Organisationen ist Vertrauen von Bedeutung: Vertrauen muss in bestimmten Positionen personenbezogen vorhanden sein: Dem Kassenwart eines Vereins muss Vertrauen entgegengebracht werden, damit er für dieses Amt geeignet erscheint. Es muss ihm zugetraut werden, dass er der Versuchung widersteht, Geld für private Zwecke zu entnehmen. Wenn bei der Besetzung einer außergewöhnlichen Stelle einem Bewerber Fähigkeiten und Kompetenzen zugeschrieben werden, die letztlich nicht nachzuweisen sind, kann von Vertrauen in diese gesprochen werden. Diese Art von Vertrauen ist eher statisch: Es ist vorhanden oder es fehlt – jeweils mit entsprechenden Konsequenzen.

Zwei unterschiedliche Denkmodelle werden genutzt, um die in Organisationen schwer zu fassende Kategorie »Vertrauen« handhabbar zu machen: ein apodiktisches und ein pragmatisches.

1.4.1 Pragmatische und apodiktische Denkmodelle zu Vertrauen

»Wenn wir uns zu Beginn nicht vertrauen, brauchen wir gar nicht erst anzufangen!« Dieser Satz wurde in der Gründungsphase einer Lebensgemeinschaft ausgesprochen und ist als Denkmodell häufig anzutreffen.[36] Die Regelung der Kommune Niederkaufungen, bei Einstieg in die Lebensgemeinschaft einen Ausstiegsvertrag abzuschließen, wurde auf bundesweiten Treffen von Menschen, die in Kommunen leben, zunächst kritisiert oder sogar belächelt, weil sie als kontraproduktiv wahrgenommen wurde – und als Ausdruck von Misstrauen, das das Zusammenleben und die Zusammenarbeit gerade in der Phase der Gemeinschaftsbildung eher behindert. Inzwischen hat sich diese Wahrnehmung geändert, z.B. weil es im über 30-jährigen Bestehen fast nie Ärger beim Ausstieg von Mitgliedern gegeben hat und die Kommune weiter besteht, obwohl mehrere Hundert Menschen in dieser Zeit in die Kommune ein- und wieder ausgestiegen sind.

Der Ausstiegsvertrag zum Einstieg in die Organisation hat sich als vertrauensbildende Maßnahme erwiesen – dadurch, dass beide Seiten das eingehalten haben, was zu Beginn verabredet wurde.

»Vertrauen ist tatsächlich ›der Anfang von allem‹, soll heißen die unverzichtbare Basis für gelingende Kooperation. [...] Es trägt den Charakter eines Vorschusses.«[37]

Diese apodiktische, also keinen Widerspruch duldende Aussage zu »Vertrauen« und seiner Bedeutung in Kooperationen hat ebenfalls einen nachvollziehbaren Kern: Auf Misstrauen lässt sich keine erfolgversprechende Kooperation aufbauen.

Der pragmatische Umgang der Lebensgemeinschaft und der apodiktische Umgang Dammers mit dem Phänomen »Vertrauen in Organisationen« zeigen: Vertrauensbildung

- lässt sich gestalten, z.B. indem Worst-Case-Szenarien bedacht sind, bevor dieser Fall eingetreten ist.
- wird durch Haltungen und Verhaltensweisen (Vertrauensvorschuss gewähren) beeinflusst.

---

36 Der Autor war 1986 Mitbegründer der Kommune Niederkaufungen, einer Lebens- und Arbeitsgemeinschaft mit inzwischen über 70 Mitgliedern. Weitere Informationen siehe www.kommune-niederkaufungen.de.
37 Dammer in Becker/Dammer/Howaldt/Loose, S. 38.

1.4.2   Vertrauensbildende Haltungen und Verhaltensweisen

In Netzwerken kommen in der Regel autonome Individuen, mitunter als Funktionsträger von Organisationen, zusammen. Es gibt keine orientierenden Hierarchiestrukturen, keine Möglichkeiten, Netzwerkmitgliedern z.B. Anweisungen zu erteilen. Sie kooperieren freiwillig.

Vor diesem Hintergrund ist in der Gründungsphase eines Netzwerks die Förderung von Vertrauensbildung ein wichtiges Anliegen. Letztlich ist Vertrauensbildung eine Frage der Haltung eines jeden Netzwerkmitglieds. Vertrauensorientierte Haltung zeigt sich in konkreten Verhaltensweisen.

In Netzwerken geht es weniger um das Einfordern eines Vertrauensvorschusses als darum, Vertrauensbildung gezielt zu betreiben und zu unterstützen.

Sich verletzlich zeigen

»Vertrauen ist der Wille, sich verletzlich zu zeigen.« An dieser Definition lässt sich eine vertrauensbildende Haltung in Netzwerken veranschaulichen. Wer z.B. in einem Netzwerk von einem Misserfolg berichtet (»Mein E-Learning-Programm verkauft sich nicht.«), zeigt sich verletzlich.

Jedes Mitglied in einem Netzwerk hat mindestens zwei Möglichkeiten, darauf zu reagieren:
1. Ein Mitglied kann die Information nutzen, um daraus für sich allein Nutzen zu generieren: »Die Idee ist gut. Ich sehe den Fehler des Kollegen aus dem Netzwerk. Ich beseitige den Fehler und gehe mit dem verbesserten E-Learning-Programm selbst auf den Markt.«
2. Ein Mitglied kann die Information nutzen, um das Potenzial des Netzwerks herauszufordern: »Ich finde die Idee spannend und würde gern daran weiterarbeiten. Wer hat Interesse, daran mitzuwirken?«

Die Wirkung der beiden Verhaltensweisen ist offensichtlich: Das zuerst beschriebene Verhalten mag ohne Wirkung bleiben – solange es nicht entdeckt wird. Positive Wirkungen im Netzwerk hat es nicht – anders als die zweite beschriebene Verhaltensweise: Diese wird dazu führen, dass sich das Vertrauen im Netzwerk vergrößert.

Das Beispiel zeigt: Als Netzwerkmitglied können Sie Vertrauen bewusst auf zweierlei Weise fördern:
1. Sich verletzlich zeigen: Die Reaktionen im Netzwerk werden Ihr Vertrauen steigern oder vermindern. Je nachdem können Sie entscheiden: Sind Sie in diesem Netzwerk richtig – oder nicht?

2. Sie können den Willen anderer, sich verletzlich zu zeigen, aufnehmen und mit Ihren Ideen und Potenzialen in Verbindung bringen.

Dazu ein weiteres Beispiel:

> **!** **Beispiel**
>
> In einem regionalen Netzwerk von Supervisoren und Supervisorinnen wollte eine Teilnehmerin wissen: Wer hat sich auf den Supervisionsauftrag der Agentur für Arbeit beworben? Mit welchem Stundensatz? Wer hat ihn bekommen? Nach einer kurzen Pause wurden alle Fragen beantwortet. Indem die Teilnehmerin offenlegte, dass sie sich auf den Auftrag beworben, ihn aber nicht bekommen hatte, zeigte sie sich verletzlich, weil sie sich als nicht erfolgreich präsentierte. Die Netzwerkerin bekam Antwort auf die Frage – von der Supervisorin, die die Ausschreibung gewonnen hatte. Darüber hinaus meldeten sich noch andere Supervisoren, die sich erfolglos an der Ausschreibung beteiligt hatten. Diese Erfahrung führte zu einem wahrnehmbaren Zuwachs an Vertrauen, der sich z.B. im ausführlichen, sehr persönlich formulierten Dank der Fragerin an die Antwortenden ausdrückte.

Vertrauensbildende Verhaltensweisen

Es gibt eine Reihe anderer Verhaltensweisen, die vertrauensfördernd wirken:

- Tipps geben
- etwas erfolgreich zusammen unternehmen, das nicht mit dem Netzwerkziel in Zusammenhang stehen muss, z.B. gemeinsam essen
- faires Austragen von Meinungsverschiedenheiten
- Konflikte konstruktiv und mit gegenseitigem Respekt klären

All diese Beispiele bedürfen keiner weiteren Erläuterung. Ihr vertrauensbildender Charakter erklärt sich von selbst. Auch der Gebrauch der sogenannten deutschen Tugenden Pünktlichkeit, Verbindlichkeit und Höflichkeit kann vertrauensbildend wirken.

Auf drei Besonderheiten im Zusammenhang mit Vertrauensbildung soll an dieser Stelle hingewiesen werden:

- Die Anwendung der Regel »Einmal ist keinmal« bildet Vertrauen in Netzwerken. Die Netzwerkforschung hat gezeigt, dass diejenigen Netzwerke besonders erfolgreich sind, deren Mitglieder nach dieser Prämisse handeln. Fehlverhalten wird – vor allem zu Beginn – einmal als »Ausrutscher« betrachtet, und erst im Wiederholungsfall zieht es Konsequenzen nach sich. Vermutlich ist dieses Ergebnis der Netzwerkforschung darauf zurückzuführen, dass die Fluidität der Organisationsform »Netzwerk« zu Verhaltensunsicherheiten führen kann, die meistens nach einer Erfahrung mit unerwünschten Reaktionen auf das eigene Verhalten korrigiert werden.

- Vertrauen hat »Halbwertzeiten«: Es nimmt kontinuierlich ab, wenn es nicht immer wieder untermauert wird. Die Annahme, einmal gebildetes Vertrauen stehe einem Netzwerk fortwährend automatisch zur Verfügung, ist nicht zutreffend.
- Gemeinsam bewirkte Erfolge bilden Vertrauen unter den Mitwirkenden. Deshalb ist es wichtig, Erfolge im Netzwerk gemeinsam wahrzunehmen. »Diese müssen sichtbar, erfahrbar und zurechenbar sein. Sie bilden zugleich die Basis für weitere Mit- und Zusammenarbeit« [38], führt Hausberg zutreffend aus. Das Feiern von Erfolgen fördert zudem das (Selbst-)Vertrauen im Netzwerk.

1.4.3 Vertrauensbildung gestalten

Prozesse der Vertrauensentwicklung in Organisationen sind inzwischen Gegenstand von Veröffentlichungen.[39] In Netzwerken ist ein dynamisches Verständnis von Vertrauen besonders wichtig. Dabei geht es letztlich um die Erkenntnis, dass Vertrauen nicht statisch und Vertrauensbildung gestaltbar ist. Da Vertrauen in Netzwerken als Mittel benötigt wird, das die anderen Grundbestandteile von Netzwerken verbindet, ist der Netzwerkerfolg abhängig vom Umfang, in dem Vertrauensbildung gelingt. In einer hierarchiefreien Organisationsform ist Vertrauensbildung Aufgabe aller Mitglieder.

> **Tipp** !
>
> Ein Netzwerkmitglied kann die Vertrauensbasis zum Netzwerk durch folgende Fragen prüfen:
> - Vertraue ich den Netzwerkmitgliedern? Wem vertraue ich eher, wem weniger? Was brauche ich, um Vertrauen zu diesen zu bilden?
> - Vertraue ich der Form und der Kultur, die ich in diesem Netzwerk wahrnehme? Durch welche Ergänzungen und Veränderungen der Netzwerkkultur würde sich mein Vertrauen vergrößern? Was kann ich tun, um mehr Vertrauen zum Netzwerk zu bekommen?
> - Was trage ich dazu bei, das Vertrauen im Netzwerk zu vergrößern?

Die Antworten auf diese Fragen weisen den Weg zum individuellen Beitrag zur Vertrauensbildung in Netzwerken. Selbstverständlich hat auch das Netzwerkmanagement Möglichkeiten, Vertrauensbildung anzuregen. Dazu später mehr.

Weitere Anregungen zur Vertrauensbildung finden sich in den Netzwerkporträts.

---

[38] Hausberg in Sydow/Manning, S. 139.
[39] Zum Beispiel Osterloh/Weibel.

2 Vorurteile, Vorbehalte und Sorgen – Herausforderungen für Netzwerkmitglieder

2.1 Wer gehört dazu? – Mit fließenden Grenzen und unbestimmter Zugehörigkeit umgehen

Die Zugehörigkeit zu einer Organisation scheint auf den ersten Blick einfach. Entweder man ist Mitglied einer Organisation – oder man ist es nicht. In vielen Fällen ist die Zugehörigkeit eindeutig geregelt: In Sportvereinen sind diejenigen Mitglied, die Beitrag zahlen, in einer Wohnungseigentümergemeinschaft sind diejenigen Mitglied, die in einem Haus eine Wohnung besitzen, unabhängig davon, ob sie dort wohnen oder nicht. Mitglied eines Unternehmens ist in der Regel, wer auf der Lohn- bzw. Gehaltsliste steht.

Kieser und Walgenbach weisen darauf hin, dass es in Organisationstheorien zur Zugehörigkeit und zu Grenzen von Organisationen unterschiedliche Auffassungen gibt, je nach Perspektive: Betrachtet man die Zugehörigkeit unter der Perspektive, wer Arbeitsstunden für die Organisation aufwendet, dann gehören z. B. Berater mit zum Unternehmen, auch wenn diese als »extern« bezeichnet werden.[40] Dass es in diesem Fall vermutlich fließende Übergänge zwischen Zugehörigkeit und Nichtzugehörigkeit geben kann, lässt sich daran erkennen, dass Berater in der Ausbildung auf die Gefahr hingewiesen werden, in das System integriert zu werden. Integration in das System gilt dabei als Merkmal von Qualitätsverlust, weil der Außenblick für den Beratungsprozess nicht mehr genutzt werden kann.

Ein sehr weites Verständnis von Zugehörigkeit wurde in der verhaltenswissenschaftlichen Entscheidungstheorie entwickelt: Danach bestehen Organisationen nicht aus Menschen, Maschinen, Räumen etc., sondern aus Handlungen. Wenn Organisationen als Handlungssysteme begriffen werden, gehören Personen, also komplexe psychische Systeme, zur Umwelt der Organisation, deren persönliches Handeln im Widerspruch zum Handlungssystem, also der Organisation, stehen kann. Dieses Organisationsverständnis geht mit einer Entpersönlichung der Organisationsmitglieder einher.

---

40 Kieser/Walgenbach, S. 11.

Zugehörigkeit in Netzwerken

In Netzwerken wird Zugehörigkeit nicht über Merkmale wie geleistete Arbeitsstunden definiert. In Netzwerkorganisationen ist aufgrund der Hierarchielosigkeit der Widerspruch zwischen Person/Individuum und Organisation nicht vorhanden – oder zumindest wesentlich geringer als in hierarchischen Organisationsformen. Das zeigt sich auch in Bezug auf Zugehörigkeit. Zugehörigkeit in Netzwerken konstituiert sich auf unterschiedliche Weise. Jedes Netzwerk bestimmt Zugehörigkeit und Grenzen selbst so, wie es jeweils nützlich ist.

Im Netzwerk Ganztagskoordination sind die Grenzen besonders fließend. Dort stellt sich Zugehörigkeit vor allem durch die Teilnahme an Netzwerktreffen her. Es gibt keine Instanz, die über die Zugehörigkeit entscheidet. Eingeladen werden alle Netzwerkkoordinatoren und -koordinatorinnen aus Hamburg. Wer kommt, gehört dazu. Wer nicht kommt, kann sich weiter zugehörig fühlen, z.B. durch Lesen der Protokolle oder Kontakt zu einzelnen Netzwerkmitgliedern.

Ähnlich fluid ist die Zugehörigkeit im Netzwerk Nachhaltigkeit lernen in Frankfurt. Hier gibt es zwar eine Grundstruktur in Form eines Vereins, in der die Zugehörigkeit durch Aufnahme in den Verein geregelt ist. Handlungsleitend im Netzwerk ist aber eine andere Form der Zugehörigkeit: der E-Mail-Verteiler, der in Form einer Excel-Liste geführt wird. Dieser erweitert sich ständig durch neue Interessenten. Über ihn wird über alle Netzwerkaktivitäten informiert. Alle Bezieher haben die Möglichkeit, sich bei Interesse in Netzwerkaktivitäten einzuklinken. Die wenigsten aus der Liste sind Mitglied im Verein. Vor diesem Hintergrund markiert dieser Verteiler die realen Netzwerkgrenzen. Den Effekt dieses Vorgehens beschreibt Michael Schlecht: »Das Netzwerk hat an Breite gewonnen, die Ränder des Netzwerks wurden offen gehalten.«[41]

Demgegenüber gibt es bei NIRO, der Ems-Achse und job4u geregelte Aufnahmeverfahren. Die Entscheidung, neue Mitglieder aufzunehmen, wird vom Management oder Gremien getroffen, die dazu legitimiert sind, wie z.B. dem Vorstand. Dabei gibt es eine große Bandbreite der Gestaltung der Aufnahmekriterien, die in den Porträts deutlich werden: Diese reichen von objektivierbaren Kriterien wie Branchenzugehörigkeit bis hin zu Kriterien, die sich ausschließlich aus der Entwicklungsdynamik des Netzwerks ergeben. Hierbei geht es meistens um Kriterien, die als Grundlage des Erfolgs des jeweiligen Netzwerks im Netzwerk selbst identifiziert wurden: Bei job4u ist das z.B. der spezielle Mix der Mitglieder, der Innovation ermöglicht, bei NIRO u.a. regionale

---

41   Schlecht in Fischbach u.a., S.172.

Verbundenheit. Diese Beispiele verweisen auf eine weitere Besonderheit von Netzwerken: Grenzen in der Organisationsform »Netzwerk« werden flexibel an den Bedarfen der Organisation ausgerichtet.

Eine weitere Ausformung der Grenzgestaltung zwischen Organisation und Umwelt lässt sich im Netzwerk job4u beobachten: Zwei Kommunen, die als Kooperationspartner des Netzwerks Dienstleistungen einkauften, stellten dem Netzwerk Überschüsse für die Realisierung eines Vorhabens zur Verfügung, das nicht Gegenstand der Kooperation war. Sie verhielten sich in dieser Situation wie Netzwerkmitglieder. Man könnte in diesem Fall von einer situativen Grenzerweiterung sprechen.

Eine weitere Besonderheit zum Thema »Zugehörigkeit in Netzwerken« betrifft das Management: Das Netzwerkmanagement[42] kann aus Personen bestehen, die selbst zum Netzwerk gehören, aber auch aus solchen, die dem Netzwerk nicht angehören.

Beispiel   **!**

- Beim Netzwerk Ganztagskoordination war das Management von 2008 bis 2011 zunächst extern, 2011 wurde ein ehemaliges Mitglied Netzwerkmanager. Auch in der Ems-Achse wurde der Repräsentant eines Mitgliedsunternehmens neuer Netzwerkmanager.
- Pascal Lampe (NIRO) ist ein sehr erfolgreicher Netzwerkmanager, obwohl er keinem Mitgliedsunternehmen angehört. Als Geografen fehlt ihm zudem der Branchenstallgeruch im Netzwerk.
- Iris Krause ist mit ihrem Unternehmen »Krause-Konzept« Mitglied bei job4u und gleichzeitig von Beginn an Netzwerkmanagerin.

Die Organisationsform »Netzwerk« bietet also die Möglichkeit, Grenzen und Zugehörigkeit fließend, flexibel und situativ zu gestalten. Dabei handelt es sich um Potenzial des Netzwerks, also die Möglichkeit der Gestaltung der eigenen Grenzen und der Zugehörigkeit zur Organisation.

---

42 Hier geht es zunächst nur um die Bedeutung des Netzwerkmanagements in Bezug auf Zugehörigkeit. Zur Bedeutung des Netzwerkmanagements in der Netzwerkstruktur und bezogen auf (Entscheidungs-)Macht finden Sie ergänzende Ausführungen in den nächsten beiden Abschnitten. Die Besonderheiten des Managements von Netzwerken werden im Kap. 5 behandelt.

2.2   Wie kann ich mich einbringen? – Mitwirkung in offenen Strukturen

In Netzwerken finden sich Menschen freiwillig zusammen, um ein Ziel zu erreichen. Die Organisationsstruktur ist durch Offenheit gekennzeichnet. Als Mitglied eines Netzwerks sollte man auf Strukturen eingestellt sein, die beweglicher sind als in allen anderen Organisationsformen. Dies erfordert einerseits Flexibilität von allen Beteiligten, andererseits bietet es mehr Einflussmöglichkeiten auf die Gestaltung von Absprachen als in jeder anderen Organisationsform.

Die Strukturationstheorie bietet einen anregenden Theorieansatz, um die besondere Verfasstheit der Organisationsform »Netzwerk« zu verdeutlichen:[43] Anthony Giddens, der Begründer der Strukturationstheorie, wendet sich mit seiner Theorie u.a. »gegen objektivistische Positionen (Strukturalismus, Funktionalismus), in denen das Objekt (die Gesellschaft, die Organisation) das Subjekt (das menschliche Wesen, den sozialen Akteur) beherrscht. […] Die Zwang ausübenden Eigenschaften von Struktur werden besonders stark betont. Das Subjekt hingegen ist passiv, Resultat, hilfloses Opfer übermächtiger strukturell-gesellschaftlicher Kräfte.«[44] Giddens geht von einer Dualität von Handlung und Struktur aus, die sich in zwei Kernsätzen zusammenfassen lässt:

»(1) Die sozialen Akteure produzieren und reproduzieren durch ihre Handlungen die Bedingungen (Struktur), die ihr Handeln ermöglichen, und (2) Strukturen sind sowohl das Medium als auch das Ergebnis sozialen Handelns.«[45]

Mit der Dualität von Handlung und Struktur lassen sich gut die Funktion und die Wirkungsweise von Strukturen in Netzwerken beschreiben: Netzwerk ist die Organisationsform, die in besonderem Maße das Potenzial dazu hat, dass Strukturen die Organisationsmitglieder nicht beherrschen, sondern dazu dienen, das Potenzial der Mitglieder zu entfalten und dadurch Nutzen für alle zu stiften. Die Handlungen in Netzwerken produzieren und reproduzieren die Bedingungen, die Handeln ermöglichen, gleichermaßen. Strukturen werden in Netzwerken einerseits als Medium genutzt, etwa wenn Arbeitsgruppen gebildet oder Treffen organisiert werden, in denen Feedback zu Netzwerkvorhaben eingeholt wird oder Kooperationen entstehen. Andererseits werden die Bedingungen für die Handlungen an Bedürfnisse angepasst, die sich im Handeln ergeben haben. Es werden also neue Strukturen produziert.

---

43 Die folgenden Erläuterungen beziehen sich auf die Grundlagen der Strukturationstheorie, so wie sie von Walgenbach in Kieser/Ebers, S.403ff., entfaltet wird.
44 Walgenbach in Kieser/Ebers, S.405.
45 Walgenbach in Kieser/Ebers, S.406.

Antagonismus Organisation – Mitglied

Die verhaltenswissenschaftliche Entscheidungstheorie geht davon aus, dass Teilnahmeentscheidungen von Individuen nicht automatisch gewährleisten, »dass die Teilnehmenden bereit sind, die notwendigen bzw. erwarteten Beiträge zu erbringen und ihre Entscheidungen in Organisationen von den unpersönlichen Gesichtspunkten der Organisation leiten zu lassen«[46]. In dieser Theorie wird von einem Antagonismus zwischen Mitglied und Organisation ausgegangen. Die Bildung von Strukturen wird vor diesem Hintergrund von Kieser und Walgenbach als ein Weg angesehen, individuelles Handeln auf die Ziele der Organisation auszurichten.[47]

In Netzwerken gibt es diesen Antagonismus nicht – hier finden sich Menschen freiwillig zusammen, um Ziele zu erreichen.

2.3 Wer hat das Sagen? – In einer hierarchielosen Organisationsform mitentscheiden

In Netzwerken werden Entscheidungen aus der Perspektive der Mitglieder, der Individuen betrachtet und entsprechende Entscheidungsstrukturen »erfunden« und aufgebaut. Aufgrund der Freiwilligkeit der Teilnahme gibt es dazu auch keine Alternative. Alle Formen von Sanktionen und manipulativen Strategien sind in einer Organisationsform, die durch Selbststeuerung gekennzeichnet ist, obsolet.

Wichtig	!
Die in Netzwerken bewährte Entscheidungsform ist: Resonanz.	

Diese Entscheidungsform ist in besonderem Maße umsetzungsorientiert. Sie nutzt die Eigeninteressen der Mitglieder und führt oft dazu, dass im Entscheidungsverfahren, dem Resonanzerzeugungsprozess, Vorhaben optimiert werden. Die Entscheidung durch Resonanz fördert eine auf Optimierung ausgerichtete Organisationskultur. Entscheidung durch Resonanz ist nichts anderes als einen Raum zu öffnen, damit Eigeninteressen der Mitglieder sich entfalten können – nutzbringend für das Netzwerk und für jedes Mitglied, das seine Kompetenz und Ressourcen mit einem Vorhaben des Netzwerks verbindet.

---

46 Berger/Bernhard-Mehlich in Kieser/Ebers, S. 174.
47 Kieser/Walgenbach, S. 11.

Der Raum wird ausschließlich für produktive Formen des Einbringens geöffnet. Als unproduktive Entscheidungsform haben sich in Netzwerken Mehrheitsentscheidungen erwiesen. Sie bieten die Möglichkeit zu blockieren, Initiative und Realisierung von Vorhaben zu verhindern. Die Erfahrung zeigt, dass Mehrheitsentscheidungen eine Entscheidungsform sind, die konkurrierendes Verhalten fördern, indem sie die Möglichkeit bieten, Optimierungen, die als bedrohlich für das eigene Verständnis von z.B. Qualität oder Entwicklung wahrgenommen werden, zu verhindern. In erfolgreichen Netzwerken wird diese Form der Entscheidungsfindung ebenso gemieden wie Konsensentscheidungen. Beides sind Entscheidungsformen, die Teilgruppen (Mehrheitsentscheidung) oder einzelnen (Konsensentscheidungen) eine große Macht geben. Sie öffnen den Raum für Blockaden.

Resonanz als Entscheidungsform überbrückt die Kluft zwischen befriedigendem (individuellem) und optimalem (organisationsbezogenem) Verhalten, das in der verhaltenswissenschaftlichen Entscheidungstheorie für viele Organisationen als typisch beschrieben wird. Es ist die Entscheidungsform, die optimierte Entscheidungen durch die Eigeninteressen der Individuen herbeiführt. Auf diese Weise können in Netzwerken effizient und nutzenorientiert Entscheidungen getroffen werden, ohne dass es Sanktionsmöglichkeiten gibt und ohne dass individuelles Verhalten beeinflusst werden muss, um es auf Organisationsziele auszurichten.

Entscheidungen durch Resonanz führen in der Regel zu Kooperationen, d.h. durch diese Form der Entscheidung entsteht eine neue Kooperation. Die Organisationsform »Netzwerk« ist in solchen Fällen der Boden, auf dem – wie bereits gezeigt wurde – Kooperationen wachsen.[48]

Neben Entscheidungen durch Resonanz gibt es noch eine andere Form von Entscheidungsfindung, nämlich Entscheidungen, die in koordinierenden Gremien getroffen werden. Die Steuerungsgruppe der Ems-Achse entscheidet beispielsweise nach einem komplexen Rückkopplungsprozess über die Netzwerkprojekte, die in einem bestimmten Zeitraum realisiert werden sollen.

In Netzwerken ist die Entscheidung in Gremien in der Regel nur dann möglich, wenn die Zusammensetzung dieser Gremien die Gesamtstruktur des Netzwerks repräsentiert. Die Zusammensetzung von Steuerungsgremien kann dabei proporzorientiert sein wie bei NIRO: Dort sind die verschiedenen Branchen

---

48 Das besondere Verhältnis von Netzwerkorganisation und Kooperation ist im Unterkapitel »Kooperation: Unterschiedlichkeit produktiv werden lassen« (im Einführungsteil) ausführlich beschrieben (s. S. 22ff.).

im Vorstand vertreten. Die Zusammensetzung kann aber auch die Bedeutung von Akteursgruppen im Netzwerk widerspiegeln. In der Lenkungsgruppe der Ems-Achse sind die Kommunen überproportional vertreten. Dadurch wird die besondere Bedeutung der Kommunen im Netzwerk abgebildet. In jedem Fall werden die Gremienentscheidungen sozusagen aus der Mitte des Netzwerks getroffen – nicht top-down. Die Gremien sind Ausdruck der egalitären Grundstruktur dieser Organisationsform. Entscheidungsgremien treffen in der Regel keine strategischen Entscheidungen. Vielmehr nehmen sie Richtungsimpulse aus dem Netzwerk auf und koordinieren diese.

Das Management des Netzwerks ist dabei selbst Teil der beschriebenen Entscheidungskultur, die auf Resonanz beruht.

Die Beispiele zeigen, dass sich in einer Organisationsform, die auf Freiwilligkeit beruht und in der es deshalb keine herkömmlichen Formen von Macht im Sinne von Entscheidungsbefugnis gibt, sehr wohl Formen der Steuerung und der Entscheidungsfindung herausbilden können, die die Organisation handlungsfähig machen. Mehr noch: Es entwickeln sich Formen des »Machens«, die Macht im Sinne des englischen Begriffs »power« gebrauchen: Netzwerke als Organisationsform sorgen dafür, dass etwas »ge**Macht**« werden kann. Dies ist möglich, weil die Kluft zwischen Organisation und Mitglied in Netzwerken weitgehend aufgehoben ist: Erfolgreiche Netzwerke zeichnen sich dadurch aus, dass jedes Mitglied Resonanz erzeugen und damit Kooperationen initiieren kann.

2.4 Wie soll das gehen? – Unvereinbarkeiten und Zwickmühlen auflösen

Der Organisationsform »Netzwerk« wird seit einigen Jahren zugetraut, ein Ort zu sein, an dem unterschiedliche Interessen zum Wohl vieler ausgehandelt und gefunden werden – an dem soziale Dilemmata aufgelöst werden können. »Soziale Dilemmata liegen vor, wenn die bestmögliche Verfolgung der individuellen Interessen der beteiligten Akteure diese in einen Zustand führt, der sie schlechter stellt als Lösungen, in denen auf die beste Handlung zur Maximierung der individuellen Interessen verzichtet wird.«[49]

Dabei wird Nutzern von Netzwerken abverlangt und zugemutet, sich auf scheinbar Unvereinbares einzulassen: mit Konkurrenten zu kooperieren,

---

49 https://de.wikipedia.org/wiki/Soziales_Dilemma [19.12.2017]

zwischen Rollen zu wechseln, jetzt aktiv zu sein, von der Wirkung aber erst später zu profitieren, Sicherheit zu suchen, aber auf Unterschiedlichkeit zu bauen und offen zu sein für Neues, unterschiedlich intensive Beziehungen auszuhalten und als gleichwertig wahrzunehmen und zu bewerten.

Viele Nutzer erleben innere Zwickmühlen zwischen der Verfolgung von individuellen Interessen und der Hoffnung auf größeren Gewinn durch kooperatives Vorgehen. Netzwerkorganisationen werden deshalb oft als verunsichernd wahrgenommen.

Auch Nutzern erfolgreicher Netzwerke ist das innere Entweder-oder nicht fremd, wie das Beispiel des Versicherungsfachmanns aus der Ems-Achse zeigt, der in Begegnungen im Netzwerk seinen Beruf in der Regel verschweigt, um nicht in den Verdacht zu kommen, das Netzwerk für Akquise zu missbrauchen (mehr dazu im Porträt der *Ems-Achse, Kap.* 8.1).

2.4.1 Mit Konkurrenten kooperieren

Konkurrenz und Kooperation ist dann ein tief greifendes Dilemma, wenn ein spezifisches Verständnis von Konkurrenz zugrunde gelegt wird. Wolf Lotter beschreibt dieses wie folgt: »Konkurrenz bedeutet, dass man will, was der andere hat. Und hat er mehr von etwas als ich, kann ich mir davon was holen? Wenn das nicht klappt, müssen die Unterschiede beseitigt werden. Notfalls durch Krieg.«[50]

Wenn man dieses Verständnis von Konkurrenz konsequent zu Ende denkt, kommt man zu der Überzeugung, dass Monopole und nicht Wettbewerb der Idealzustand eines effizienten Wirtschaftssystems sind. »Wettbewerb ist ein historisches Überbleibsel«[51], sagt Peter Thiel, Mitgründer von PayPal und einer der ersten Investoren bei Facebook, einer der Vertreter dieser Anschauung.

Mit diesem Verständnis von Konkurrenz ist es fast unmöglich, mit Konkurrenten z. B. in Netzwerken zusammenzuarbeiten.

Lotter nutzt den Begriff »Wettbewerb«, um sein Verständnis von Marktwirtschaft zu verdeutlichen: »Wettbewerb ist etwas anderes. Es geht nicht um Vernichtung oder Sieg, es geht um eine offene Auseinandersetzung, an

---

50   Lotter, S. 31.
51   Thiel zitiert in Heuer, S. 50.

der man selber wachsen soll. Wer sich dem Wettbewerb aussetzt, muss sich selber definieren, kennen, wissen, was er kann und wohin er will. Vor allen Dingen auch, wofür er das alles macht. Wettbewerb ist kein Zweikampf. Kein Duell. Wettbewerb, das sind die Rahmenbedingungen für dein eigenes Ding. Wettbewerb ist Demokratie. Konkurrenz Diktatur.«[52]

In erfolgreichen Netzwerken ist Wettbewerb und nicht Konkurrenz Grundlage des Zusammenwirkens:

Wenn sich im *NIRO*-Projekt »PEP to go«[53] die Entwicklungsabteilungen jeweils über die Schulter schauen lassen, dann geschieht das vor dem Hintergrund, dass man an der offenen Auseinandersetzung über die Gestaltung von Entwicklungsprozessen wachsen will.

Mit diesem Verständnis von Wettbewerb wird Kooperation nicht zum Dilemma. Wettbewerb wird so zu einer Grundhaltung, aus der heraus sich Kooperation unter Wettbewerbern als eine sinnvolle Strategie erweist, sich jeweils in der Kooperation weiterzuentwickeln. Kooperation unter Wettbewerbern ist eine hochwirksame Form der Weiterentwicklung der Kooperationspartner.

Beispiel   **!**

Ein eindrucksvolles Beispiel der Wirkung, die Kooperation von Wettbewerbern entfaltet, ist die Gründungsgeschichte von NIRO: Alle acht Unternehmen der Gründungsphase benötigten Fachkräfte, insbesondere Ingenieure. Statt am Markt um die besten zu konkurrieren, brachte die Kooperation der Wettbewerber mit der Hessischen Akademie für Berufsbildung Nutzen für alle: In zwei dualen Studiengängen wurde Studierenden die Möglichkeit geboten, sich praxisnah ausbilden zu lassen, mit dem Effekt für die Unternehmen, dass viele der Studierenden schon im Studium Aufgaben erledigten, die nützlich für die Unternehmen waren. Zusätzlich verblieb eine Reihe von Studierenden in den Betrieben, was den Fachkräftemangel nachhaltig verringerte.

2.4.2 Im ständigen Wechsel geben und nehmen

In Organisationen sind wir es gewohnt, uns in festen Rollen zu bewegen: »der Spezialist für ...«, »der Abteilungsleiter« etc. In hierarchischen Systemen ist klar, wer etwas zu bekommen und wer etwas zu geben, zu liefern

---

52 Lotter, S. 31.
53 »PEP to go« steht für »Produktions-Entwicklungs-Prozess zum Kennenlernen«.

hat. In Netzwerken hängt der Erfolg u.a. von ständigen Rollenwechseln der Mitglieder ab. In Netzwerken geht es insbesondere darum, den Rollenwechsel zwischen Geber/Geberin und Nehmer/Nehmerin authentisch und flexibel zu handhaben. Dies geht natürlich nur, wenn man etwas zu geben hat und Interesse mitbringt, etwas im Netzwerk zu bekommen. Als Netzwerkmitglied kann ich mich ständig fragen, welche Rolle gerade jetzt angemessen ist: für mich – und für das Netzwerk.

Die geläufigste Form des Tauschs ist der direkte Tausch mit der entsprechenden Erwartungshaltung: Ich gebe, damit du gibst. Indirekter Tausch ist undurchsichtiger, nicht planbar, er ereignet sich – oder nicht. Er setzt Vertrauen in die Organisationsform »Netzwerk« und seine Wirkungsweise voraus oder die Erfahrung, wie indirekter Tausch funktioniert und was er bewirken kann.

2.4.3 Unterschiedlichkeit aushalten

Wir wünschen uns harmonische Beziehungen in Gruppen, am Arbeitsplatz, in der Familie. Diese sind für viele verbunden mit Gleichheit. Unterschiedlichkeit bietet allerdings zur Lösung von Herausforderungen ein viel größeres Lösungspotenzial. Das ist bekannt. Die Unterschiedlichkeit will allerdings ausgehalten werden: Manchen fällt es schwer, Ideen anderer gelten zu lassen. Es gilt, die Erfahrung anderer anzuerkennen und zu nutzen. Zulässige Schwächen wollen akzeptiert, Interessenunterschiede füreinander nutzbar gemacht, spezielle Fachkenntnisse neidlos anerkannt und in Lösungswege eingebaut werden.

3 Praxisteil 1: Die eigene Netzwerkkompetenz

Der erste Praxisteil richtet sich an Netzwerknutzerinnen und -nutzer, also an Mitglieder in Netzwerken. Er bietet drei verschiedene Formen, die eigene Netzwerkkompetenz wahrzunehmen und zu reflektieren:

- Unter 3.1 finden Sie einen Fragebogen zur Selbsteinschätzung der Netzwerkkompetenz.
- Unter 3.2 erhalten Sie Tipps für Netzwerker und Netzwerkerinnen in Netzwerkorganisationen.
- Unter 3.3 finden Sie sechs verschiedenen Selbstwahrnehmungsübungen zu den Grundmerkmalen von Netzwerkorganisationen.

3.1 Fragebogen zur Selbsteinschätzung der Netzwerkkompetenz[54]

Es fällt mir leicht, ...					
den ersten Eindruck, den ich mache, bewusst zu gestalten.	ja				nein
	1	2	3	4	5
die Kraft von Komplimenten einzusetzen.	ja				nein
	1	2	3	4	5
(aktiv) zuzuhören.	ja				nein
	1	2	3	4	5
Feedback zu geben.	ja				nein
	1	2	3	4	5
Feedback anzunehmen.	ja				nein
	1	2	3	4	5

---

54 »Fragebogen zur Selbsteinschätzung der Netzwerkkompetenz« und »Tipps für Networker« sind Tools, die der Autor für die Online-Toolbox der *traintool consult GmbH* beschrieben hat. Die »Toolbox Web« gilt als die umfangreichste Datenbank von Methoden und als Tauschbörse für Unterlagen für Berater/Trainer/Coaches. Die Werkzeuge werden hier in der Form vorgestellt, in der sie auch bei *traintool* Beratern, Coaches, Trainern und Managern zur Verfügung gestellt werden. Weitere Informationen unter www.traintool.de. (Netzwerke werden im Kontext der Veröffentlichung synonym auch als Projekte bezeichnet. Insofern lässt sich »Projekt« in den Fragen durch »Netzwerk« ersetzen.)

Es fällt mir leicht, ...

	ja				nein
ein Gespräch durch Fragen zu lenken.					
	1	2	3	4	5
indirekt zu kommunizieren.	ja				nein
	1	2	3	4	5
um Rat und Unterstützung zu bitten.	ja				nein
	1	2	3	4	5
erwünschten Erfolg zu verursachen.	ja				nein
	1	2	3	4	5
auf gleicher Augenhöhe zu kommunizieren.	ja				nein
	1	2	3	4	5
Vertrauensvorschuss zu geben.	ja				nein
	1	2	3	4	5
zuverlässig zu sein.	ja				nein
	1	2	3	4	5
humorvoll zu sein.	ja				nein
	1	2	3	4	5
unfaires Verhalten einmal zu übersehen.	ja				nein
	1	2	3	4	5
die eigenen Interessen zu erkennen.	ja				nein
	1	2	3	4	5
die eigenen Interessen zu zeigen.	ja				nein
	1	2	3	4	5
mir Ziele zu setzen.	ja				nein
	1	2	3	4	5
Vereinbarungen zu treffen.	ja				nein
	1	2	3	4	5
meine Interessen in einer Gruppe zu vertreten.	ja				nein
	1	2	3	4	5

Der Aussage »Vertrauen ist gut, Kontrolle ist besser« stimme ich zu.	ja				nein
	1	2	3	4	5
Der Aussage »Gefühle wie Wut und Ärger immer zu kontrollieren, ist ungesund. Ab und zu solche Gefühle rauszulassen, sorgt für klare Luft!« stimme ich zu.	ja				nein
	1	2	3	4	5

Auswertung

Die meisten Aussagen erklären sich – bezogen auf die Nützlichkeit beim Netzwerken – von selbst. Je deutlicher sie mit Ja beantwortet werden, desto größer die Netzwerkkompetenz – nach Selbstwahrnehmung!

Einige Aussagen sind erklärungsbedürftig:

»Es fällt mir leicht, unfaires Verhalten einmal zu übersehen.«: Untersuchungen haben nachgewiesen, dass es produktiver ist, sich in Netzwerken nach der Weisheit »Einmal ist keinmal!« zu verhalten. Der Hintergrund: Durch diese Verhaltensweise wird Vertrauensvorschuss gegeben. Darauf ist jedes Netzwerk gerade in der Entstehungsphase und bei der Integration von neuen Mitgliedern angewiesen. Die unausgesprochene Annahme ist: Das unfaire Verhalten ist versehentlich passiert, z.B. aus Unsicherheit. Im Wiederholungsfall sollte unfaires Verhalten nicht mehr übersehen werden, um einen fairen Umgang als Teil der Netzwerkkultur nicht zu gefährden.

»Vertrauen ist gut, Kontrolle ist besser.«: Blindes Vertrauen kann einem Netzwerk sehr schaden. Zu einem verbindlichen, zielorientierten, effektiven Netzwerk passt sehr wohl auch Kontrolle – entweder durch Einzelne oder als Teil der Netzwerkkultur, in der Kontrolle z.B. in Form von Verantwortlichkeiten geregelt ist.

»Gefühle wie Wut und Ärger immer zu kontrollieren, ist ungesund.«: Für die eigene Psyche mag es gut sein, alles »rauszulassen«. Für Netzwerke gilt: Was gesagt ist, ist in der Welt und wirkt, z.B. belastend, irritierend, verärgernd. Dies sind alles Wirkungen, die ein Netzwerk be- und nicht entlasten und somit in der Wirkung beeinträchtigen.

3.2 Tipps für Netzwerker

Sind Sie ein guter Netzwerker? Ja, wenn Sie die folgenden Ratschläge beherzigen.

Kontaktförderung

- Gestalten Sie den **ersten Eindruck** aktiv.
- Setzen Sie die Kraft von **Komplimenten** ein.
- **Zuhörer** sind sympathisch.
- **Feedback** schafft Kontakt. Formen des Feedbacks: Reframing, aktives Zuhören etc.
- **Wer fragt,** lenkt das Gespräch und signalisiert Interesse.
- **Indirekte Kommunikation** erleichtert das »Warmwerden«.
- Bitten Sie um **Unterstützung und Rat**. Sie geben Gelegenheit zu helfen und zeigen sich als nicht perfekt: Nobody is perfect! Aber: Nicht jede Unterstützung ist kostenlos. Fragen Sie nach!

Keine Ursache ohne Wirkung: Erfolgreiche Netzwerker und Netzwerkerinnen verdanken ihren Erfolg der Erkenntnis, dass sich nichts ereignet, was nicht verursacht wurde. Daraus resultiert die Konsequenz, dass man so viel wie möglich verursachen muss. Methodisch zu netzwerken heißt deshalb, den gewünschten Erfolg zwingend zu verursachen.

Vertrauensbildung

- **Die Haltung entscheidet:** Kommunizieren Sie auf gleicher Augenhöhe.
- Vertrauensvorschuss und Zuverlässigkeit fördern die Vertrauensbildung. Kontrollierendes Verhalten und Unzuverlässigkeit behindern sie.
- Nicht nur aus dem Bauch heraus: Gefühle wie Wut und Ärger intensiv und lautstark zum Ausdruck zu bringen, entlastet kurzfristig – langfristig belastet es.
- Humor ist sozialer Schmierstoff.
- Einmal ist keinmal: Unfaires Verhalten einmal zu übersehen, ohne den Kontakt abzubrechen, und den Betreffenden dann langsam damit zu konfrontieren, ist – in Versuchsreihen belegt – eine erfolgreiche Verhaltensweise in Netzwerken.

Verbindlichkeit

- Kennen und zeigen Sie die eigenen Interessen.
- Im Zusammenspiel: Setzen Sie Ziele und treffen Sie Vereinbarungen.

Das Verfolgen von Einzelinteressen fördert das Erreichen von gemeinsamen Netzwerkzielen, wenn die Einzelinteressen bekannt sind und sie als auf die Netzwerkziele bezogen erlebt werden – im Zweifelsfall nachfragen.

3.3 Selbstwahrnehmungsübungen für Netzwerknutzerinnen und -nutzer

Typbezogene Wahrnehmungsübungen (a–c)

a) Vertrauenstyp

Von Haus aus bin ich

. . . .

vertrauensvoll   eher misstrauisch

Markieren Sie den Punkt, der Ihrer Selbstwahrnehmung entspricht. Begründen Sie sich selbst Ihre Positionierung.

Mir fällt es

. . . .

leicht   schwer

mich verletzlich zu zeigen. Markieren Sie den Punkt, der Ihrer Selbstwahrnehmung entspricht. Begründen Sie sich selbst Ihre Positionierung.

b) Zieltyp

Ich bin

. . . .

zielorientiert   ereignisorientiert

Markieren Sie den Punkt intuitiv, aus dem Bauch heraus, der Ihrer Selbstwahrnehmung entspricht.

Erinnern Sie sich an Situationen, die Ihrer intuitiven Einschätzung zugrunde gelegen haben mögen. Gibt es überraschende Aha-Erlebnisse/Erkenntnisse in den Beispielen? Verändern diese Ihre Einschätzung?

c) Tauschtyp

Ich bin lieber

. . . .

Geber/Geberin   Nehmer/Nehmerin

Markieren Sie den Punkt intuitiv, aus dem Bauch heraus, der Ihrer Selbstwahrnehmung entspricht.

Erinnern Sie sich an Situationen, in denen Sie Folgendes gegeben haben: Tipps, Informationen, Erfahrungen, Ratschläge, Aufträge, ...

Erinnern Sie sich an Situationen, in denen Sie etwas bekommen haben: Tipps, Informationen, Erfahrungen, Ratschläge, Aufträge, ...

Vergleichen Sie die beiden Rollen. Welche Bedingungen brauchen Sie, damit Sie sich in beiden Rollen wohlfühlen?

Benennen Sie jeweils mindestens drei Wohlfühlbedingungen:

Wohlfühlbedingungen

Wohlfühlbedingungen Geber	Wohlfühlbedingungen Nehmer

d) Selbsteinschätzung in Bezug auf vertrauensfördernde Tugenden
Meine Selbsteinschätzungen auf einer Skala von 1 (kann ich kaum) bis 10 (kann ich sehr gut):

Tipps geben	1 2 3 4 5 6 7 8 9 10
etwas erfolgreich zusammen unternehmen	1 2 3 4 5 6 7 8 9 10
faires Austragen von Meinungsverschiedenheiten	1 2 3 4 5 6 7 8 9 10
Pünktlichkeit	1 2 3 4 5 6 7 8 9 10
Verbindlichkeit	1 2 3 4 5 6 7 8 9 10
Höflichkeit	1 2 3 4 5 6 7 8 9 10

Markieren Sie jeweils die Zahl, die Ihrer Selbstwahrnehmung entspricht.

Wie schätzen Sie selbst Ihre Vertrauenskompetenz in Netzwerken ein?

e) Unterschiedlichkeit wahrnehmen

Wählen Sie drei Personen aus, die Sie im Folgenden näher betrachten:
- eine aus Ihrem engsten Familienkreis (Vater/Mutter/Bruder/Schwester)
- eine gute Freundin/einen guten Freund (evtl. Partner/Partnerin)
- eine Kollegin/einen Kollegen aus beruflichen Arbeitszusammenhängen (Das kann auch ein Kunde oder ein Mitarbeiter sein.)

Wenn Sie eine Antwort nicht wissen, stellen Sie eine Vermutung an. Es kommt nicht darauf an, dass die Antwort stimmt, sondern darauf, dass Sie Ihre Gesamtwahrnehmung der Person intuitiv nutzen.

Beachten Sie, dass die ausgefüllte Matrix nur der Schulung Ihrer Wahrnehmungsfähigkeit von Unterschiedlichkeit dient.

Fragen	Familienmitglied	Bekannter/ Bekannte	Kollege/ Kollegin
Welche Ziele verfolgt die Person in ihrem Leben?			
Nennen Sie drei Kompetenzen und Fähigkeiten, die die Person ausmachen. (Tausch: geben)			
Worum beneiden Sie diese Person? Was hätten Sie gern von ihr? (Tausch: bekommen)			
Wie eigenständig ist die Person Ihrer Meinung nach auf einer Skala von 1 bis 10 (sehr)? Begründen Sie Ihre Meinung. (Vertrauen)			
Wie stark unterscheidet sich diese Person von Ihnen selbst auf einer Skala von 1 bis 10 (sehr)? Begründen Sie Ihre Meinung.			

Unterschiedlichkeit wahrnehmen

Auswertungsfragen

- Welche Personen sind für Sie eher leichter/schwerer wahrzunehmen? Warum, glauben Sie, ist das so?
- Welche Netzwerkmerkmale sind bei Ihnen eher mehr im Fokus, welche eher weniger? Haben Sie Erklärungen dafür?
- Wie schätzen Sie Ihre Wahrnehmungsfähigkeit insgesamt ein? Wie begründen Sie Ihre Einschätzung?
- Wie wollen Sie künftig in Netzwerken Unterschiedlichkeit wahrnehmen? Gibt es Handlungs- oder Verhaltensimpulse nach dieser Selbstwahrnehmungsübung?

Teil 2 Netzwerkorganisationen managen

4 Welches Verständnis von Netzwerken ist eine gute Grundlage für erfolgreiches Netzwerkmanagement?

4.1 Mögliche Definitionen des Begriffs »Netzwerk«

Erfolgreiches Netzwerkmanagement gelingt leichter, wenn es auf der Grundlage eines der Realität entsprechenden Verständnisses dieser besonderen Organisationsform erfolgt. Im Folgenden finden Sie einige Definitionen von »Netzwerk«, die als Anregung zur Entwicklung eines eigenen Netzwerkverständnisses gedacht sind. Es geht darum, ein mentales Modell für die Steuerung von Netzwerken zu verinnerlichen, das das eigene Managementhandeln im Netzwerk leitet.

Im Jahr 2000 definierte der Technik- und Innovationsforscher Johannes Weyer: »Unter einem sozialen Netzwerk soll daher eine eigenständige Form der Koordination von Interaktionen verstanden werden, deren Kern die vertrauensvolle Kooperation autonomer, aber interdependenter (wechselseitig voneinander abhängiger) Akteure ist, die für einen begrenzten Zeitraum zusammenarbeiten und dabei auf die Interessen des jeweiligen Partners Rücksicht nehmen, weil sie auf diese Weise ihre partikularen Ziele besser realisieren können als durch nicht-koordiniertes Handeln.«[55]

Fischbach, Kollek und de Haan beziehen ihre Definition von »Netzwerk« auf den Kontext von nachhaltigen Bildungslandschaften: »In diesem Kontext steht der Netzwerkbegriff für Ideen wie Selbstorganisation, hierarchieentlastende Entscheidungsprozesse und an Sachproblemen orientierte Kooperation, die Alternativen zu staatlich-bürokratischen und hierarchischen Formen der Gesellschaftssteuerung, in denen Steuerungssubjekt und Steuerungsobjekt in einem asymmetrischen Verhältnis stehen, formulieren. Netzwerke setzen folglich die Handlungsfähigkeit der involvierten Akteure strukturell voraus, indem sie sie konstituieren.«[56]

Eine sich an das Phänomen »Netzwerk« herantastende Definition reflektiert die eigenen Erfahrungen von Netzwerkmitgliedern. Das Netzwerk Rheinland, ein Beratungsnetzwerk, hat seine Erfahrungen mit der Organisationsform

---

55 Weyer in Weyer, S. 11 – Im Erscheinungsjahr 2000 war eine Abgrenzung zu »sozialen Netzwerken« als Onlinediensten noch nicht notwendig – es gab sie noch nicht.
56 Emmerich/Maag Merki zitiert nach: Fischbach/Kollek/de Haan in Fischbach/Kollek/de Haan, S. 18.

»Netzwerk« 2009 in einem Buch zusammengefasst. Vorausgegangen war eine Tagung zum Thema »Ne(t)tworking – Wie können Netzwerke gelingen« mit über 100 Teilnehmenden mit verschiedenen Zugängen zum Thema. Arndt Ahlers-Niemann und Edeltrud Freitag-Becker, zwei Mitglieder des Netzwerks Rheinland, beschreiben Netzwerkorganisationen wie folgt:

»Die Konstruktion all dieser Netzwerke bringt es mit sich, dass die eigene Entwicklung und Profilierung stets durch Positionierungen der anderen eine Herausforderung erfährt. Selbst die kleinste Änderung im Profil der anderen entwickelt sich zu einem Ereignis und beeinflusst die eigene Entscheidung. Es gibt so gut wie keinen Rückzug: sehen und gesehen werden, teilnehmen und Teilhabe, neugierig sein und Distanz halten, sich positionieren und sich verbinden, immer und immer wieder oszillierendes Verstehen. Dies alles bestimmt den immer wiederkehrenden Reigen im interaktiven Prozess.

Der Verständigungsprozess wird als anstrengend und herausfordernd wahrgenommen, jedoch ist er gleichzeitig die stärkende und treibende Kraft: sich als ein Teil eines größeren Ganzen zu verstehen, sich im Spiegel des Systems zu spüren und entwickeln, Ich sein und doch zum Wir gehören, Freiheit und Abhängigkeit zugleich zu spüren. Dies auszubalancieren stellt an jede Netzwerkerin und jeden Netzwerker eine hohe Anforderung. Nur so kann es zu einer fachlichen Veredelung im Kollektiv kommen. In dem Bemühen, Individuelles und Gemeinschaftliches zusammenzubringen, bekommen Netzwerke eine erweiterte und neue Bedeutung: sie werden zu Orten der Hoffnung für eine neue Ordnung.«[57]

Eine aktuelle Definition von Netzwerkorganisationen stellen Oestereich/ Schröder zur Verfügung:

»Ein Netzwerk ist eine Form von Organisation, deren Mitglieder
- eine Menge von Prinzipien, Werten und einen gemeinsamen Zweck teilen,
- nur lose miteinander verbunden sind und
- sich wiederholt, temporär und in variierenden Zusammensetzungen zu bestimmten gemeinsamen Handlungen zusammenfinden.«[58]

Dem vorliegenden Buch liegt ein Verständnis zugrunde, in dem diese verschiedenen Netzwerkdefinitionen miteinander verschmolzen sind und um weitere Merkmale ergänzt wurden:

---

57 Ahlers-Niemann/Freitag-Becker: »Über die Herausforderungen, ein Netzwerkbuch zu gestalten« in Ahlers-Niemann/Freitag-Becker, S. 14 f.
58 Oestereich/Schröder, S. 78.

> **Wichtig** !
>
> »Netzwerk« ist eine Organisationsform zur Steuerung gesellschaftlicher und wirtschaftlicher Prozesse, die jenseits hierarchischer und staatlich-bürokratischer Formen durch komplex reziproke Tausch- und Verständigungsprozesse geprägt ist. Grundlage sind gemeinsame Werte und Prinzipien der beteiligten Akteure wie Teilhabe, Eigeninitiative, Selbstverantwortlichkeit.

Aus Sicht der Akteure ist die Mitwirkung an anspruchsvolle Bedingungen geknüpft: Die erfolgreiche Nutzung von Netzwerken setzt voraus, sich Verhaltensweisen zu eigen zu machen, die diese Organisationsform erfordert: neugierig zu sein, sich zu positionieren, aufmerksam wahrzunehmen, zuzuhören, teilzunehmen und Teil von Entwicklungen zu sein. In den Genuss des innovativen Potenzials von Netzwerken zu kommen, hat seinen Preis: offen zu sein für Neues, die Ideen und Anregungen von anderen auf sich und die eigenen Wahrnehmungen und Entscheidungen wirken zu lassen.

Dabei geht es immer darum,
- gemeinsam zu handeln, wiederholt, temporär und in verschiedenen Konstellationen,
- gemeinsam etwas zu erreichen, das allein nicht zu schaffen ist.

4.2 Das eigene Netzwerk analysieren

Um die Qualität von Netzwerken zu erkennen, zu verstehen und zu bewerten, wird zunehmend die Methode der sozialen Netzwerkanalyse genutzt. Die Darstellungsform unterscheidet sich markant von Visualisierungen anderer, insbesondere hierarchischer Organisationsformen.[59]

Durch soziale Netzwerkanalysen – in Abbildung 10 exemplarisch visualisiert – werden vier Kategorien sichtbar, mit denen Netzwerkmanager und -managerinnen ihr Netzwerk einschätzen können: Akteure und Beziehungen, starke und schwache Beziehungen, strukturelle Löcher und Brückenbauer.

---

59 Siehe Abb. 5: Unternehmensstruktur.

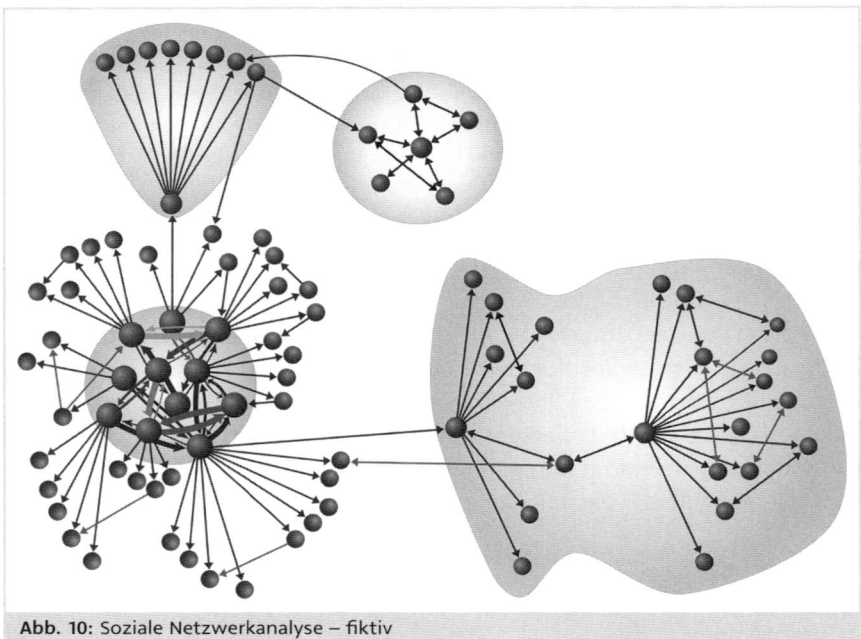

Abb. 10: Soziale Netzwerkanalyse – fiktiv

4.2.1 Akteure und Beziehungen

In sozialen Netzwerkanalysen werden Netzwerke mit Punkten bzw. Knoten und Kanten bzw. Linien, die die Knoten verbinden, dargestellt.[60] Je nachdem, wie die Analyse angelegt ist, visualisiert z.B. die Größe der Punkte die Menge der Beziehungen, die Linienstärke eine intensive oder weniger intensive Beziehung zwischen zwei Punkten. Die Punkte stehen jeweils für konkrete Akteure, also Mitglieder des Netzwerks.

Diese Darstellung von Netzwerken suggeriert mehr Eindeutigkeit, als in real existierenden Netzwerken wirklich zu beobachten ist.

Was die Kanten betrifft, so unterscheiden Haas und Malang[61] verschiedene Arten von Beziehungen, die alle durch eine Linie zwischen zwei Punkten ausgedrückt werden können:

- individuelle Einschätzungen und Meinungen wie Freundschaft, Respekt, zugeschriebene Bedeutung (z.B. Einflussreputation)

---

60   Siehe auch z.B. Kolleck in Fischbach/Kolleck/de Haan, S.55ff.
61   Siehe Haas/Malang in Stegbauer/Häußling, S.91f.

- Transaktionen und Tausch von materiellen Ressourcen durch Verkaufen, Verleihen, Verschenken
- Transfer von nicht materiellen Ressourcen durch Kommunikation und Informationsaustausch, z.B. Ratschlägen, Neuigkeiten
- formale Rollenbeziehungen, die sich meist durch eine Machtasymmetrie einer Beziehung begründen
- Verwandtschaftsbeziehungen

Außerdem weisen sie darauf hin, dass gerichtete und ungerichtete Beziehungen durch Linien unterschieden werden können.[62] Gerichtete Beziehungen sind solche, die auf einem Sender-Empfänger-Modell beruhen, in denen es um Adressierung geht. In Netzwerkanalysen werden diese oft mit Pfeilen ausgedrückt, wobei die Pfeilspitze auf den Empfänger gerichtet ist. Ungerichtete Beziehungen bezeichnen im Unterschied dazu Beziehungen, die sich auf bestimmte verbindende Eigenschaften beziehen, wie Verwandtschaft oder auf Interaktionen, die beobachtbar sind, z.B. »spielt mit«.

Ebenso vielschichtig ist auch das, was sich hinter der Darstellung von Akteuren als Punkt/Knoten verbirgt, wie Albrecht anschaulich ausführt: »Wie erwähnt, wird durch die tradierte Gleichsetzung von Knoten mit Akteuren dem Akteur einerseits eine zentrale Bedeutung zugemessen, andererseits gerät er aus dem Blickfeld, weil die Gleichsetzung nicht mehr problematisiert wird. Der Akteur interessiert in erster Linie als abstraktes Konzept, an dem sich die unterschiedlichen Beziehungen festmachen und beobachten lassen, die für die Netzwerkforschung interessant sind. Die Auseinandersetzung mit den Problemen der Analyse dynamischer Netzwerke macht nun deutlich, dass ein solch statischer Akteursbegriff nur begrenzt hilfreich ist. Zwar erlaubt er die Zurechnung von Beziehungen zu einem fixen Punkt, einer Adresse, doch er verschleiert die Einsicht, dass die realen Akteure nicht mit diesem Fixpunkt identisch sind. Denn die realen sozialen Akteure können sich im Laufe der Zeit verändern, unter Umständen so sehr, dass die ursprünglich ihnen als Knotenpunkt zugeschriebenen Eigenschaften nicht mehr auf sie zutreffen. Dieser Dynamik wird die Vorstellung von Knoten als Fixpunkten nicht gerecht.«[63]

Wenn man die Kategorien »Knoten« und »Kanten« in Netzwerkorganisationen nutzen möchte, um das Netzwerk besser zu verstehen, kommt es darauf an, die dahinterstehenden Akteure und die Verbindungen, die die Kanten darstellen, lebendig und konkret werden zu lassen:

---

62 Siehe Haas/Malang in Stegbauer/Häußling, S. 93.
63 Albrecht in Stegbauer/Häußling, S. 129.

- In der sozialen Netzwerkanalyse lässt sich z.B. visualisieren, an wie vielen Tauschakten ein Akteur beteiligt war, wie viel er ins Netzwerk eingebracht und wie viel er bekommen hat. Wird dies für alle Knoten dargestellt, ließe sich daraus die Tauschintensität in einem Netzwerk abbilden. Dabei müsste die Visualisierung einer Besonderheit in Netzwerkorganisationen gerecht werden: In Netzwerken ist *one-to-many* eine häufige Relationsform. Diese liegt vor, wenn ein Akteur eine Idee in ein Netzwerk einbringt. Hier müssten Pfeile von diesem zu allen Netzwerkmitgliedern führen, die diese Idee erreicht.[64]
- Vertrauen wird bei Haas und Malang in der Aufzählung von Beziehungsarten, die in Kanten ausgedrückt werden können, gar nicht genannt. Wie bereits beschrieben wurde, stellt Vertrauen eine der wichtigsten Kategorien von Beziehungen dar, die eine Netzwerkanalyse nützlich machen könnten. In dem Forschungs- und Entwicklungsprojekt »Qualitätssicherung und Entwicklung in der Bildung für nachhaltige Entwicklung« (QuaSi BNE) wurde Vertrauen offensichtlich eine hohe Bedeutung in Netzwerken zugeschrieben. Deshalb wurde Vertrauen als eine Kategorie in der im Projekt vorgenommenen sozialen Netzwerkanalyse z.B. bei Befragungen der Akteure genutzt und schlug sich entsprechend in der Netzwerkanalyse nieder.[65]
- Auch Unterschiedlichkeit lässt sich in sozialen Netzwerkanalysen sichtbar machen. In Netzwerkvisualisierungen zu den Teilprojekten des Projekts »QuaSi BNE« wurden die Akteure aus verschiedenen Bereichen durch unterschiedliche Farben der Knoten kenntlich gemacht.[66] In einer solchen Darstellung lässt sich erkennen, wie sich die Akteure aus unterschiedlichen Bereichen aufeinander beziehen.

4.2.2 Starke und schwache Beziehungen

Die Unterscheidung zwischen starken und schwachen Beziehungen ist in der Forschung nicht eindeutig.

Starke Beziehungen sind bei Granovetter z.B. dadurch gekennzeichnet, dass
- viel Zeit miteinander verbracht wird,
- ein hoher Grad von Intensität erreicht wird,
- ein hoher Grad von Intimität feststellbar ist.[67]

---

64 Siehe Abb. 8: Resonanz als eine Form von direktem Tausch in Netzwerken.
65 Siehe u.a. Kolleck in Fischbach/Kolleck/de Haan, S.55ff., und Bensmann in Fischbach u.a., S.106.
66 Siehe »Visualisierung Netzwerk BNE Frankfurt« in Kolleck in Fischbach/Kolleck/de Haan, S.62. Hier werden die Tätigkeitsbereiche Politik/Verwaltung, NGOs, außerschulische Bildung, Wirtschaft und schulische Bildung durch unterschiedlich Farben der Akteure kenntlich gemacht.
67 Siehe Avenarius in Stegbauer/Häußling, S.99f.

Marsden und Campbell verbanden 1984 starke Beziehungen aufgrund ihrer Untersuchungen mit dem Umfang der Diskussionsthemen und gegenseitigen Vertrauensbekundungen, die in einer Beziehung festzustellen waren. Sie kamen darüber hinaus zu dem Schluss, dass nur emotionale Nähe als Indikator für eine starke Beziehung gelten kann.[68]

In Netzwerken sind starke und schwache Beziehungen gleich wertvoll. Es geht also nicht darum, in einem Netzwerk möglichst viele starke Beziehungen aufzubauen. Erfolgreiche Netzwerke sind dadurch gekennzeichnet, dass sie – meist intuitiv – ein Bewusstsein für die Stärken schwacher Beziehungen und die Schwächen starker Beziehungen haben.

Die Stärke schwacher Beziehungen

Auf die Stärke schwacher Beziehungen hat schon Granovetter 1973 hingewiesen: Wenn man z. B. einen Job sucht, aktiviert man am besten die schwachen Beziehungen in seinem egozentrischen Netzwerk. Das ist nachweislich erfolgreicher, als sein direktes Umfeld in die Suche nach einer neuen Arbeitsstelle einzubinden. Bei näherer Betrachtung ist das auch gut nachvollziehbar: Wenn ich als entfernter Bekannter jemanden für einen Job empfehle, kann ich meine Empfehlung mit Hinweis auf die schwache Beziehung relativieren. Wenn sich die Erwartungen des Arbeitgebers nicht erfüllen, wird das meinem Ansehen nicht schaden und das Verhältnis zum Arbeitgeber nicht beeinträchtigen – ich kannte den Empfohlenen eben nicht ausreichend. Die schwache Beziehung zum Empfohlenen wird eher gestärkt werden, schließlich habe ich mich für ihn eingesetzt. Wenn ich eine Person empfehle, zu der ich eine enge Beziehung habe, muss ich fürchten, dass insbesondere mein Verhältnis zu dieser belastet wird, wenn die Empfehlung nicht zum Erfolg führt. Im Beispiel besteht die Stärke der schwachen Beziehung darin, dass sie mehr Nutzen erzielt als eine starke Beziehung.

Netzwerke haben das Potenzial, die Stärke schwacher Beziehungen für sich nutzbar zu machen:

Beispiel !

- Der Ems-Achse gelingt das in der Fachkräftewerkstatt, indem sie alle Mitglieder zur Vorstellung der Projekte, die umgesetzt werden sollen, einlädt. Auch Mitglieder mit wenig ausgeprägten Beziehungen im Netzwerk und zu dem Vorhaben haben so die Möglichkeit, sich einzubringen. Genauso wie eine erfolgreiche Jobvermittlung eine schwache Beziehung stärken kann, stärkt vermutlich die Beteiligung eines Mitglieds mit bisher schwacher Beziehung an einem Netzwerkprojekt dessen Bindung zum Netzwerk.

---

68 Siehe Avenarius in Stegbauer/Häußling, S. 101.

> ■ Die *NIRO*-Ad-hoc-Gruppen sind ein weiteres Beispiel für die Nutzbarmachung
> schwacher Beziehungen im Netzwerk. Es wäre nicht verwunderlich, wenn die
> Mitglieder der Chinagruppe vor der Gruppenbildung ihre Beziehungen unterein-
> ander als eher schwach beschrieben hätten.

In schwachen Beziehungen ist also Kooperationspotenzial gebunden. Dieses
ist in Netzwerken nutzbar, wenn die Stärke schwacher Beziehungen wahrgenommen wird. Die Beispiele zeigen, dass es auch darauf ankommt, den Akteuren mit schwachen Beziehungen Gelegenheiten und Räume zu bieten, anzudocken, in Beziehung zu treten. Dabei besteht die Möglichkeit, dass schwache
Beziehungen stärker werden. Das kann, muss aber nicht sein. Schwache Beziehungen behalten ihr Potenzial in Netzwerken auch, wenn es in einem Fall
nicht genutzt werden kann. Der Wert einer schwachen Beziehung lässt sich
auch noch auf andere Weise beschreiben: Eine schwache Beziehung ist im-
merhin eine Beziehung und mehr als eine abwesende Beziehung – was auch
eine Kategorie in der Netzwerkforschung ist.

Die Schwäche starker Beziehungen

In Abbildung 11 können die Beziehungen im grauen Kreis als starke Beziehungen gekennzeichnet werden: Sie sind oft wechselseitig, die Stärke der Pfeile
deutet auf Intensität hin.

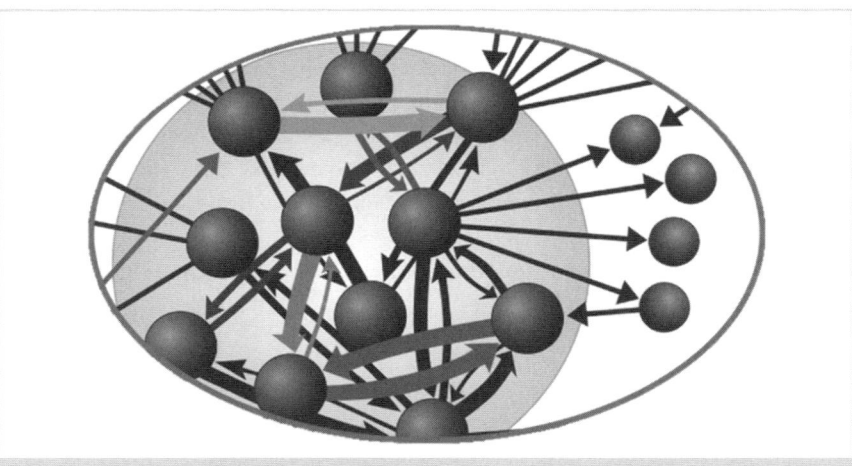

Abb. 11: Soziale Netzwerkanalyse – Detail: starke/schwache Beziehungen

Wenn man davon ausgeht, dass die Darstellung visualisiert, was auf Fragen
geantwortet wurde, in denen es um Vertrauen zu Netzwerkmitgliedern geht,
kann man zudem von vertrauensbasierten Beziehungen ausgehen. Die Abbildung macht deutlich, dass aus dem Kreis des Netzwerks zwar viele Beziehungen hinausgehen, aber nur wenige Pfeile gehen von außerhalb des Kreises zu

einem oder mehreren im Kreis. In diesem fiktiven Beispiel deutet viel darauf hin, dass der Kernkreis einen »Inner Circle« bildet, der offensichtlich ausstrahlt, dass er unter sich bleiben möchte. In Netzwerken ist diese Form von Kerngruppe, die Unnahbarkeit ausstrahlt, kontraproduktiv. Es besteht die Gefahr, dass Potenzial von Netzwerkakteuren nicht zur Geltung kommen kann, weil es gar nicht von den Akteuren im Netzwerkkern wahrgenommen wird. Die Kerngruppenakteure sind tendenziell nicht an Beziehungen außerhalb des Kerns interessiert mit der Folge, dass Tausch zwischen dem Kern und dem Rest des Netzwerks kaum stattfindet.

Die Schwäche starker Beziehungen, die hier als Gruppenphänomen beschrieben wird, verdeutlicht Thomas Schweizer am Beispiel eines Akteurs. Er beschreibt, welche Auswirkungen starke Beziehungen eines Akteurs für diesen haben:

»Je mehr starke Beziehungen ein Akteur aufweist, desto schwächer ist er in das Gesamtnetz eingebunden, weil die kohäsive Subgruppe viel Zeit und Energie verbraucht. Je mehr schwache Beziehungen ein Akteur unterhält, desto besser kann er die Beschränktheit kohäsiver Kreise überwinden, desto mehr unterschiedliche Informationen erhält er und desto besser ist seine Einbindung in das gesamte Netzwerk.«[69]

In dieser Beschreibung wird das Dilemma, in dem Akteure in Netzwerken stecken, beschrieben: Die Zugehörigkeit zu einer kohäsiven, zusammenhaltenden Teilgruppe eines Netzwerks beschränkt unausweichlich die Zeit und die Möglichkeiten, andere Beziehungen zu pflegen und für neue Beziehungsangebote offen zu sein. Umgekehrt wissen wir, dass Vertrauen in Netzwerken einen wichtigen Erfolgsfaktor dieser Organisationsform darstellt.

Wichtig   !

In Netzwerken geht es also darum, sich einerseits vertrauensbildend zu verhalten, andererseits aber der Versuchung zu widerstehen, die Vertrauensbildung auf Mitglieder von Ingroups zu beschränken. Es geht also darum, starke Beziehungen nicht so dominant werden zu lassen, dass kein Platz mehr bleibt, um schwache Beziehungen im Netzwerk zu nutzen, und dabei die Beziehungen so zu gestalten, dass sowohl schwache als auch starke Beziehungen genutzt werden, um Vertrauensbildung zu betreiben.

---

69 Schweizer zitiert nach Avenarius in Stegbauer/Häußling, S. 100.

4.2.3 Strukturelle Löcher

In Abbildung 12 ist ein strukturelles Loch zwischen zwei »Trauben« von Akteuren dargestellt, nämlich der Kerngruppe und eine Sechsergruppe, die fast nur Verbindungen untereinander pflegt.

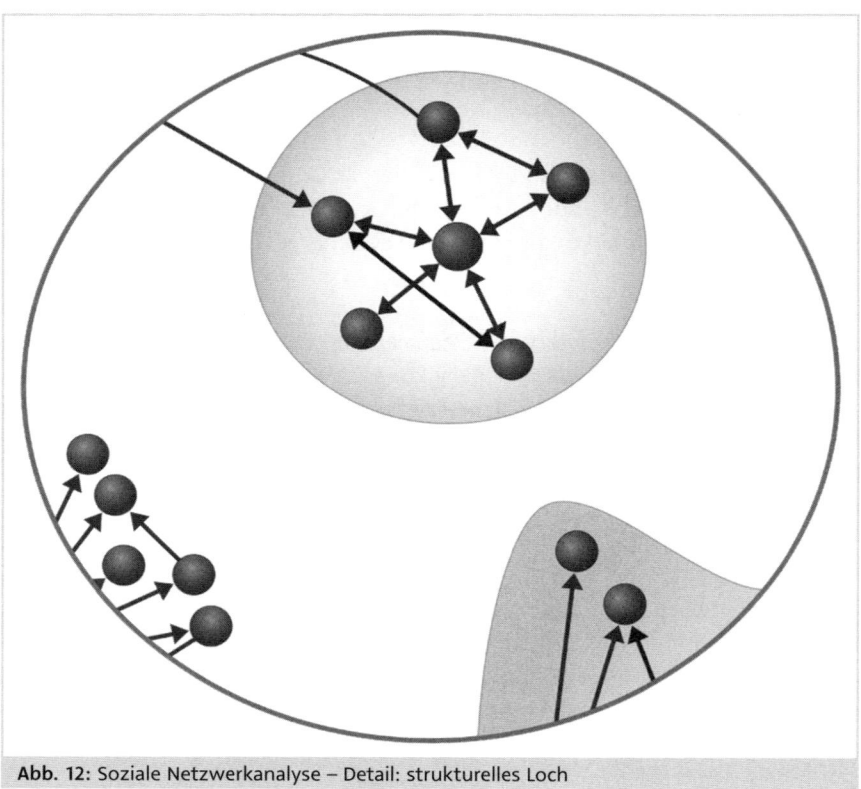

Abb. 12: Soziale Netzwerkanalyse – Detail: strukturelles Loch

Solche strukturellen Löcher entstehen, wenn in der Analyse eines Netzwerks z. B. gefragt wird: »Wem vertrauen Sie?« oder »Mit wem arbeiten Sie zusammen?« und die Antworten in Form der Grafik zusammengefasst/aggregiert visualisiert werden. Die soziale Netzwerkanalyse macht in diesem Fall sichtbar, dass sechs Akteure untereinander in einer spezifischen Arbeitsbeziehung stehen, die von einem zentralen[70] Akteur bestimmt wird. Dieser arbeitet mit allen Mitgliedern der Clique[71] zusammen, denen er auch vertraut. Die Zusam-

---

70 In der Fachliteratur wird auch der Begriff »fokaler Akteur« verwendet.
71 Müller-Prothmann bezeichnet Cliquen ebenso wie Subgruppen und Cluster als »dichte Verbindungen zwischen Teilgruppen von Netzwerkakteuren«. Müller-Prothmann in Stegbauer/Häußling, S. 841.

menarbeit mit dem fokalen Akteur scheint von allen akzeptiert und gewollt zu sein. Darauf deuten die wechselseitigen Pfeile hin.

Von der Zusammenarbeit im Netzwerk ist diese Subgruppe weitgehend abgeschnitten. Es bestehen auch keine Vertrauensbeziehungen zwischen Akteuren aus dem Cluster und Akteuren aus dem Netzwerk, sowohl was den zentralen Akteur als auch was die anderen Mitglieder des Clusters betrifft. Strukturelle Löcher verweisen auf fehlende Verbindungen im Netzwerk. Diese führen – aus der Perspektive des Netzwerks betrachtet – dazu, dass das Potenzial von abgekoppelten Akteuren nicht genutzt werden kann.

Eine Visualisierung von strukturellen Löchern ist immer eine Momentaufnahme. Sie verdeutlicht die Wahrnehmungen von Akteuren zu einem bestimmten Zeitpunkt. Man kann sich leicht vorstellen, dass es Folgen haben wird, wenn der gezeigte Zustand länger andauert:

- Es besteht die Möglichkeit, dass die ganze Subgruppe das Netzwerk verlässt.
- Vielleicht versuchen einzelne randständige Akteure, an anderen Teilen des Netzwerks anzudocken.
- Möglich ist auch, dass der fokale Akteur versucht, Anschluss an einen anderen Teil des Netzwerks zu finden, wobei die Chance groß ist, dass alle Clustermitglieder über ihn dann besser in das Netzwerk eingebunden sind.

In Netzwerken sind strukturelle Löcher oft nicht eindeutig identifizierbar. In den Porträts gibt es Beschreibungen, hinter denen sich strukturelle Löcher verbergen könnten:

Beispiel !

- Im Netzwerk Nachhaltigkeit lernen in Frankfurt entstanden möglicherweise strukturelle Löcher in der Phase, in der Jahresthemen die Netzwerkarbeit strukturierten. Wenn eine Gruppe, die im Bereich »Mobilität« tätig ist, sich dem Netzwerk angeschlossen hat, als das Jahresthema »Mobilität« bearbeitet wurde, konnte sie sich in dem betreffenden Jahr gut einbringen. Im Jahr darauf, mit dem neuen Jahresthema »Ernährung«, hat sich dies möglicherweise geändert. Die Mobilitätsspezialisten sahen kaum Möglichkeiten, sich einzubringen. In einer solchen Situation könnte bei einer Befragung eine Konstellation entstehen, die in Abbildung 12 dargestellt ist. Hierbei handelt es sich um ein strukturelles Loch, das durch die Arbeitsweise des Netzwerks in Jahresthemen begünstigt worden wäre.
- Wenn Dirk Lüerßen von der Ems-Achse beschreibt, dass er bei Treffen auf Akteure aus dem Netzwerk aktiv zugeht, die »verloren im Raum stehen«, reagiert er damit auf Wahrnehmungen, die auf ein strukturelles Loch verweisen könnten – in diesem Fall zunächst erst einmal bezogen auf eine einzelne

Person. Wenn er als Netzwerkmanager versucht, Kontaktinteressen von diesem Akteur zu erfragen, und auf entsprechende Kontaktmöglichkeiten aufmerksam macht oder sogar anbietet, diese zu befördern, dann trägt er dazu bei, das strukturelle Loch, das sich zwischen dem Netzwerk und diesem Netzwerkmitglied möglicherweise aufgetan hat, zu schließen.

Scheidegger betrachtet strukturelle Löcher vor allem aus der Akteursperspektive: »Die Überbrückung struktureller Löcher ist in vielen Situationen möglich; in einigen verspricht sich ein Akteur keinen Nutzen daraus, während in anderen Kontexten eine solche Überbrückung lukrativ sein kann.«[72] Strukturelle Löcher aus der Akteursperspektive zu analysieren, ist für die Entwicklung von Netzwerken nicht zielführend. Die Akteursinteressen werden gegenüber den Interessen des Netzwerks priorisiert. Das Schließen struktureller Löcher fördert, wie Scheidegger[73] auch feststellt, Lernprozesse und Kreativitätsentwicklung. Das ist der Grund, warum es für Netzwerke nützlich ist, strukturelle Löcher zu schließen. Die Verantwortung dafür liegt bei allen Akteuren, weil alle ein Interesse daran haben sollten, dass unverbundenes Potenzial genutzt werden kann.

4.2.4 Brückenbauer

Personen, die – wie in Abbildung 13 sichtbar – Verbindungen zwischen strukturellen Löchern herstellen, werden als »Boundary Spanner« oder »Gatekeeper« bezeichnet.

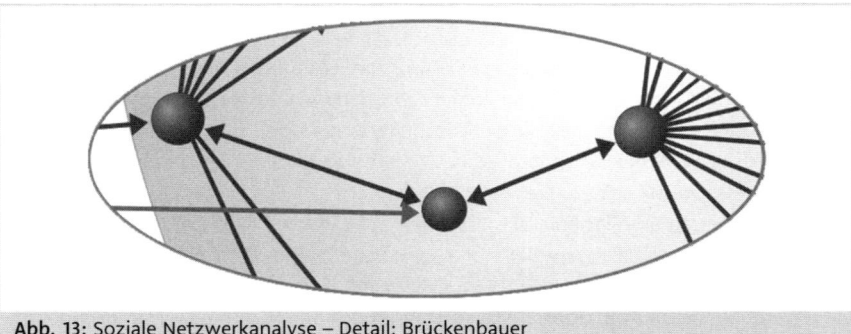

Abb. 13: Soziale Netzwerkanalyse – Detail: Brückenbauer

---

72 Scheidegger in Stegbauer/Häußling, S. 154, siehe dazu auch Kap. 4.2.4.
73 Siehe Scheidegger in Stegbauer/Häußling, S. 149.

Die Bezeichnung »Boundary Spanner« betont die grenzüberwindende Funktion dieser Rolle. Demgegenüber liegt der Fokus bei der Bezeichnung »Gatekeeper« mehr auf dem Machtaspekt, mit dem diese Rolle verbunden werden kann. Diesen Blickwinkel nimmt auch Scheidegger ein, wenn sie feststellt: »Durch die Verbindung zu untereinander möglichst unverbundenen Gruppen vergrößert sich für Ego der Pool an alternativen Sichtweisen, was zu einem besseren Problemverständnis beiträgt. Ego kann sich dabei durch Selektion und Synthese reichhaltigeres Wissen erschaffen, das er sich isoliert oder eingebettet in bloß eine dichte Netzwerkstruktur kaum erarbeiten kann.«[74]

Scheidegger sieht an dieser Stelle den Gatekeeper vor allem als eine Position, in der Wissen aus unterschiedlichen Bereichen des Netzwerks genutzt wird, um den eigenen Einfluss zu stabilisieren und auszuweiten. Gatekeeper-Wissen wird anderen vorenthalten, um damit die eigene Position zu stärken. Müller-Prothmann spricht in diesem Zusammenhang von dem »hohen Potential zur Kontrolle auf die indirekten Beziehungen zwischen den anderen Mitgliedern«[75]. Die Haltung, sein Wissen für sich zu behalten, ist, wie Ulrich Weinberg, Leiter der School of Design Thinking am Hasso-Plattner-Institut Potsdam, feststellt, in Deutschland weit verbreitet, weil in Schulen, Universitäten und Unternehmen immer noch vor allem Einzelleistungen in einzelnen Fächern bewertet werden.[76] Dahinter ist die Vorstellung von Wissen als geistiges (Privat-)Eigentum wirkmächtig.[77] Kein Wunder, dass Netzwerkforscher mit Gatekeepern nicht in erster Linie Brückenbauer, sondern Machtpositionen verbinden.

Natürlich kann mit dem Wissen, das in der Rolle des Gatekeepers generiert wird, auch anders umgegangen werden: Boundary Spanner teilen das durch ihre Position im Netzwerk erworbene Wissen. Dadurch wird es für das Netzwerk nutzbar gemacht. Boundary Spanner erlangen oft ein besonders tief greifendes Problemverständnis, weil ihnen Wissen aus verschiedenen Bereichen des Netzwerks zur Verfügung steht, zu denen andere keinen Zugang haben.

Boundary Spanner erfüllen in Netzwerken eine wichtige Funktion. Es kommt darauf an, diese netzwerkkonform auszugestalten und sie nicht zum eigenen Vorteil zu missbrauchen. Boundary Spanner sollten sich bewusst werden, dass ihre besondere Position Teil einer Wechselwirkung ist: Sie können Wis-

---

74 Scheidegger in Stegbauer/Häußling, S. 149.
75 Müller-Prothmann in Stegbauer/Häußling, S. 842.
76 Siehe Weinberg, S. 46.
77 Siehe Weinberg, S. 62.

sen aus verschiedenen Teilen des Netzwerks zusammenführen, weil die Netzwerke umgekehrt dieses Wissen verfügbar haben. Netzwerke tun gut daran, Boundary Spanner zu ermutigen, Wissen im Netzwerk zu teilen. Die Ermutigung zu dieser Haltung kann sowohl durch Akteure im Netzwerk erfolgen als auch durch das Netzwerkmanagement.

Über den eigenen Tellerrand zu schauen, kann in Netzwerken nicht nur durch die Rolle des Boundary Spanners wahrgenommen werden. Boundary Spanning kann als Kultur auch strukturell verankert werden:

- Die in Kapitel 1.3.2 beschriebenen Kaminabende des Führungskräftenetzwerks eines Sozialverbands können auch als Element einer grenzüberschreitenden Struktur bzw. Kultur wahrgenommen werden.
- Den »Parlamentarischen Abend« der Ems-Achse kann man auch als institutionalisiertes Boundary Spanning betrachten: Die Netzwerkmitglieder haben Gelegenheit, Grenzen zu überschreiten und mit Politikern und Entscheidern aus der Landespolitik ins Gespräch zu kommen.
- Eine Personengruppe, die oft viel Boundary-Spanner-Potenzial mitbringt, sind Künstler. Sie haben mitunter einen ganz anderen Blick auf Themen und Herausforderungen und präsentieren Lösungsmöglichkeiten, die inspirieren und den Weg für neue Handlungsoptionen öffnen.

Boundary Spanner sind in Netzwerken aber nicht nur eine Rolle, in der Wissen zusammenfließt. Sie können auch Vertrauensbrücken bauen. Da sie als – mitunter auch interner – Außenposten eines Netzwerks wahrgenommen werden, repräsentieren sie die Netzwerkkultur. Insofern wirkt die Grundhaltung in besonderer Weise ins Netzwerk zurück: eher blockierend, wenn der Boundary Spanner vor allem als machtbewusster Gatekeeper agiert, und öffnend, vertrauensbildend und anregend, wenn er seine Position nutzt, um Verbindungen zwischen Netzwerkakteuren zu schaffen, wenn er als »Durchlauferhitzer« fungiert, durch den Informationen und Ideen anderer für das Netzwerk erwärmt werden.

5   Das eigene Netzwerk managen

Netzwerkmanagement kann Teil einer Führungsaufgabe sein, verbunden z.B. mit einer Projekt- bzw. Abteilungsleitung. Dies ist dann der Fall, wenn z.B. die öffentliche Hand Zuwendungen an einen Träger für ein bestimmtes Projekt mit der Auflage verbindet, ein Netzwerk zu gründen. In der Regel definiert dann der Projektträger Netzwerkmanagement als Teil der Aufgabe der Projektleitung: eine – wie noch zu zeigen sein wird – schwer handhabbare Rollenüberschneidung.

Das Netzwerkmanagement kann auch als eigenständige Aufgabe in Voll- bzw. Teilzeit oder auf Honorarbasis ausgestaltet werden.

5.1   Das besondere Managerprofil

In Stellenanzeigen werden Erwartungen formuliert, die an Personen gerichtet werden, die Stellen besetzen möchten. Umgekehrt haben die Bewerber und Bewerberinnen Erwartungen an sich selbst. Rollen entstehen aus der Summe dieser Erwartungen.

Die Ausschreibung für die Stelle eines Netzwerkmanagers/einer Netzwerkmanagerin lässt sich mit folgenden Erwartungen verbinden:

Sie sind
- uneitel, drehen sich nicht um sich selbst, müssen nicht im Vordergrund stehen,
- neugierig, offen für Neues und neue Menschen,
- visionär, ihrer Zeit voraus,
- wahrnehmungsstark – sie können gut zuhören, das aufnehmen, was andere – verbal und nonverbal »zwischen den Zeilen« – mitteilen,
- interaktionsfähig – sie stellen zu und zwischen anderen Verbindungen her,
- empathisch, können Fähigkeiten, Gedanken, Absichten und Besonderheiten anderer erkennen und verstehen,
- fehlerfreundlich zu sich und anderen und lernen aus Fehlern,
- mutig, haben keine Angst, etwas Ungewohntes auszuprobieren,
- dialogorientiert – sie tauschen Gedanken ergebnisoffen aus,
- vertrauensvoll – sie vertrauen anderen, aber nicht blind,
- verlässlich – ihnen kann vertraut werden.

Sie können

- Wohlbefinden in Gruppen bewirken,
- Veranstaltungen mitwirkungsorientiert gestalten,
- Gruppen ereignisorientiert moderieren, auch Großgruppen,
- über den eigenen Tellerrand hinausschauen,
- Budgets steuern,
- Bedarfe für Strukturen wahrnehmen,
- Feedback geben – einzeln und in Gruppensituationen,
- Verständigungsprozesse ergebnisorientiert unterstützen.

5.2 Welche Rolle übernehmen Sie?

Aus den Erwartungen, die an ein Netzwerkmanagement zu stellen sind, lassen sich einige Rollenmodelle ableiten, an denen sich Personen orientieren können, die die Aufgabe übernommen haben, Netzwerke zu managen.

5.2.1 Ermöglicher

Besonders wirksam beim Managen von Netzwerken ist die Rolle des Ermöglichers: Diese Rolle entfaltet die Potenziale, die im Netzwerk schlummern. Eigeninitiative und Eigenverantwortlichkeit werden gestärkt. Genau das treibt die Innovationsfähigkeit des Netzwerks an.

Ermöglicher sorgen dafür, dass sich Austausch ereignen kann, auch hinter dem Rücken des Netzwerkmanagements – Hauptsache, die Ergebnisse fließen in Form von Ideen, Anregungen und Tipps zurück in das Netzwerk. Sie vertrauen den Eigeninteressen und der eigenständigen Motivation der Netzwerkmitglieder. Ermöglicher bringen ihre Kompetenz in Form von Feedback ein.

»Wir sind der Ermöglicher. Nach diesem Prinzip arbeiten wir. Dabei haben wir zwei Strategien: zum einen der direkte und kontinuierliche persönliche Austausch, also face-to-face-Kontakte in einem Dialogprozess. Zum anderen sind Veranstaltungen wichtig, wo eine größere Zahl von Menschen sich trifft und austauscht; ebenfalls wiederkehrend, damit Vertrauen entsteht.«[78]

---

78 Lampe in »Profile«, S. 27.

5.2.2 Motor

Netzwerkmitglieder wünschen sich das Netzwerkmanagement oft als Motor. Diese Rolle ist in ihren visionären, strukturunterstützenden Teilen durchaus hilfreich für Netzwerke. Andererseits kann die Wahrnehmung dieser Rolle die Eigenverantwortung und die Eigeninitiative im Netzwerk bremsen. Dies geschieht oft unspektakulär: Eigeninitiative ist nicht nötig, also unterbleibt sie. Es gibt ja schon jemanden, der die Initiative ergreift: »Sei unser Motor. Gib die Richtung vor! Entscheide!« Es ist mitunter nicht einfach, die Botschaften mit Motor-Erwartung von Netzwerkmitgliedern sozial verträglich zurückzuweisen.

Typische Verhaltensweisen aus diesem Rollenverständnis heraus sind: Das Netzwerkmanagement setzt Ziele, gibt visionäre und alltagstaugliche Ideen ins Netzwerk, regt zur Bildung von Kooperationen an, erinnert an unerledigte Aufgaben, die übernommen wurden, schreibt Protokolle, führt Gespräche mit Interessierten, vertritt das Netzwerk nach außen, moderiert Netzwerktreffen.

5.2.3 Koordinator

Der Koordinator stellt die Verbindung zwischen Netzwerkmitgliedern und Netzwerkteilgruppen her, lädt zu Netzwerktreffen ein, informiert über Termine, Aktivitäten und Kooperationen, die aus dem Netzwerk heraus entstanden sind, und harmonisiert Abläufe. Die Koordinationsrolle ist teilweise durch Software zu ersetzen, wie das Beispiel *NIRO-Wissen* zeigt.

5.2.4 Intermediär

In der Wirtschaftssoziologie wird mit »Intermediär« eine Person beschrieben, die die Aufgabe hat, Informationen und Produkte zu bündeln und bereitzustellen und Transaktionen zwischen Netzwerk und Außenstehenden zu vermitteln. Der Intermediär versteht sich in diesem Fall als Mittler zwischen Netzwerk und Außenwelt.

Die Rolle des Intermediärs ist vor allem in Netzwerken gefragt, deren Resultate auch über die eigenen Grenzen hinaus nutzbar gemacht werden sollen. Die Vermarktung der *NIRO*-Akademie oder die Einbeziehung von Vertragspartnern als Kooperationspartner bei der App-Herstellung von job4u braucht ein intermediäres Rollenverständnis des Managements.

5.2.5 Was ist nun die richtige Rolle für Netzwerkmanagerinnen und -manager?

Im Theater gibt es die Weisheit: Ein König wird gemacht. Er kann sich noch so würdig verhalten und souverän geben – wenn die Untertanen sich abwenden, ihn nicht ernst nehmen und über ihn lachen, nimmt das Theaterpublikum ihn nicht als König war. Umgekehrt wird ein Kasper zum König, wenn die Untertanen vor ihm auf die Knie gehen und ihn respektieren.

Will sagen: Wenn die Netzwerkmitglieder einen Motor haben wollen, wird es als Netzwerkmanager bzw. -managerin schwer, eine andere Rolle einzunehmen. Dass Netzwerkmanagementrollen gestaltbar und entwicklungsfähig sind, zeigt das Porträt des Netzwerks Nachhaltigkeit lernen in Frankfurt.

Da Netzwerke sehr unterschiedlich und sehr dynamisch sind, gibt es auf die Frage nach der richtigen Rolle keine eindeutige Antwort.

In der Ermöglicher-Rolle ist in Netzwerken sicher viel zu bewirken. Situativ, phasenweise oder im individuellen Kontakt kann das Einnehmen anderer Rollen erforderlich und hilfreich sein. Mitunter ist auch noch eine Rolle einzunehmen, die bisher noch gar nicht genannt wurde: der Mediator, der im Konfliktfall zwischen Netzwerkmitgliedern vermittelt.

Fachkompetenz ist in allen Organisationsformen eine unabdingbare Voraussetzung, eine selbstverständliche Erwartung, die an Personen gestellt wird, die im Management tätig sind. In Netzwerken ist das anders: Fachkompetenz kann sinnvoll sein, es gibt aber auch Netzwerkmanager bzw. -managerinnen, die erfolgreich sind, gerade weil sie den Blick des Laien kombiniert mit den Kompetenzen und Haltungen, die in der Stellenbeschreibung zu Beginn dieses Kapitels genannt wurden, für das Netzwerk nutzbar machen können – wie Pascal Lampe bei NIRO.

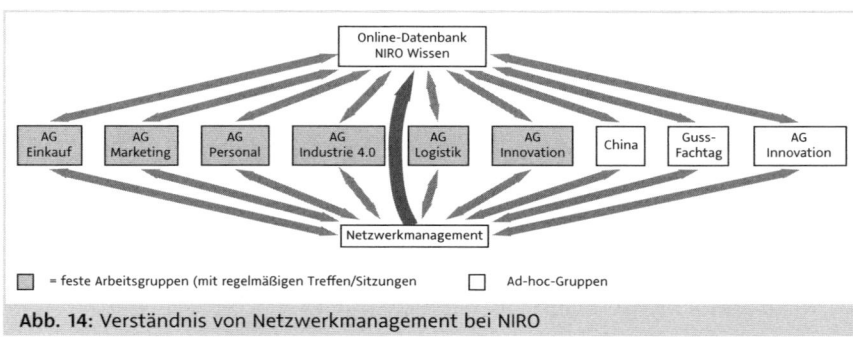

Abb. 14: Verständnis von Netzwerkmanagement bei NIRO

In Abbildung 14 ist das Verständnis von Netzwerkmanagement bei NIRO visualisiert. Die Abbildung macht deutlich, dass das Management einmal die Arbeit aller Gruppen unterstützt, organisatorisch aber auch mit Impulsen und Ideen arbeitet. Dies wird veranschaulicht durch die Pfeile, die vom Management zu den verschiedenen Gruppen gehen. Umgekehrt gehen Pfeile von jeder Gruppe zum Management. Diese verdeutlichen, dass aus den Gruppen Wünsche, Anregungen und Ideen an das Management herangetragen werden, mit der Erwartungshaltung, diese nicht nur für die Weiterentwicklung der Gruppe, sondern auch des Netzwerks zu nutzen. Eine wichtige Funktion in der Kommunikation und beim Managen des Netzwerks hat auch die Onlinedatenbank *NIRO-Wissen*.[79]

5.3 Netzwerke initiieren

In der Gründungsphase ist es eine Aufgabe des Netzwerkmanagements, den Netzwerkmitgliedern die Grundmerkmale von Netzwerkorganisationen vorzustellen. Angesichts der vielfältigen Netzwerkverständnisse wird so eine Kommunikationsbasis geschaffen, die die Grundlage bildet, um sich darüber zu verständigen, was das eigene Netzwerk ausmacht.

Dabei gibt es zwei Formen, in denen das Netzwerkmanagement die Grundmerkmale als Verständigungsbasis in das Netzwerk einbringen kann:
- als Input, indem das eigene Netzwerkverständnis vor- und zur Diskussion gestellt wird,
- als Grundhaltung, die das Managementhandeln bestimmt.

Das eigene Netzwerkverständnis kann in einem Input zu Beginn auf wenige markante Kernaussagen reduziert werden, in denen jedoch alle Grundmerkmale berücksichtigt und zudem auf das Handeln der Netzwerknutzer ausgerichtet sind:

»Wir sind als Netzwerk erfolgreich,
- wenn ihr als Netzwerknutzer geben und nehmen könnt und wollt und euch auch so verhaltet – in ständigem Wechsel.
- wenn ihr fortwährend nach neuen Zielen Ausschau haltet und diese einbringt.
- wenn wir Ziele durch Resonanz verwirklichen, aus der Kooperationen entstehen.

---

79 Eine ausführliche Erläuterung zu *NIRO-Wissen* findet sich in Kap. 5.7.

- wenn wir eine Balance von Unterschiedlichkeit unter uns finden, die viele Innovationsmöglichkeiten beinhaltet und die uns gleichzeitig nicht überfordert.
- wenn wir Vertrauensbildung gemeinsam befördern, weil wir wissen, dass Vertrauen das Mittel ist, das zwischen uns eine zuverlässige Arbeitsgrundlage schafft.«

Das verbalisierte Netzwerkverständnis des Managements wirkt durch das Managementhandeln – und nur dadurch! Es gibt – frei nach Erich Kästner – kein gutes Netzwerkverständnis, außer man tut es.[80] Bezogen auf die Grundmerkmale heißt das:

- Das Netzwerkmanagement gibt selbst z.B. seine Wahrnehmungen in Form von Feedback zur Netzwerkwahrnehmung und seine Moderations- und Organisationsfähigkeiten. Umgekehrt nimmt das Netzwerkmanagement Anregungen z.B. zu Veranstaltungen oder zur Weiterentwicklung der Netzwerkstruktur auf.
- Das Netzwerkmanagement bringt Ideen für neue Ziele ein. Es organisiert Resonanz zu eigenen Zielen und Zielen von Mitgliedern.
- Das Netzwerkmanagement hält Ausschau danach, wer bzw. welche Unternehmen und Institutionen das Innovationspotenzial des Netzwerks bereichern können, und schlägt Personen dementsprechend vor. Es ist offen für Vorschläge von Mitgliedern und führt dazu Resonanz herbei, die in Entscheidungen mündet.
- Das Netzwerkmanagement stärkt das Vertrauen in das Management, indem es sich verlässlich verhält und das Netzwerk ohne Machtanspruch führt.

5.3.1 Die Rolle des Managements im Netzwerk aushandeln

Die Gründungsphase in Netzwerken ist oft von unterschiedlichen Erwartungen geprägt, die zudem diffus, sich widersprechend oder von Einzelinteressen geleitet sein können. Wenn ein Netzwerkmanager bzw. eine Netzwerkmanagerin keine Vorstellungen davon hat, wie er/sie seine Rolle auszufüllen gedenkt und wie er/sie das Netzwerk führen wird, dann wird er/sie schnell zum Spielball der verschiedenen Erwartungen. Andererseits sind auch die Leitungsvorstellungen des Managements zu Beginn oft ebenfalls nicht eindeutig und ausformulierbar – es gibt keine allgemeingültige Beschreibung der Kompetenzen und Fähigkeiten von Netzwerkmanagerinnen und -managern.

---

80 Im Original: »Es gibt nichts Gutes, außer: Man tut es.« Siehe: Kästner, Erich: Es gibt nichts Gutes, außer: Man tut es: Kurz und bündig. Epigramme, Zürich 2015.

Es stellt sich die Frage: Wie kommen ein Netzwerk und sein Management zusammen? Die Porträts erfolgreicher Netzwerke geben dazu einige Anregungen: Die Besetzungspraxis in erfolgreichen Netzwerken scheint eines gemeinsam zu haben: Netzwerkteilnehmer und Netzwerkmanager nähern sich aneinander an.

Das kann bereits vor der Netzwerkgründung geschehen, wie etwa bei NIRO: Pascal Lampe entwickelte in Dialogen die Voraussetzung zur Netzwerkgründung. Die Gründungsmitglieder hatten sein Managementverständnis bereits erlebt. Die *NIRO*-Gründung wäre vermutlich nicht erfolgt, wäre sein Managementverständnis von den Mitgliedern nicht geteilt worden.

Ein anderer Weg ist die Annäherung in der Praxis, sozusagen »Accepting on the Job«. Erfolgreiche Netzwerke lassen sich dann als Organisationen beschreiben, in denen die Erwartungen an das Management zwischen Mitgliedern und Management korrelierten. Dies scheint z.B. beim Netzwerk *job4u*, dem *Netzwerk Ganztagskoordination* oder dem *Netzwerk Nachhaltigkeit lernen in Frankfurt* der Fall gewesen zu sein. Dort wurden Personen aus dem Umfeld der Netzwerkinitiatoren als Netzwerkmanager eingesetzt, die auf den ersten Blick ein kompatibles Verständnis von Netzwerkorganisationen signalisierten. Aus der erfolgreichen Praxis lässt sich dann im Nachhinein beschreiben, warum man zusammengekommen ist.

Schon in Netzwerken, die aus einem Gründungsimpuls heraus entstehen, ist es für das Netzwerkmanagement nicht einfach, die eigenen Erwartungen mit denen der Netzwerkmitglieder in ein produktives Zusammenspiel zu bringen.

In Netzwerken, deren Gründung durch Zuwendungen der öffentlichen Hand maßgeblich stimuliert wurde, kommt noch eine Rollenvermischung hinzu, die äußerst schwer zu handhaben ist: Zuwendungsempfänger, Projektleitung und Netzwerkmanagement sind im Extremfall in Personalunion besetzt. Aber auch die Überschneidung, als Netzwerkmanager/-managerin zugleich bezahlter Mitarbeiter der Institution zu sein, die die Zuwendung erhält, wirkt auf die Gestaltung der Rolle auf zweierlei Weise:

Zum einen wird die Stelle »Netzwerkmanagement« mitunter nach Loyalitätsgesichtspunkten zum Zuwendungsempfänger besetzt. Im Klartext: Es wird ein Manager ausgewählt, der dafür sorgt, dass die Institution, die die Zuwendung bekommen hat, in besonderem Maße von dem Netzwerk profitiert. Die zuwendungsempfangende Institution wird im Netzwerk dabei häufig noch durch eine oder mehrere andere Personen als »normale« Netzwerkmitglieder vertreten – eine Kombination, die bei anderen Netzwerkmitgliedern als unangenehmes Übergewicht der »Zuwendungsinstitution« wahrgenommen wird und die Mitwirkungsbereitschaft anderer Mitglieder in der Regel bremst.

Zum anderen wird die Entwicklung eines gemeinsamen Netzwerkmanagementverständnisses seitens der Netzwerkmitglieder immer unter dem Vorzeichen wahrgenommen, inwieweit das Netzwerkmanagement sich dem Nutzen aller Mitglieder verpflichtet fühlt. Mit anderen Worten: Die Annäherung in der Praxis, der Accepting-on-the-Job-Prozess, wird – zumindest am Anfang – argwöhnisch beobachtet. Es wird viel Energie darauf verwendet, die Skepsis der Mitglieder gegenüber dem Netzwerk abzubauen. Es versteht sich von selbst, dass der Vertrauensbildungsprozess im Netzwerk durch diese Verortung des Netzwerkmanagements beeinträchtigt wird. Das Management beginnt quasi mit einem Misstrauensvorschuss, den es bei den Mitgliedern erst einmal abzubauen gilt.

Vermutlich ist diese Rollenüberschneidung ein wichtiger Grund dafür, dass eine Reihe von Netzwerken, die sich aufgrund der Gewährung von Fördergeldern bilden, nach Beendigung der Förderung ihre Tätigkeit einstellt.

5.3.2   Die Kick-off-Veranstaltung gibt die Richtung vor

Die Kick-off-Veranstaltung ist die Gelegenheit, bei der die Netzwerkmitglieder das Netzwerkmanagement kennenlernen. Da der erste Eindruck bekanntlich prägend ist, ist die Kick-off-Veranstaltung die Gelegenheit, das Netzwerkmanagement zu positionieren, also in seiner Bedeutung für das Netzwerk erfahrbar zu machen. Bei den folgenden Hinweisen zur Planung der Auftaktveranstaltung ist bei jedem Detail zu bedenken, welche Rolle dem Netzwerkmanagement jeweils zugedacht wird.

Ziel der Kick-off-Veranstaltung zur Initiierung eines Netzwerks ist es, die Potenzialität dieser Organisationsform erlebbar zu machen. Im Einzelnen heißt das:
- Die Teilnehmenden erhalten Grundwissen, wie erfolgreiche Netzwerke funktionieren, und machen Erfahrungen, die das Vertrauen in die Möglichkeiten dieser Organisationsform aufbauen und bestärken.
- Die Teilnehmenden erproben sich als Geber und Nehmer und werden in beiden Rollen angesprochen.
- Die Teilnehmenden lernen Unterschiedlichkeit als Produktivkraft kennen.

Schon in der Vorbereitungsphase sind diese Ziele wirksam:
- Die Zusammensetzung der Vorbereitungsgruppe repräsentiert eine Unterschiedlichkeit, die das Netzwerk später prägen soll.

- Es wird ein Veranstaltungsort gewählt, der es den Teilnehmenden ermöglicht, ohne Hindernisse aufeinander zuzugehen und sich in immer wieder unterschiedlichen Konstellationen zusammenzufinden. Konkret heißt das: Der Raum ist mit Stehtischen oder Stuhlkreisen eingerichtet bzw. einzurichten. Die Einrichtung ermöglicht unter Mithilfe der Teilnehmenden ohne großen Aufwand einen Umbau von frontaler Ausrichtung auf variable Gruppenformate unterschiedlicher Größe.
- Der geplante Ablauf orientiert sich an den konkreten Teilzielen. Die Veranstaltung wird prozessorientiert moderiert, d.h. Änderungen der zeitlichen Gewichtung sind möglich, wenn sie mit den Teilnehmenden abgestimmt werden. Abweichungen vom geplanten Ablauf sind möglich, wenn Interessen der Teilnehmenden sichtbar werden, die in der Planung nicht berücksichtigt worden sind.
- Die Vorbereitungsgruppe erarbeitet einen Vorschlag zur Organisation des Netzwerks, aus dem u.a. hervorgeht, wie das Netzwerk zu Beginn strukturiert sein und gemanagt werden könnte.

Netzwerk-Kick-off-Veranstaltung – Ablauf exemplarisch[81]

Im Folgenden werden die Elemente einer Kick-off-Veranstaltung, in der alle Teilziele berücksichtigt wurden, vorgestellt. Der Zielbezug wird in Klammern (kursiv) ausgewiesen.

1. Begrüßung: Ziel des Netzwerks und Netzwerkverständnis *(Grundwissen vermitteln)*
2. Kennenlernen: Speeddating paarweise – 3 Runden *(Die Teilnehmenden geben etwas von sich preis und bekommen Informationen von ihren Gesprächspartnern.)*
3. Vorschlag von Austauschthemen – Ergänzung durch die Teilnehmenden *(Teilnehmende erhalten Vorschlag und geben Ergänzungen)*
4. Austauschformat: 3 Austauschphasen zu z.B. 6 Themen parallel. In jeder Phase bearbeitet jeder Teilnehmende ein neues Thema in neuer Gruppenzusammensetzung. *(optimale Nutzung der Unterschiedlichkeit beim Austausch)*
5. Statement aus den Arbeitsgruppen *(Erfahrungsfeld für eigenverantwortliches Einbringen)*
6. Kurze Frage – schnelle Antwort *(Gelegenheit, sich zu positionieren, sich verletzlich zu zeigen und sich vertrauensbildend zu verhalten mit der Möglichkeit, selbst zu profitieren und andere profitieren zu lassen)*
7. Vereinbarungen *(Das weitere Vorgehen wird abgesprochen, Strukturen werden festgelegt und Kooperationen erfragt, die sich evtl. gebildet haben. Die Vorbereitungsgruppe macht dazu einen Vorschlag, der bereits vorabgestimmt ist.)*

---

81 Ausführliche Erläuterungen zu den einzelnen Methoden finden Sie im Praxisteil 2 (Kap. 6).

Es ist zu klären und bewusst zu gestalten, ob das Netzwerkmanagement oder ein anderes Mitglied des Netzwerks die Begrüßung, die Moderation und die Vereinbarungen übernimmt.

5.4 Netzwerke entwickeln

Die Entwicklung in Netzwerkorganisationen kann nicht an das Management delegiert werden. Es ist die Aufgabe aller Mitglieder, für Entwicklung zu sorgen. Gleichwohl ist selbstverständlich auch das Netzwerkmanagement herausgefordert, zur Entwicklung des Netzwerks beizutragen. In diesem Sinne sind die folgenden Anregungen für das Netzwerkmanagement gedacht, für Mitglieder aber ebenfalls nutzbar.

5.4.1 Weiterentwicklung der Tauschkultur

Weiterentwicklungsmöglichkeiten bezogen auf Tausch in Netzwerken ergeben sich vor allem im methodischen Bereich. Austausch anregende Methoden werden erprobt und gegebenenfalls in die Tauschkultur integriert. Bei NIRO wurde die Walt-Disney-Methode erfolgreich genutzt.[82] Im *Netzwerk Ganztagskoordination* wurde der Baustein »Sie fragen – Sie antworten« erfunden und getestet. Er hat sich bewährt und ist heute (2017) immer noch fester Bestandteil jedes Netzwerktreffens.

Die Abfrage individueller Tauschbilanzen im Netzwerk ist eine Methode, mit deren Hilfe man sich über die Wirksamkeit des Netzwerks aus individuellen Perspektiven verständigen kann. Mitunter ergeben sich aus individuellen Begründungen der Tauschbilanz Impulse für die Weiterentwicklung.

Wenn bei der Erhebung der individuellen Tauschbilanzen auch danach gefragt wird, was die Netzwerkmitglieder nach ihrer Selbstwahrnehmung eingebracht und was sie bekommen haben, gibt es manchmal überraschendes Feedback. Die Unterschiede von Fremd- und Selbstwahrnehmung sind in vertrauensvoll arbeitenden Netzwerken ebenfalls für die Weiterentwicklung zu nutzen.

---

82 Eine Erläuterung dieser und anderer in Netzwerken gängiger Methoden findet sich im Praxisteil 2 (Kap. 6.3).

5.4.2 Vertrauensbildung anregen

Vertrauensbildung kann als ein Kriterium für die Moderation von Netzwerktreffen genutzt werden. Dazu ein Beispiel: Im *Netzwerk Ganztagskoordination Hamburg* fragte ein Teilnehmer beim zweiten Treffen, mit wie viel Aufwand Angebote am Nachmittag organisiert werden.

Der Berater schlug eine Soziometrie vor, um den Aufwand, den die Netzwerkmitglieder trieben, für alle sichtbar zu machen. Er wies darauf hin, dass auf diese Weise die eigene Effizienz direkt mit der anderer Netzwerkmitglieder zu vergleichen sein wird. Die Mitglieder stimmten der Soziometrie dennoch zu und signalisierten so ihre Bereitschaft, sich verletzlich zu zeigen. Es stellten sich große Unterschiede heraus, worauf eine intensive Diskussion über Effizienz folgte, mit Anregungen für fast alle Mitglieder: Die eigene Effizienz lässt sich beispielsweise erhöhen, wenn man einen Kooperationspartner gewinnt, der eigenverantwortlich mehrere Angebote an einer Schule plant und durchführt. Ein Beweis für Vertrauen und zugleich die Basis für einen Vertrauenszuwachs.

Auch Selbstvertrauen ist eine Form von Vertrauen. Die Steigerung des Vertrauens in das eigene Netzwerk ist eine Möglichkeit, Vertrauensbildung zu fördern. Die Arbeit am Markenkern des Netzwerks, die NIRO nach einer Phase stürmischen Mitgliederzuwachses vorgenommen hat, ist ein Beispiel für diese Form von Vertrauensbildung. Das Ergebnis zeigte sich in Selbstwahrnehmungen wie »Konkurrenz, das sind die anderen!«. Die Erfolge des Netzwerks zu feiern, ist eine weitere Form, Vertrauen im Netzwerk durch Vertrauen in das Netzwerk zu bilden.

5.4.3 Unterschiedlichkeit nach innen und außen entwickeln

Unterschiedlichkeit lässt sich zum einen intern differenzieren. Das geschieht, indem die Strukturen des Netzwerks sich auffächern oder verändert werden. In der *Ems-Achse* entwickelten sich aus dem Gründungsimpuls »Regionallobbying« zwei weitere Netzwerkschwerpunkte – Fachkräftesicherung und Vernetzung von Branchenkompetenzen –, die inzwischen eine große Bedeutung für das Netzwerk haben. Dies führte dazu, dass sich die große Unterschiedlichkeit des Netzwerks, die sich z.B. allein in der Anzahl der ca. 450 Mitglieder manifestierte, in komplexen Binnenstrukturen, beispielsweise mit Teilnetzwerken, ausgestaltete. Im *Netzwerk Nachhaltigkeit lernen in Frankfurt* wurde die Struktur der Jahresthemen in thematische Arbeitsgruppen überführt, um die Unterschiedlichkeit der Mitglieder besser nutzen zu können.

Unterschiedlichkeit lässt sich auch im Verhältnis des Netzwerks zu seiner Umgebung weiterentwickeln, z.B. indem Kooperationen mit externen Institutionen eingegangen werden – wie bei *job4u*, das mit Kommunen kooperiert, oder bei *NIRO*, das die Einkaufsgemeinschaften auch für Nichtmitglieder geöffnet hat.

5.4.4 Ziele – Kooperationen als einen Entwicklungsmaßstab etablieren

Die Weiterentwicklung eines Netzwerks zeigt sich vor allem darin, ob es neue Ziele für sich identifiziert, deren Verwirklichung für die Mitglieder attraktiv ist.

Da die Verwirklichung von Zielen oft mit der Nutzung der Organisationsform »Kooperation« einhergeht, zeigt sich Entwicklung in Netzwerken auch in der wachsenden Bedeutung von Kooperationen im Netzwerk. Diese können kleinteilig sein wie die Patenschaft zwischen einem neu hinzugekommenen Netzwerkmitglied und einem Mitglied, das das Netzwerk schon lange nutzt. Von einer solchen Patenschaft berichtet Detlef Peglow, Manager des *Netzwerks Ganztagskoordination*, aus eigener Erfahrung. Selbstverständlich fallen darunter aber alle möglichen verbindlich vereinbarten Formen von Zusammenarbeit, die in der Einführung beschrieben wurden.

! Wichtig

Kooperationen als Erfolgsindikator im Netzwerk zu etablieren, kann ein wichtiges Entwicklungsziel in Netzwerken sein.

In den Netzwerkporträts scheint noch ein weiteres Ziel auf, das in Netzwerken entwickelt werden kann: Spaß – im Sinne von Freude an der Zusammenarbeit und an den Ergebnissen, die erzielt werden, wenn es zwischen Kooperationspartnern »funkt«.

Finanzielle Unabhängigkeit ist ein wichtiges Entwicklungsziel. Dies trifft vor allem auf Netzwerke zu, die eine Startfinanzierung durch die öffentliche Hand erhalten haben. *NIRO* hat die Startförderung der Wirtschaftsförderung Unna inzwischen vollständig durch Mitgliedsbeiträge ersetzt. *job4u* finanziert sich durch Mitgliedsbeiträge und lässt sich Dienstleistungen wie die Organisation von Messen bezahlen. Zurzeit wird darüber verhandelt, ob einzelne Mitglieder, die von Vorhaben des Netzwerks in besonderer Weise profitieren, diesen Zusatznutzen extra honorieren sollen. Die Ems-Achse finanziert sich drittelparitätisch aus Mitgliedsbeiträgen, Mitteln, die die beteiligten Kommunen beisteuern, und Projektmitteln, die akquiriert werden.

5.4.5   Entwicklungen im Netzwerk ermöglichen

Netzwerkmanagerinnen bzw. -manager haben verschiedene Möglichkeiten, ein Netzwerk weiterzuentwickeln:

- In einem Netzwerk, das hohe Erwartungen an das Netzwerkmanagement richtet, was das Einbringen von Ideen, die Gestaltung von Strukturen und die Organisationsleitung betrifft, kann es sinnvoll sein, diese nicht zu erfüllen, sondern behutsam an die Mitglieder zurückzugeben. Damit übernimmt das Management Verantwortung für die Optimierung des Netzwerks. Es trägt dazu bei, dass das in den Mitgliedern repräsentierte Potenzial besser genutzt werden kann.
- In Netzwerken, die dazu neigen, die Grenzen zu schließen, nicht offen zu sein für neue Mitglieder, kann das Netzwerkmanagement sich als Anwalt der Offenheit des Netzwerks positionieren. Es trägt auf diese Weise dazu bei, das Innovationspotenzial des Netzwerks zu stärken. Bei der Aufnahme neuer Mitglieder kommt dem Netzwerkmanagement allerdings auch die Aufgabe zu, die Integrationskraft des Netzwerks realistisch einzuschätzen. Die Aufnahme neuer Mitglieder kann für die Weiterentwicklung eines Netzwerks nicht nutzbar gemacht werden, wenn diese nicht in die Austauschkultur des Netzwerks einbezogen werden können. Die Bildung einer oder mehrerer Kerngruppen, die durch starke Verbindungen untereinander signalisieren, dass sie unter sich bleiben wollen, kann ein Hinweis auf die Überforderung der Integrationskraft eines Netzwerks sein.
  Es kann auch gute untereinander abgestimmte Gründe geben, ein Netzwerk nicht auszuweiten. Im Netzwerk *job4u* war eine Erweiterung zu Beginn sinnvoll. In jedem Segment des Netzwerks — Schulen/Hochschulen, Unternehmen, Medien und arbeitsmarktbezogene Initiativen — wurden Mitglieder hinzugewonnen. Als in jedem Segment unterschiedliche Sichtweisen ausreichend repräsentiert waren, wurde die Wachstumsphase durch Übereinkunft zwischen allen Mitgliedern beendet.
- Neue Strukturen ziehen mitunter zusätzliche Bedürfnisse nach sich. Im Netzwerk *Nachhaltigkeit lernen* identifizierte die Netzwerkmanagerin den Wunsch nach Unterstützung von Mitgliedern, die Teilaufgaben des Netzwerkmanagements übernahmen, wie z.B. Moderation von Arbeitsgruppen. Als neue Anforderung an das Netzwerkmanagement entwickelte sich hieraus das Coaching.
- Netzwerke entwickeln spezifische Rollen, die das Potenzial des Netzwerks erweitern, wie z.B. Brückenbauer. Das Netzwerkmanagement kann diese Rolle fördern, indem es diese netzwerköffentlich würdigt. Das ermutigt andere, eine solche Rolle an anderer Stelle im Netzwerk zu übernehmen. Das Management kann Brückenbauern auch gezielt Aufgaben des Managements übertragen, z.B. bei der externen Vertretung des Netzwerks.

- Das Netzwerkmanagement kann Fehlentwicklungen im Netzwerk identifizieren, diese bewusst machen und Veränderungen anregen, z.B. dann, wenn Verbindungen zu Netzwerteilen fehlen und sich strukturelle Löcher gebildet habe, aber auch dann, wenn Verbindungen zwischen Netzwerteilen, etwa von zwei festen Arbeitsgruppen, zusätzlichen Nutzen erbringen könnten.
- Netzwerkentwicklung wird immer auch durch die Entwicklung des Kontakts zu Einzelnen bewirkt. Das Netzwerkmanagement ist hierbei besonders wirksam, wenn es den Kontakt zu Mitgliedern aktiv sucht, die weniger eingebunden zu sein scheinen.

Mit einem wachen Blick lassen sich vermutlich weitere Möglichkeiten zur Entwicklung eines Netzwerks identifizieren, das aus den Kinderkrankheiten herausgewachsen ist, sich also etablieren konnte.

5.5 Netzwerke revitalisieren

Wenn Netzwerkorganisationen vor sich hin dümpeln, sich selbst genügen oder nach einer produktiven Phase an Fahrt verlieren, kann das unterschiedliche Gründe haben. Oft ist auch ein Bündel von Ursachen der Grund dafür, dass es im Netzwerk nicht (mehr) so läuft wie geplant.

Die Grundmerkmale Tausch, Vertrauen, Unterschiedlichkeit und Ziele lassen sich auch als Analyseinstrumente nutzen, mit denen untersucht werden kann, warum es nicht (mehr) läuft. Aus der Rolle des Netzwerkmanagements und dem jeweiligen Netzwerkverständnis des Managements ergeben sich Interventionsmöglichkeiten, von denen einige hier exemplarisch vorgestellt werden.

Netzwerke können ins Dümpeln geraten, wenn die Richtung verloren geht. Das kann mehrere Gründe haben:
- Es herrscht Unklarheit über die Ziele, die im Netzwerk verfolgt werden. Treffen finden in einer eher selbstgenügsamen Atmosphäre statt: »Schön, sich mal wieder zu treffen.« Nach solchen Treffen fällt es den Teilnehmenden schwer zu sagen, was sie aus dem Netzwerktreffen für sich nutzen konnten.
- Es gibt zwar eine austauschorientierte Netzwerkkultur, diese ist aber nicht auf das Erreichen von Zielen ausgerichtet. Es fehlt z.B. die Bereitschaft, Impulse aufzunehmen und in verbindliche Kooperationen einzutreten. Das kann damit zusammenhängen, dass Mitglieder geringe Erwartungen an das Netzwerk stellen: Ungerichteter Austausch über die eigenen Tätigkeiten wird als ausreichend erlebt. Diese Mitglieder werden ein Netzwerktreffen zufrieden verlassen, weil sie das bekommen haben, was sie erwartet

haben. Das Netzwerkmanagement kann mehr Struktur (Arbeitsgruppen, feste Tagesordnungspunkte bei Treffen, in denen die Eigeninitiative herausgefordert wird) und eine intensivere Rückmeldungskultur vorschlagen. Wenn den Mitgliedern »Netzwerk light« reicht, werden diese Anregungen nicht aufgenommen werden.

- Ziele werden nicht im ganzen Netzwerk ausgehandelt, sondern von Teilgruppen informell verfolgt. Das Austauschpotenzial des Netzwerks wird nicht ausgeschöpft. Deshalb bleiben Erfolge aus, die Attraktivität des Netzwerks sinkt.
- Das Netzwerkmanagement wird als Garant der Zielerreichung erlebt und ist in dieser Rolle überfordert.

Ist die Unterschiedlichkeit groß genug, um inspirierenden Tausch zu ermöglichen? Sich unter Gleichen/Gleichgesinnten auszutauschen, ist langweilig. Vernetzungen von Gleichgesinnten starten oft enthusiastisch: Man kennt sich, verbindet hohe Erwartung mit der neuen Organisationsform »Netzwerk« und ist nach einigen Treffen ernüchtert: Es ist nett, aber folgenlos.

In diesem Fall hilft es, sich gemeinsam darüber zu verständigen, welche Institutionen und Personen das Netzwerk bereichern können, denen – und auch das sollte man klären – das Netzwerk umgekehrt etwas zu bieten hat.

Fehlende Unterschiedlichkeit kann auch ein Grund dafür sein, dass Netzwerke, die schon funktioniert haben, zu dümpeln beginnen. Dazu ein Beispiel:

Beispiel

In einem Netzwerk im Gesundheitsbereich arbeiteten Ehrenamtliche, Hauptamtliche und Behördenvertreter sehr produktiv und innovativ zusammen. Nach einiger Zeit geriet die Dynamik ins Stocken. Bei näherer Betrachtung stellte sich heraus, dass die Behördenvertreter nicht mehr die Zeit fanden, an Netzwerktreffen teilzunehmen. Sie hatten bis dahin über neueste Entwicklungen im Gesundheitswesen informiert. Gerade diese Informationen erwarteten die anderen Teilnehmer vom Netzwerk. Das Netzwerk konnte revitalisiert werden, indem der Behördenvertreterin die Bedeutung ihrer Anwesenheit vermittelt wurde und sie sich vor diesem Hintergrund wieder am Netzwerk beteiligte.

Manchmal entwickelt sich in Netzwerken kein Vertrauen. Eine Ursache kann Konkurrenz sein. Gerade wenn sie geleugnet und tabuisiert wird, wirkt sie wie Sand im Netzwerkgetriebe. Es mag aber auch sein, dass eine Reihe von Akteuren nur mit der Absicht einsteigt, mitzubekommen, was passiert, um von Entwicklungen, die die eigenen Institutionen, das eigene Unternehmen betreffen, nicht abgehängt zu werden. Sie beobachten: Was macht die Konkurrenz?

Wie bewegen sich wichtige Akteure auf dem Markt? Wer hat welche Vorteile? Anfällig hierfür sind Netzwerke, die öffentlich gefördert werden, z.B. im Bildungs- und Gesundheitsbereich. Hier weckt das Geld der öffentlichen Hand Begehrlichkeiten. Es kann sein, dass sich hier Mitglieder einfinden, die mehr an Geld und weniger an Mitwirkung interessiert sind.

Es kommt vor, dass Vertrauen sich zunächst entwickelt hat, dann aber vertrocknet ist. Dies zu erklären, ist meist ein schwieriges Unterfangen. Hilfreiche Fragen in diesem Zusammenhang sind:

- Wann begann die Vertrauensabnahme? Mit welchen Ereignissen bzw. individuellen Verhaltensweisen oder Netzwerkerfahrungen ist sie verbunden?
- Hat sich die Zusammensetzung des Netzwerks verändert? Haben sich besonders vertrauenswürdige Akteure zurückgezogen?
- Sind alle bereit und in der Lage, zwischen den Rollen »Geber« und »Nehmer« zu wechseln? Ein offener Umgang mit den beiden Netzwerkrollen kann das Netzwerk revitalisieren, z.B. eine Runde[83] dazu, was ins Netzwerk eingebracht wurde oder eingebracht werden könnte (!) und was man aus dem Netzwerk mitnehmen möchte. Manchmal präsentieren Netzwerkmitglieder ihre Kompetenz und ihre Erfolge so, als seien die anderen Mitglieder Kunden. Sie nutzen das Netzwerk zur Akquise. Die Mitglieder erleben das als Missbrauch. In diesem Fall hilft die Spielregel, dass Akquise im Netzwerk nicht gestattet ist.

Manchmal fehlen Austauschformate, die auf die Bedürfnisse der Teilnehmenden zugeschnitten sind: Kollegiale Beratungen können ein solches Format sein. Vordergründig scheint es so zu sein, dass sich dort Geben und Nehmen im Ungleichgewicht befinden: Einer bekommt, die anderen geben. Die Erfahrung zeigt, dass in der Regel alle profitieren, wenn jemand sich von Kollegen und Kolleginnen beraten lässt. Den Beratenen fällt es in der Regel leicht, Anregungen von Kolleginnen und Kollegen auf das eigene Feld zu übertragen. Oft ist auch das Feedback des Ratsuchenden für die Ratgeber von Bedeutung.

5.6 Netzwerktreffen gestalten

5.6.1 Der geeignete Rahmen

In Netzwerktreffen ist alles zu gestalten. Nichts ist selbstverständlich. In vielen Details verbergen sich Gestaltungsmöglichkeiten:

---

83 Mehr zum Moderationstool »Runde« finden Sie in Praxisteil 2 (Kap. 6.1.1).

- Die Wahl des Treffpunkts/des Veranstaltungsortes kann mit Signalen verbunden werden: Wenn man sich abwechselnd jeweils bei einem Mitglied trifft, bietet das die Möglichkeit, dieses bzw. das dazugehörige Unternehmen, die dazugehörige Institution näher kennenzulernen. Dies geschieht z.B. durch Input, Besichtigung oder durch Vorstellung eines typischen Ortes. Treffen bei Mitgliedern bieten für diese attraktive Möglichkeiten, sich dem ganzen Netzwerk zu zeigen. Treffen an besonderen Orten vermitteln Botschaften und bieten Anknüpfungspunkte für herausragende Gestaltungsmöglichkeiten, die neue Formen der Begegnung ermöglichen.
- Die Organisation des Empfangs der Mitglieder ist eine weitere Gestaltungsmöglichkeit: Wer begrüßt? Gibt es Namensschilder oder ist das nicht nötig, weil sich alle kennen? Gibt es Gelegenheit, außerhalb des Veranstaltungsraums zusammenzustehen oder zu sitzen? Nutzt man Sitzmöbel, die eher zu unveränderlichen Gruppen führen, oder Stehtische, die verschiedene Tischbesetzungen ermöglichen?
- Wie ist der Raum eingerichtet? Wie stehen die Tische? In Form eines Rechtecks oder in Form eine Quadrats? Werden überhaupt Tische genutzt, die bewusst oder unbewusst als Barriere oder Schutz wahrgenommen und genutzt werden und optisch auch diesen Eindruck hervorrufen, oder wird ein Stuhlkreis gestellt? Das bietet die Möglichkeit zu direktem visuellen Kontakt, signalisiert Offenheit und ermöglicht Beweglichkeit, ein Aufeinanderzugehen, z.B. bei der Bildung von Arbeitsgruppen – ungewohnt, aber mit Auswirkungen, die in jedem Umfeld anders sind.

5.6.2 Ereignisorientierte Moderation

Im Allgemeinen wird unter »Moderation« ein bestimmtes Vorgehen zur Steuerung von Arbeitsprozessen und Arbeitsgesprächen verstanden. Indem Moderation die Kommunikationsfähigkeit in Arbeitsgruppen erhöht, macht sie es möglich, ein gemeinsames Ziel zu erreichen.

Netzwerkmoderation ermöglicht Ereignisse: Sie trägt dazu bei, dass sich etwas ereignet, nämlich Beziehung, Tausch, Geben und Nehmen, die zu mehr individueller Kompetenz und Kooperation führen.

Netzwerkmoderation sorgt für Ausgleich und Transparenz in der Netzwerkökonomie.
Netzwerkmoderation hat das Geben und Nehmen im Netzwerk im Blick. Sie ist sensibel für strukturelle Ungleichheiten von Netzwerkmitgliedern, die Auswirkungen auf die Netzwerkökonomie haben können: z.B. erfahrene und weniger erfahrene Netzwerkmitglieder, umfassend attraktive Netzwerkmit-

glieder, deren Erfahrung, Know-how etc. im Netzwerk stark nachgefragt sind, und spezialisierte Netzwerkmitglieder, die eher selten Anlass haben, in Austauschbeziehungen mit anderen Mitgliedern zu treten, starke Beziehungen mit Neigung zu Kerngruppenbildung, die für den Austausch mit Mitgliedern ohne starke Beziehungen weniger offen sind.

Netzwerkmoderation spricht unausgewogene Netzwerkökonomie an und macht sie damit verhandelbar.

Netzwerkmoderation setzt Unterschiedlichkeit als Netzwerkproduktivkraft ein.

Sie achtet z.B. bei der Bildung von Arbeitsgruppen auf Unterschiedlichkeit der Teilnehmenden. Sie wird die Ergebnisse der Arbeitsgruppe so auswerten, dass den Teilnehmenden die Bedeutung der Gruppenzusammensetzung bewusst wird. So macht sie Unterschiedlichkeit als Produktivkraft erlebbar. Dies setzt das Überzeugtsein des Moderators/der Moderatorin vom Wert der Differenz für erfolgreiches Netzwerken voraus. Eine Moderation, die sich (insgeheim) eine homogene Gruppe wünscht, wird Unterschiedlichkeit als Produktivkraft nicht stimulieren können.

Netzwerkmoderation verbindet Form und Inhalt der Netzwerkarbeit miteinander.

In einem Regional-Marketing-Netzwerk finden die Netzwerktreffen immer bei unterschiedlichen Netzwerkmitgliedern statt. Der Gastgeber erhält jeweils Gelegenheit, das Besondere des Treffpunkts kurz vorzustellen. Danach erhält er Feedback durch die Netzwerkmitglieder. Diese Vorstellungen wirken meist unmittelbar, aber auch mittelbar mit zeitlicher Verzögerung in das Netzwerk hinein und stimulieren und aktivieren es.

Netzwerkmoderation gibt Anregungen zur Gestaltung der Netzwerkkultur.

Einige Anregungen zur Gestaltung einer Netzwerkkultur:
- Rituale zur Gestaltung von Treffen vorschlagen und ausprobieren, z.B. »Runde« zu Beginn jedes Netzwerktreffens, um Ideen, Themen und Anregungen für das Netzwerk zu sammeln, oder: »Kurze Frage – schnelle Antwort«, um das Know-how im Netzwerk effizient füreinander nutzbar zu machen
- Erfolge feiern und die Netzwerkmitglieder in die Organisation der Feiern einbeziehen

Netzwerkmoderation moderiert vertrauensbildend.

Es lohnt sich, eigenständige Kontakte unter den Mitgliedern zu fördern. Sie zahlen sich für das Netzwerk meist aus. Eine vertrauensbildende Netzwerkmoderation bezieht Gefühle in die Gestaltung von Dialogprozessen ein und nutzt diese, um zu tiefer greifenden Lösungen zu kommen.

Netzwerkmoderation ist »Anwalt« der Offenheit des Netzwerks.
Sie macht darauf aufmerksam, wenn Abgeschlossenheitswünsche die Kompetenz und die Erfolgsfähigkeit des Netzwerks beeinträchtigen. Umgekehrt respektiert die Moderation die Grenzen von Vielfalt, die sich in konkreten (Überforderungs-)Reaktionen von Netzwerkmitgliedern zeigen, bzw. macht diese verhandel- und damit veränderbar.

Netzwerkmoderation regt immer wieder Sowohl-als-auch-Sichtweisen an.
Widersprüchliche Situationen verführen zu einer Entweder-oder-Sichtweise und entsprechenden Entscheidungen. Moderation gestaltet Dialogprozesse mit einem integrierenden Sowohl-als-auch-Blick.

Eine Form der Netzwerkmoderation, die sich im *Netzwerk Ganztagskoordination* bewährt hat, ist die Einbeziehung von Netzwerkmitgliedern in die Vorbereitung von Netzwerktreffen. Dabei wird die externe Moderation bei der Vor- und Nachbereitung des Treffens durch ein Netzwerkmitglied unterstützt, das vom Netzwerk für diese Aufgabe legitimiert ist. Auf diese Weise werden Prozesskompetenz und Netzwerkbedarfe bestmöglich miteinander verknüpft.

5.7 Softwarebasiertes Wissens- und Austauschmanagement am Beispiel von NIRO-Wissen

In Netzwerken kommt häufig der Wunsch auf, die Kommunikation und das Wissensmanagement durch internetbasierte Software zu unterstützen. Im *Netzwerk Ganztagskoordination Hamburg* sind inzwischen, wie der Netzwerkmanager Detlef Peglow berichtet, drei verschiedene Systeme erprobt worden. Obwohl der Wunsch von diversen Mitgliedern in den letzten Jahren immer wieder geäußert wurde, ist bisher kein System angenommen worden. Eine Erklärung für diesen Widerspruch von Wünschen und realem Verhalten hat der Netzwerkmanager bisher nicht.

Anders die Erfahrungen bei *NIRO*. Dort wurde eine Software – *NIRO-Wissen* – zusammen mit den Mitgliedern und dem Netzwerkmanagement und einem Softwareunternehmen entwickelt und eingeführt.[84] Dieses System hat von

---

84 *NIRO-Wissen* ist unter dem Markennamen »Knodge« auch außerhalb von *NIRO* nutzbar. Weitere Informationen unter www.knodge.de.

Anfang an große Akzeptanz erfahren und trägt wesentlich zur Entlastung des Netzwerkmanagements bei.

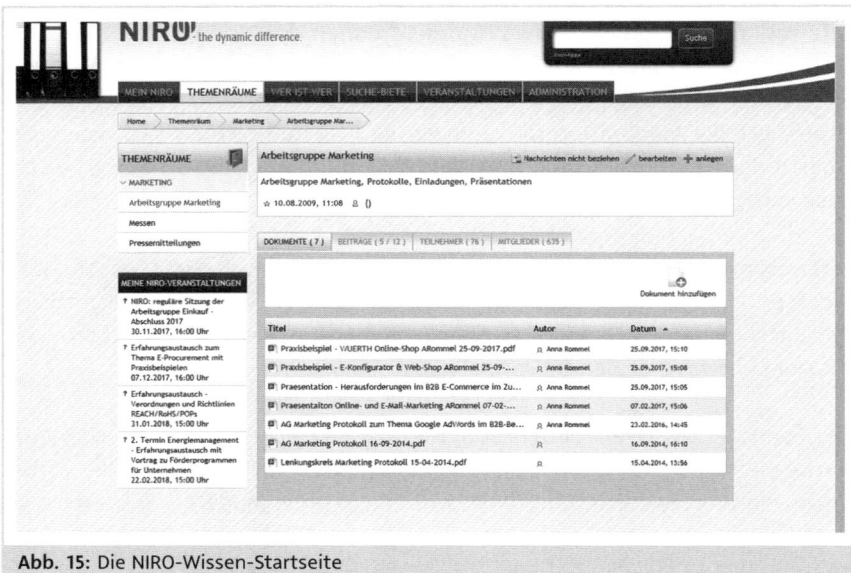

Abb. 15: Die NIRO-Wissen-Startseite

NIRO-Wissen ist im Aufbau übersichtlich und in der Handhabung einfach. Es zeichnet sich durch folgende Funktionen aus:

Mein NIRO: Hier besteht die Möglichkeit, personenbezogen Nutzerprofile auszufüllen, die mit einem Profil des Unternehmens verknüpft sind, dem ein Nutzer angehört. Das persönliche Profil enthält die Kontaktdaten und zwei Rubriken, die mit eigenen Texten gefüllt werden können. Die Bezeichnung dieser Rubriken wird in Abstimmung mit den Mitgliedern durch das Management vorgenommen.

Das Besondere der Nutzerprofile: Sie ergänzen automatisch die Aktivitäten und fügen sie dem Profil in einer zusätzlichen Rubrik hinzu. *NIRO-Wissen* würdigt auf diese Weise Mitwirkung im Netzwerk. Dadurch ergibt sich ein lebendiges aktivitätsbezogenes Netzwerkprofil. Aufgelistet werden nur die Aktivitäten des letzten halben Jahres – alte Lorbeeren verwelken also bei *NIRO-Wissen*.

Themenräume sind die inhaltliche Grundstruktur von *NIRO-Wissen*. In ihnen wird Austausch themenbezogen organisiert. Bei NIRO gibt es die Themenräume »Einkauf«, »Innovation«, »Personal« und »Marketing«. Diese sind jeweils weiter untergliedert.

Es gibt die Möglichkeit, zu jedem Themenraum Dokumente hochzuladen, Beiträge zu schreiben und aktuelle Teilnehmendenprofile wahrzunehmen. Mit einer speziellen Zitatfunktion kann auch auf Stellen in Beiträgen Bezug genommen werden, die weiter zurückliegen.

»Wer ist wer« ist eine Funktion, in der alle Mitglieder verzeichnet sind. Es ist auch möglich, Filter zu setzen, um Mitgliedgruppen, z. B. alle Einkäufer des Netzwerks, aufzulisten. Von den Listen gelangt man direkt zu einzelnen Profilen.

Die Suche-Biete-Funktion ermöglicht den direkten Austausch von Mitglied zu Mitglied. Der Austausch wird durch Kategorien, denen ein Suche- oder Biete-Angebot zugeordnet werden kann, erleichtert, z. B. Informationen/ Tipps, Maschinen, Fachleute, Rückmeldung. Über die Funktion »Rückmeldung« können Ideen in das Netzwerk online eingespeist werden, um aus der Resonanz auf die Wertigkeit der Idee Rückschlüsse ziehen zu können.

Veranstaltungen: Über diese Funktion wird zu Veranstaltungen/Treffen eingeladen. Netzwerkmitglieder schlagen dem Management Veranstaltungsthemen vor, die evtl. auch schon komplett mit Ort, Termin, Zeit und Ablauf geplant sind. Das Management stellt diese bei *NIRO-Wissen* ein. Nur das Management ist berechtigt, *NIRO*-Veranstaltungen auf *NIRO-Wissen* einzustellen. Die Verwaltung einer internen Veranstaltung erledigt *NIRO-Wissen* eigenständig: Das System verschickt Einladungen an alle Mitglieder. Es führt die Teilnehmerliste transparent, d. h. jedes Mitglied kann jederzeit erkennen, wer für eine Veranstaltung angemeldet ist. Auf diese Weise trägt *NIRO-Wissen* mit dazu bei, dass zu einer Veranstaltung die »richtigen« Netzwerkmitglieder zusammenkommen. Die Erfahrung zeigt, dass die Teilnahme von Mitgliedern andere motiviert, ebenfalls mitzuwirken.

Hinweise auf externe Veranstaltungen, die entsprechend gekennzeichnet sind, kann jedes Mitglied einstellen. Hierbei handelt es sich jedoch lediglich um eine Information. Für externe Veranstaltungen anmelden kann man sich über *NIRO-Wissen* allerdings nicht.

Activity-Line: *NIRO-Wissen* generiert automatisch regelmäßig (jeden Mittwoch um 9 Uhr) eine Activity-Line in Form eines Newsletters. Darin sind alle Aktivitäten gelistet, die seit dem letzten Newsletter vor einer Woche durch Netzwerkmitglieder und das Management vorgenommen wurden. Die Activity-Line ist nach den *NIRO-Wissen*-Kategorien und den *NIRO-Wissen*-Funktionen gegliedert, die genutzt werden, z. B.: Einkauf, Personal, Veranstaltungen, Suche/ Biete, Mitglieder etc. Mit der Activity-Line erhalten alle Netzwerkmitglieder einen Überblick über aktuelle Netzwerkaktivitäten in kompakter, übersichtlicher Form. Der Newsletter ist ein Indikator für die Produktivität des Netzwerks. Diese zeigt sich z. B. auch darin, dass ca. ein Drittel der über 500 *NIRO-Wissen*-User aus ca. 65 Unternehmen den Newsletter innerhalb des Vormittags nach Versand aufrufen – und das schon über Jahre.

wissen@ni-ro.de
Wed, 31 May 2017 06:32:58 +0100
To: Anna Rommel
Reply-To: wissen@ni-ro.de
NIRO-Wissen-Newsletter vom 31-May-2017

NIRO-WISSEN-NEWSLETTER | 31.05.2017

NIRO - the dynamic difference

Sehr geehrte(r) Anna Rommel,

der NIRO-Wissen-Newsletter liefert Ihnen wöchentlich Informationen über neue Dokumente, Kommentare und Beiträge, über neue Teilnehmer und Änderungen bereits eingetragener Teilnehmerprofile.

 THEMENRAUM EINKAUF

NEUE DOKUMENTE

> GABELSTAPLER - GERÄTE UND SERVICE
Infoblatt zum Rahmenvertrag Gabelstapler - Jungheinrich - neuer Ansprechpartner LRiewe 29-05-2017.pdf

> AG EINKAUF
UEbersicht der Verhandlungsgruppenteilnehmer 24052017 LRiewe 24-05-2017.pdf

> STROM
Kundenloesungen von E.ON (4) LED-Beleuchtung LRiewe 24-05-2017.pdf

> ELEKTRO-KABEL-LEITUNGEN
Infoblatt zum Rahmenvertrag Elektromaterial - Dressel EGU LRiewe 29-05-2017.pdf

 THEMENRAUM INNOVATION

NEUE DOKUMENTE

> PRODUKTENTWICKLUNG > ARBEITSGRUPPE PRODUKTENTWICKLUNG
Vortrag Entwicklung eines strategischen Portfolios - Szenarien ueber Strategien zu Produktion und Technologien ARommel 29-05-2017.pdf

NEUE BEITRÄGE

> FÖRDERPROGRAMME
Förderung für KMUs von Industrie 4.0-Pilotanwendungen
Anna Rommel | 29.05.2017 13:47

NIRO-VERANSTALTUNGEN

Abb. 16: Die Activity-Line von NIRO-Wissen in Form eines Newsletter-Ausschnitts (ca. ein Drittel des Newsletters)

Rechtezuweisung: *NIRO-Wissen* bietet die Möglichkeit, allen Mitgliedern individuell Rechte zuzuweisen. Das ist wichtig, damit *NIRO-Wissen* in Teilgruppen genutzt werden kann, um sensibles unternehmensbezogenes Wissen untereinander in einem geschützten Rahmen auszutauschen. Andererseits dient die Rechtezuweisung auch der Entlastung: Ich werde als Mitglied nur über die Themen informiert, zu denen ich die Rechte habe. Als Einkäufer werde ich also nicht mit Informationen aus dem Personal- oder Marketingbereich belastet.

Zusammengefasst:
- *NIRO*-Wissen ist das Gedächtnis des Netzwerks. Die Themenräume und deren Untergliederungen ermöglichen eine systematische Zuordnung aller Dokumente und Beiträge. Das erleichtert die gezielte Suche, die überdies auch durch eine Volltext-Suchfunktion unterstützt wird.
- NIRO-Wissen ist ereignisorientiert:
  - Die mit den Aktivitäten wachsenden Nutzerprofile motivieren dazu, sich einzubringen.
  - Jede Anmeldung wird im Newsletter vermerkt. Das schafft eine Vielzahl von Anreizen, sich anzumelden.
  - Direkter Austausch zwischen den Teilnehmenden wird durch die Suche-Biete-Funktion und die Beitragsfunktion angeregt.
  - Es bietet Räume für Kontakt und Zusammenarbeit vor und nach Face-to-Face-Treffen.
- NIRO-Wissen entlastet das Netzwerkmanagement dadurch, dass Informations- und Organisationsaufgaben wie z.B. das Veranstaltungsmanagement automatisiert sind.

Was ist bei der Einführung und Nutzung einer Software wie NIRO-Wissen zu beachten?
Diese Frage beantwortet Anna Rommel in einem Interview aufgrund der Erfahrungen, die sie als Interimsmanagerin und vorher als Verantwortliche für *NIRO-Wissen* gemacht hat, sehr differenziert:

Dieter Bensmann: Was war wichtig bei der Entwicklung der Software?
Anna Rommel: Die Einbeziehung der Mitglieder. Dazu gab es mit den Mitgliedern zu Beginn einen Workshop, in dem Fragen geklärt wurden wie: Welche Funktionen werden benötigt? Was soll das System können? Wie soll der Austausch erfolgen? Auch die Frage, wie der Newsletter gestaltet sein soll, Angaben zum Profil, Regelung der Zugriffsrechte etc. wurden bearbeitet. Die Arbeitsergebnisse waren die Grundlage für die Beauftragung der Softwareprogrammierung.

Dieter Bensmann: Was ist bei der Einführung einer solchen Software zu beachten?

Anna Rommel: Die Kommunikation des Nutzers in das Netzwerk hinein: Wie wird die Software gehandhabt? Welchen Aufwand verursacht sie? Was bringt die Software für die Netzwerkmitglieder? Diese Fragen waren in der Einführungsphase ständig präsent und wurden mitgliedsbezogen beantwortet. Immer wieder haben wir Best-Practice-Beispiele präsentiert. Wir haben in der Einführungszeit auch Unternehmen besucht, um *NIRO-Wissen* in Inhouse-Schulungen vorzustellen. Außerdem haben wir unternehmensübergreifende Schulungen zu *NIRO-Wissen* durchgeführt, an denen möglichst alle Personen aus einem Unternehmen, die *NIRO-Wissen* nutzen sollen, teilgenommen haben. Zusätzlich wurde auf jeder Veranstaltung auf *NIRO-Wissen* eingegangen und darauf hingewiesen, dass alle Dokumente nur noch im *NIRO-Wissen* zu finden sind. Des Öfteren wurde auch *NIRO-Wissen* zu Beginn von Veranstaltungen live gezeigt und die Funktionen kurz erläutert. Auch bei Mitgliederversammlungen wurde in den ersten Jahren immer wieder auf *NIRO-Wissen* hingewiesen und dargestellt, welchen Nutzen *NIRO-Wissen* hat.

Dieter Bensmann: Welche Erfahrungen hat das Management im Laufe der Jahre mit NIRO-Wissen gemacht?

Anna Rommel: Wenn man möchte, dass so ein System funktioniert, dann müssen zu Beginn – bei NIRO waren es die ersten drei Jahre – unterschiedliche »Werbekationen« für die Nutzung gemacht werden. Die Mitglieder mussten dahin gehend »erzogen« werden, dass sie ihre Informationen wie Rahmenverträge, Preislisten, Protokolle etc. bei *NIRO-Wissen* finden. Das *NIRO*-Management hat bewusst keine Informationen per E-Mail verschickt, sondern – wenn überhaupt – nur den Hinweis, dass alle Dokumenten im *NIRO-Wissen* abgelegt sind.

Dieter Bensmann: Worin bestand die Entlastung für das Netzwerkmanagement?

Anna Rommel: Zum einen erleichtert *NIRO-Wissen* den Versand der vielen Informationen an viele Personen, ohne dabei jemanden zu vergessen, und zwar jeweils passgenau: *NIRO-Wissen* sorgt dafür, dass Informationen für die Einkäufer ganz einfach nur an diese zu versenden sind. Ganz wichtig für die Entlastung des *NIRO*-Managements war das Modul »Veranstaltungsmanagement«. Es erlaubt die einfache Zuordnung von Gruppen durch nur einen Klick. Alle Veranstaltungen werden durch die Software einfach und transparent verwaltet, z. B. Einarbeitung von Zu- und Absagen, Erstellen von Teilnehmerlisten und Erinnerungsmails.

Dieter Bensmann: Gab es auch Stolpersteine?

Anna Rommel: Zu Beginn hatte das System noch viele Programmierfehler bzw. es funktionierte nicht so, wie es gewünscht war – es gab gewisse Kinderkrankheiten. Letztendlich gab es diese mit jeder Funktionserweiterung/mit jedem neuen Modul. Die Akzeptanz im *NIRO*-Mitgliederkreis ist aus meiner Sicht kein Stolperstein. Wir waren uns darüber im Klaren, dass es unsere Aufgabe im Netzwerkmanagement ist, die Mitglieder an die Nutzung heranzuführen und sie vom Nutzen durch die Praxis zu überzeugen. Dazu haben wir uns sehr viele Gedanken gemacht. Es sind uns auch viele Möglichkeiten eingefallen, wir haben viele Aktionen durchgeführt, um der anfänglichen Skepsis entgegenzuwirken. Letztendlich konnten wir aber nur erfolgreich sein, weil die Mitglieder die Software selbst wollten und sie mit geplant hatten.

Dieter Bensmann: Gab es Weiterentwicklungen der Software? Worin bestanden die? Was waren Anlässe für Weiterentwicklungen?
Anna Rommel: Die erste Weiterentwicklung war das Modul »Veranstaltungskalender«. Durch dieses wurde der administrative Aufwand für das *NIRO*-Management verringert und gleichzeitig mehr Transparenz erreicht. Auf Wunsch der Mitglieder wurde das Modul »Veranstaltung« um die Funktionen »Weiterbildung« und »Partnerveranstaltungen« erweitert. Auch die Mitglieder bekamen auf diese Weise die Gelegenheit, auf ihre Termine hinzuweisen – diese werden jedoch nur im Newsletter aufgenommen, nicht per E-Mail an User verschickt. Eine praktische Erweiterung des Veranstaltungsmoduls war die Funktion »Übernahme in Outlook«. Die bisher letzte Verbesserung dieses Moduls ist die Funktion »Informationen zu Veranstaltungen und Teilnehmerliste als PDF herunterladen«. Das Modul »Suche/Biete« war in der Startversion von *NIRO-Wissen* ebenfalls nicht vorhanden. Es wurde später auf Wunsch von Mitgliedern ergänzt.

Dieter Bensmann: Was ist Ihre Zwischenbilanz zur Einführung und Nutzung von NIRO-Wissen?
Anna Rommel: Unsere Erfahrung ist: Bevor eine Software ein Netzwerk sinnvoll entlastet, braucht es eine intensive Einführungsphase. Danach entlastet die Software das Netzwerkmanagement und unterstützt den Informationsfluss und den Austausch unter den Mitgliedern.

Wichtig

Ein Netzwerk zu managen ist eine komplexe Aufgabe, die Aufmerksamkeit den Netzwerkmitgliedern gegenüber und Beweglichkeit in der Gestaltung der eigenen Rolle erfordert. Drei Haltungen und Handlungen beschreiben zusammengefasst erfolgreiche Manager bzw. Managerinnen von Netzwerken:

- Selbstlosigkeit statt Selbstgefälligkeit
- selbst geben und nehmen
- führen, ohne anzuweisen

6 Praxisteil 2: Methodisches Know-how für das Netzwerkmanagement

Der zweite Praxisteil richtet sich an Netzwerkmanagerinnen und -manager. Er ist in vier Abschnitte gegliedert:

- Unter 6.1 sind mehrere Tools zu finden, die sich bei der Moderation von Netzwerktreffen bewährt haben.
- Unter 6.2 finden sich zwei Tools zur Selbstevaluation von Netzwerken.
- Unter 6.3 finden sich drei Kreativitätstechniken, die sich in Netzwerken bewährt haben.
- Unter 6.4 findet sich ein Tool zur Selbsterforschung der eigenen Kompetenz als Netzwerkmanager bzw. -managerin und ein Hinweis auf einen Test zum selben Thema.

6.1 Bewährte Netzwerk-Moderationstools

Die nachfolgend beschriebenen Tools haben sich in der Praxis mehrfach als nützlich erwiesen. Sie werden so ausführlich beschrieben, dass sie von erfahrenen Moderatoren und Moderatorinnen genutzt werden können.

6.1.1 Runde[85]

Ausgangssituation
MöglicheAusgangssituationen:

- Im Netzwerk dominieren Meinungsmacher und Vielredner.
- Es ist unklar: Was beschäftigt die Gruppe im Moment? Welche Themen sind für die Gruppe wichtig?
- In der prozessorientierten Arbeit führen unvorhergesehene Entwicklungen zu der Frage: Wie machen wir nun weiter?

Ziel
Ziel ist es,

- in einer Gruppe ein umfassendes, aussagekräftiges Bild zu einer konkreten Fragestellung zu bekommen,

---

85 »Runde«, »Soziometrie« und »Intensivaustausch« sind Tools, die der Autor für die Online-Toolbox der *traintool consult GmbH* beschrieben hat. Siehe Anmerkung 54.

- die Themen, Aussagen und Positionen von Meinungsmachern in einer Gruppe durch andere Aussagen zu relativieren,
- Entscheidungen über die Weiterarbeit so vorzubereiten, dass sie nachvollziehbar an den Interessen der Gesamtgruppe ausgerichtet sind.

Dauer
Eine Runde dauert je nach Gruppengröße und Vorgabe zwischen 5 und 45 Minuten, mitunter noch länger.

Vorgehensweise
Die Leitung gibt eine klare Fragestellung und die Spielregeln für die Runde vor, z. B.:
- »Wir haben uns nun schon 20 Minuten zum Thema ›Vom Chef zum Coach‹ ausgetauscht. Dabei haben einige sehr ausführlich und mehrfach ihre Position dargelegt, andere nur kurz, andere noch gar nicht. Ich schlage eine Runde vor zur Frage: Woran erkenne ich, dass ich als Chef in der Coachrolle bin? Bitte antworten Sie mit einem Satz, einem Beispiel!«
- »Ich habe den Eindruck, es ist im Moment nicht klar, wie wir weitermachen sollten. Ich schlage Ihnen vor, eine Runde zu machen zur Frage: Wie möchte ich jetzt weitermachen? Welches Thema ist mir im Moment am wichtigsten?«

! **Wichtig**

Die Wirksamkeit der Runde steht und fällt mit der Vorgabe und der Einhaltung orientierender und begrenzender Vorgaben: z. B. ein Satz, zwei Minuten. Eine konzentrierende, orientierende Wirkung durch die Methode »Runde« tritt nur ein, wenn die Leitung für eine konsequente, aber nicht kleinkarierte Beachtung der Regeln sorgt.

Auswertung
Konsequenzen aus der Runde kann die Leitung als Strukturierungsangebot für die Gruppe formulieren: »Ich habe den Eindruck, das Thema ›Umgang mit fehlender sozialer Kompetenz im Team‹ ist für den überwiegenden Teil der Gruppe im Moment vordringlich. Ich habe sehr wohl wahrgenommen, dass auch das Thema ›Unterschiedliche Fachkompetenz im Team‹ noch zu klären ist. Ich schlage Ihnen vor, ... – sind Sie damit einverstanden?«

Die Leitung kann Konsequenzen auch durch die Gruppe erarbeiten lassen: »Wie deuten Sie das Ergebnis der Runde? Was folgt daraus für die Weiterarbeit?«

Erfahrungen/Bemerkungen

Die Runde ist ein einfaches, aber sehr wirksames Instrument zur (Neu-)Orientierung und Konzentration (auch im Sinne von »Zwischenbilanz/Fazit ziehen«) in einer Gruppe, wenn

- die Runde so geleitet wird, dass alle ermutigt werden sich zu äußern, ohne dass Äußerungszwang aufgebaut wird,
- die Vorgaben zum Thema, zur Form und zur Zeit eingehalten werden und
- der Aufwand an Zeit und Konzentration in angemessenem Verhältnis zum Nutzen in Form von Meinungsvielfalt, Orientierung und Entscheidungsfähigkeit in der Gruppe steht.

Da die Methode sehr viel Konzentration verlangt, sollte sie nur in »besonderen« Situationen eingesetzt werden.

6.1.2 Soziometrie – Positionierung im Raum

Ausgangssituation

Es geht darum, die Position aller Teilnehmenden auf einen Blick ohne lange Erklärungen sichtbar zu machen.

Ziel

Ziel ist es, die Netzwerkmitglieder einzuladen, sich mit ihrer Position zu zeigen und gleichzeitig die Position aller anderen wahrzunehmen.

Dauer

Die Positionierung selbst dauert nur wenige Minuten. Die Gesamtdauer hängt davon ab, wie viele Personen eingeladen werden, ihre Position zu erläutern.

Vorgehensweise

Von der Moderation wird eine Aussage vorgegeben. Im *Netzwerk Ganztagskoordination* war das z.B.:

Mit dem Caterer in unserer	ja	nein
Mensa bin ich zufrieden:		

Die Positionen »Ja« und »Nein« liegen im Raum weit auseinander, bei Gruppen mit mehr als 20 Personen mindestens zehn Meter. Sie können z.B. durch zwei Stühle markiert werden. Alle Beteiligten werden eingeladen, sich zur Aussage zu positionieren: Wenn man mit allem sehr zufrieden ist, was der Caterer anbietet und wie er organisiert ist, dann stellt man sich zu »Ja«, also 100% zufrieden. In der Realität kommt das bei vielen Aussagen kaum vor, genauso wie das Gegenteil, eine Positionierung bei »Nein«, also 0% Zufriedenheit im Beispiel.

Der/Die Moderierende kann mehrere Personen nach der Begründung ihrer Position fragen. Wenn dabei die Begründungen aus dem ganzen Spektrum der Positionierungen abgefragt werden, erhalten alle Teilnehmenden einen informativen Überblick über die Positionen zu dieser Aussage im Netzwerk. Alle Teilnehmenden erfahren dann beispielsweise, dass jemand sich bei 40% positioniert hat, weil das Essen in der Regel gut ist, aber die Organisation der Essensausgabe und die Sauberkeit sehr zu wünschen übrig lassen.

> **! Wichtig**
>
> In der Regel ruft diese Methode sehr viel Unruhe hervor. Mitunter ist es für Teilnehmende aufregend, sich zu positionieren, sich zu offenbaren, gerade dann, wenn die eigene Position nicht im Pulk der meisten verortet ist, sondern bei einem Extrem, das von anderen nicht gewählt wurde. Manchmal führt auch ein überraschender Gesamteindruck zu einer Vielzahl von spontanen Gesprächen. Es kommt auch vor, dass erst beim Positionieren die Tragweite der Aussage vollständig wahrgenommen wird. Es ist wichtig, den Teilnehmenden Zeit zu geben, die eigene Position zu finden, und erst dann, wenn Ruhe eingekehrt ist oder um diese gebeten wurde, mit den Befragungen fortzufahren.

Auswertung
Neben den Begründungen der eigenen Position können die Teilnehmenden auch nach der Deutung des Gesamtbildes gefragt werden.

Erfahrungen/Bemerkungen
Die Methode ist hervorragend geeignet, um auf die Bearbeitung eines Themas einzustimmen. Sie wirkt in das ganze System, ohne dass es unbedingt einer detaillierten Bearbeitung der Ergebnisse bedarf. In Netzwerken bietet sie eine Fülle von Anknüpfungspunkten für Austausch untereinander.

6.1.3 Sie fragen – Sie antworten/Kurze Frage – schnelle Antwort

In einzelnen Netzwerken hat sich bei Face-to-Face-Treffen der Tagesordnungspunkt »Kurze Frage – schnelle Antwort« bewährt. Hier ist Gelegenheit, Fragen zu stellen, die durch Tipps, Hinweise, Kontakte, also kurz zu beantworten sind. Diese Methode stellt die Kompetenz des ganzen Netzwerks in kurzer Zeit oft nicht nur dem/der Fragenden zur Verfügung. Die Methode hat sich auch als vertrauensbildend bewährt, wenn nach vertraulichen Informationen gefragt wird und diese gegeben werden.

Ausgangssituation

Es geht darum, für schnell zu beantwortende Fragen die Kompetenz und die Erfahrung des ganzen Netzwerks zu nutzen.

Ziel

Ziel ist es, dem Fragesteller/der Fragestellerin das ganze Netzwerk als potenzielle Antwortgeber zur Verfügung zu stellen.

Dauer

Die Dauer ist abhängig vom aktuellen Bedarf einzelner Teilnehmenden. Im *Netzwerk Ganztagskoordination* nahm dieser Punkt bei einem dreistündigen Treffen in der Regel 5 bis 15 Minuten in Anspruch, mitunter dauerte er aber auch bis zu 30 Minuten.

Vorgehensweise

Der Punkt wird als Tagesordnungspunkt aufgerufen. Der Tagesordnungspunkt dient vordergründig dazu, dem Fragenden Antworten zu vermitteln. In der Realität nützen die Antworten meist auch Netzwerkmitgliedern, die nicht gefragt haben.

Achtung　　　　　　　　　　　　　　　　　　　　　　　　　　　　　**!**

Der/Die Moderierende hat darauf zu achten, dass Antworten nicht zu Diskussionen führen. Diese Gefahr besteht insbesondere dann, wenn sich Antworten unterscheiden oder sogar widersprechen. Wenn Diskussionsbedarf entsteht, sollte dieser durch die Moderation festgestellt werden. Der Diskussion ist dann ein geeigneter Ort zuzuweisen, z. B. eine Arbeitsgruppe. Die Methode lebt von der kompakten Informationsvermittlung. Dabei können die Informationen mitunter auch einen gewissen Umfang haben.

Auswertung

Der/Die Moderierende befragt jeden Fragestellenden zur Nützlichkeit der Antworten, die er/sie bekommen hat.

Erfahrungen/Bemerkungen

Je nachdem, welche Informationen erfragt und gegeben werden, kann die Methode auch eine intensive Form des Gebens und Nehmens, also von Tausch sein. In einem Netzwerk von Supervisoren und Supervisorinnen wurde die Information, dass man sich bei einer Ausschreibung der Agentur für Arbeit beworben, diese aber nicht gewonnen habe, verbunden mit der Frage, ob jemand aus dem Kreis den Auftrag erhalten habe und zu welchen Konditionen. Beide Fragen wurden beantwortet. Diese Form von Frage und Antwort und die Inhalte, die getauscht wurden, waren stark vertrauensbildend.

6.1.4 Intensivaustausch zu mehreren Themen

Ausgangssituation
Es geht darum, verschiedene Aspekte eines übergeordneten Themas durch alle Mitglieder eines Netzwerks bearbeiten zu lassen, um die Arbeitsergebnisse für die Weiterentwicklung des Themas nutzen zu können.

Ziel
Ziel ist es,

- sich der Sichtweise, der Erfahrungsschätze und der visionären Kompetenzen aller Netzwerkmitglieder bedienen zu können und diese für das Netzwerk und seine Mitglieder nutzbar zu machen.
- verschiedene Aspekte eines Themas, die miteinander verzahnt sind, gleichzeitig zu bearbeiten.
- die Mitglieder die Komplexität des Gesamtthemas durch die Beschäftigung mit mehreren Teilthemen erleben zu lassen.

Dauer
Der Intensivaustausch dauert zwischen zwei und drei Stunden, je nach Länge der Arbeitsgruppenphasen.

Vorgehensweise
Der/Die Moderierende stellt die Themen und die Arbeitsaufträge vor. Alle Teilnehmenden ordnen sich einem Thema zu. An jedem Tisch stehen nur ein oder zwei Stühle mehr, als sich rechnerisch ergibt, wenn die Anzahl der Teilnehmenden durch die Themen geteilt wird. Das sorgt für eine gleichmäßige Verteilung der Teilnehmenden auf die Themen. Wenn die Stühle eines Thementisches besetzt sind, ist die Arbeitsgruppe vollständig. In der ersten Austauschphase können die Themen auch ausgelost werden. In diesem Fall findet zunächst die Gruppenbildung statt. Dann verteilt der/die Moderierende die Arbeitsaufträge nach dem Zufallsprinzip.

Für jedes Thema wird ein Tisch eingerichtet. Auf den Tischen liegen die Arbeitsaufträge und Arbeitsblätter zur Dokumentation aus. Jede Arbeitsgruppe dokumentiert ihre Ergebnisse schriftlich, zum einen damit die nächste Arbeitsgruppe damit weiterarbeiten kann, zum anderen aber auch deshalb, damit die Ergebnisse aller Austauschgruppen für die Weiterbearbeitung im Netzwerk gesichert sind. Nach jeder Austauschphase gibt es Gelegenheit für Statements aus jeder Arbeitsgruppe. Diese sollten sich auf die Arbeitsweise beziehen (»Wie wurde zusammengearbeitet?«) und ein besonderes Ergebnis benennen, das andere auf die Bearbeitung dieses Themas neugierig macht. Bei den Statements wird ausdrücklich nach Einzelwahrnehmungen und nicht nach Gruppenergebnissen gefragt. Nach der letzten Austauschphase werden alle Arbeitsergebnisse z.B. an das Netzwerkmanagement übergeben.

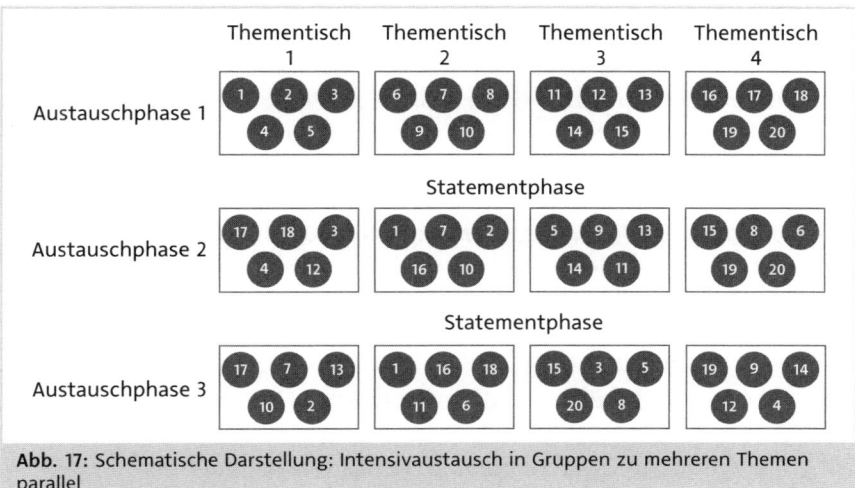

Abb. 17: Schematische Darstellung: Intensivaustausch in Gruppen zu mehreren Themen parallel

Material
Arbeitsaufträge liegen für jedes Thema und für jedes Gruppenmitglied auf jedem Thementisch. Auf jedem Thementisch liegen drei themenbezogene Arbeitsblätter zur Dokumentation der Ergebnisse: für jede Austauschphase eines. Dort sind auch die Namen der jeweiligen Austauschgruppenbesetzungen einzutragen, damit später gegebenenfalls Fragen zu Ergebnissen gestellt werden können.

Achtung   **!**

In den Statementphasen besteht die Gefahr, dass einzelne Ideen diskutiert werden. Hier ist die Moderation gefragt: Sie kann z.B. darauf hinweisen, dass in der nächsten Austauschphase Gelegenheit zur Diskussion und Weiterentwicklung besteht.

Auswertung
Die Auswertung der Ergebnisse des Intensivaustauschs erfolgt durch das Netzwerkmanagement oder eine vom Netzwerk autorisierte Gruppe im Anschluss an das Intensivsetting.

Erfahrungen/Bemerkungen
Die Methode ist sehr gut einsetzbar in einer Kick-off-Veranstaltung, um das Potenzial des Netzwerks themenbezogen sichtbar zu machen. Im Projekt »Unternehmens-Netzwerk Inklusion« wurde diese Methode bei der Kick-off-Veranstaltung genutzt, um sich in Stehtischgruppen zu den Projektschwer-

punktthemen »Ausbildung«, »Inklusive Führung«, »Vernetzung« und »Zentrale Ansprechpartner« auszutauschen.

Dieses Setting eignet sich aber auch, um eine inhaltlich orientierte Zwischenbilanz zu ziehen. In dieser Anwendung kann sie neuen Ideenschwung in ein Netzwerk bringen. Im *Netzwerk Ganztagskoordination* wurde das Format verwendet, um sechs Jahre nach der Gründung des Netzwerks Qualitätskriterien für die Ganztagschulgestaltung zu entwickeln. Austauschgruppen gab es u.a. zu den Themen »Raum«, »Regeln einhalten«, »Angebote«, »Mittagessen«, »Fördern/individuelle Lernzeiten«, »Inklusion« und »Partizipation«. Aufgrund der Themenvielfalt also ein noch komplexeres Setting als im Projekt »Unternehmens-Netzwerk Inklusion«, das sich ebenfalls bestens bewährte.

6.2 Tools zur Selbstevaluation von Netzwerken

6.2.1 Fragebogen Zwischenbilanz »Unser Netzwerk«

1. Ich bin Mitglied in diesem Netzwerk, weil

   . . . .
   . . . .
   . . . .
   . . . .

2. Ich bringe folgende wesentliche Beiträge in dieses Netzwerk ein:

   . . . .
   . . . .
   . . . .
   . . . .

3. Gern (zurück-)erhalten würde ich aus diesem Netzwerk:

   . . . .
   . . . .
   . . . .
   . . . .

4. Unser größter Erfolg im Netzwerk bisher:

   . . . .
   . . . .
   . . . .
   . . . .

5. Bezeichnung der Netzwerkeinheit, in der ich am aktivsten bin:

   . . . .

Inwieweit stimmen Sie, bezogen auf Ihr Netzwerk, den folgenden Aussagen zu?

Bitte markieren Sie Ihre Einschätzung mit einem Kreuz auf der Skala – je ausgeprägter Ihre Zustimmung, desto weiter rechts markieren Sie bitte:

6. Ich bringe eigene Impulse, Innovationen und Aktivitäten in das Netzwerk ein und verfolge und unterstütze die Impulse, Innovationen und Aktivitäten anderer Netzwerkmitglieder.

≤ . . . . ≥

   stimmt nicht   stimmt genau

Ich habe mein Kreuz an der bezeichneten Stelle gesetzt, weil

. . . .

. . . .

. . . .

7. Wir verfolgen klare gemeinsame Ziele.

≤ . . . . ≥

   stimmt nicht   stimmt genau

Ich habe mein Kreuz an der bezeichneten Stelle gesetzt, weil

. . . .

. . . .

. . . .

8. Wir haben uns nützliche Regeln und Strukturen zur Optimierung unserer Zusammenarbeit gegeben, halten uns an diese und passen sie bei Bedarf an veränderte Bedingungen an.

≤ . . . . ≥

   stimmt nicht   stimmt genau

Ich habe mein Kreuz an der bezeichneten Stelle gesetzt, weil

. . . .

. . . .

. . . .

9. Die Konkurrenz in unserem Netzwerk

≤ . . . . ≥

   behindert den Austausch   belebt den Austausch

Ich habe mein Kreuz an der bezeichneten Stelle gesetzt, weil

. . . .

. . . .

. . . .

10. Gute Zusammenarbeit im Netzwerk basiert auf persönlichem Vertrauen.

≤ . . . . ≥

stimmt nicht   stimmt genau

Ich habe mein Kreuz an der bezeichneten Stelle gesetzt, weil

. . . .
. . . .
. . . .

11. In unserem Netzwerk fällt es mir

schwer   leicht

vertrauensvoll zusammenzuarbeiten, weil

. . . .
. . . .
. . . .

12. Insgesamt ist mein Einsatz-Ertrags-Verhältnis in diesem Netzwerk ...

≤ . . . . ausgeglichen . . . . ≥

wenig Nutzen für den Einsatz   viel Nutzen für den Einsatz

Anregungen zur Weiterentwicklung des Netzwerks
Ziele, die das Netzwerk verfolgen sollte:

1. . . . .
2. . . . .
3. . . . .

Folgende Personen und Institutionen würden unser Netzwerk bereichern:*

1. . . . .
2. . . . .
3. . . . .

* Denken Sie mutig, grenzüberschreitend, außerhalb der üblichen Bahnen!
Könnten Künstler Ihr Netzwerk befördern? Politiker, Sportler? Fragen Sie sich
umgekehrt, was Ihr Netzwerk diesen »Exoten« zu bieten hat.

6.2.2 Soziometrie – individuelle Tauschbilanz

Hier wird die in Kapitel 6.1.2 beschriebene Methode »Soziometrie« mit folgenden Besonderheiten angewendet:

Ziel
Ziel ist es, die individuellen Tauschbilanzen aller Netzwerkmitglieder und die Unterschiede zwischen den Netzwerkmitgliedern sichtbar und damit besprechbar zu machen.

Vorgehensweise
Von der Moderation wird die Aussage vorgegeben:

Ich bekomme mehr vom Netzwerk,   Ich bekomme weniger vom Netzwerk,

als ich einbringe   als ich einbringe

Die Mittelposition markiert in diesem Fall die Aussage: »Ich bekomme genauso viel vom Netzwerk, wie ich einbringe.«

Wichtig !

In der Anmoderation ist darauf hinzuweisen, dass die Teilnehmenden eingeladen sind, sich zum »gefühlten« Verhältnis zu positionieren, das sie jeweils zu »in das Netzwerk einbringen« und »aus dem Netzwerk bekommen« erleben. Anders als in Unternehmensbilanzen kann es vorkommen, dass Teilnehmende das Gefühl haben, wesentlich mehr vom Netzwerk zu bekommen, als sie eingebracht haben. In erfolgreichen Netzwerken ist diese Wahrnehmung sogar verbreitet, weil alle ein Vielfaches an Erfahrungen, Ideen und Tipps von dem bekommen, was sie in das Netzwerk eingebracht haben.

Auswertung
Bei der soziometrischen Visualisierung der individuellen Tauschbilanzen ist es interessant, den Teilnehmenden die Möglichkeit zu Feedback zur Positionierung Einzelner und zu deren Begründungen zu geben: Es kann sich dabei herausstellen, dass die Netzwerkmitglieder den Beitrag, den ein Mitglied für das Netzwerk geleistet hat, höher einschätzen als das Mitglied selbst – sicher zur Entlastung und Freude des Mitglieds. Umgekehrt kommt es vor, dass Mitglieder ihren Beitrag überschätzen (nicht so häufig) oder das, was sie bekommen haben, unterschätzen (kommt eher vor). Die Methode unterstützt die Selbstwahrnehmung und sorgt für mehr Transparenz, was das individuelle Tauschverhalten betrifft.

Erfahrungen/Bemerkungen

Die Anwendung der Methode »Soziometrie« zur Visualisierung individueller Tauschbilanzen setzt ein gewisses Maß an wechselseitigem Vertrauen voraus.

6.2.3 Fragebogen

Welche grundsätzlichen Fragen kann ich mir stellen, wenn »mein« Netzwerk anders läuft als geplant?[86]

Zum Thema »Gründung des Netzwerkprojekts«:

- War die Zusammensetzung der Projektgruppe[87] maßgeblich durch Mitwirkungsimpulse der Mitglieder bestimmt?
- War Heterogenität das wichtigste Kriterium bei der Projektgruppenbildung?
- Waren die Tauschinteressen und -potenziale der Akteure transparent?
- Waren die Ausgangsziele so konkret, dass sie Orientierung boten, und so offen, dass sie Platz für innovatives Vorgehen ließen?
- Gab es einen Vertrauensvorschuss für die Projektgruppe aus dem Netzwerk?

Zum Thema einer gesunden Netzwerkkultur als Voraussetzung für die Projektarbeit:

- Wurde auf die geradlinige Durchsetzung kurzfristiger Interessen verzichtet, um längerfristigen Nutzen zu ermöglichen?
- Wurden Unterschiede genutzt und nicht nivelliert?
- Wurde die Struktur durch interaktives Handeln hervorgebracht, reproduziert, differenziert und verändert – und nicht durch Vorgabe und Festlegung?
- Wurde die Arbeit im Projekt bestimmt durch die Dualität von Struktur und Handlung? Haben die Projektmitglieder unterschiedliche Rollen besetzt (z. B. Ideengeber, Organisatorin, Umsetzer, Kontaktvermittlerin)?

Zum Thema einer guten Projektkoordination:

- Wurde bei der Zielsetzung eine funktionale Unklarheit als gestaltende Spannung genutzt?
- War das Projektmanagement mehr Ermöglicher als Bestimmer? Wurde bevorzugt im Sowohl-als-auch- oder im Entweder-oder-Modus gesteuert?

---

86 Der Fragebogen wurde erstmals abgedruckt in: DIHK Service GmbH im Auftrag des Bundesministeriums für Arbeit und Soziales (Hrsg.): »Projekte zielgerichtet umsetzen – 4. Leitfaden für Netzwerke zur Fachkräftesicherung«, Berlin 2015, S. 23.
87 Netzwerke werden im Kontext der Veröffentlichung synonym auch als Projekte bezeichnet. Insofern lässt sich »Projekt« in den Fragen durch »Netzwerk« ersetzen.

- Wurden vernachlässigte Perspektiven identifiziert und bearbeitet?
- Wurde nicht nur ziel-, sondern auch ereignisorientiert kommuniziert?
- Wurde der Wille, sich verletzlich zu zeigen, bewusst gefördert?
- Wurde das Spannungsfeld aus Kooperation und Konkurrenz strategisch gestaltet, also sowohl transparent gemacht als auch ausgehandelt und ritualisiert?

6.3 Kreativitätstechniken, die sich in Netzwerken bewährt haben

Es gibt eine Vielzahl von kreativen Methoden, die genutzt werden können, um Austausch in Netzwerken anzuregen.[88] Hier werden kurz die Methoden vorgestellt, auf die in den Netzwerkporträts Bezug genommen wird:

6.3.1 Walt-Disney-Methode

Die Walt-Disney-Methode dient der Ideenfindung. Die Methode ist eine Rollenspieltechnik, die als effizient gilt und zudem Spaß macht. Aus der Perspektive eines Träumers heraus werden Ideen entwickelt, ohne sich durch die Beschränkungen der Realität ausbremsen zu lassen. In der Rolle des Realisten werden diese ambitioniert in die Realität transferiert. Aus der Rolle des Kritikers werden Schwachpunkte identifiziert und Fragen aufgeworfen, die noch zu klären sind. Diese können dann zunächst wieder aus der Rolle des Träumers beantwortetet werden.

Die Walt-Disney-Methode lässt sich also als Kreislauf aufbauen. Wenn die Methode in einem Einzelsetting angewendet wird, beginnt der Protagonist auf dem Träumerstuhl, wechselt dann zum Realistenstuhl und kommt dann zum Kritikerstuhl, gegebenenfalls geht es von dort wieder zum Träumerstuhl. In Netzwerken wird ein Setting gewählt, durch das alle dabei unterstützt werden, die wechselnden Rollen einzunehmen. Das kann etwa dadurch bewirkt werden, dass es für jede Rolle einen bestimmten Raum gibt: den Träumer-, Realisten- und Kritikerraum.

Wichtig bei dieser Methode sind klare Arbeitsaufträge für die jeweilige Rolle. In der Ideenphase kann es z.B. hilfreich sein, den verbalen Bereich zu verlassen und Traumbilder zu malen.

---

88 Siehe hierzu z.B. Scherer: »Kreativitätstechniken«.

Die Arbeitsaufträge für die Realisten sollten umsetzungsorientiert, nicht bewertend gestaltet sein, z. B.: Was fühlt man bei dieser Idee? Welche Grundlagen sind schon vorhanden? Was wird für die Umsetzung benötigt? Wer kann die Umsetzung befördern? Wie könnte ein Prototyp aussehen?

Aufgaben der Kritiker sind z. B. das Ausmalen von Worst-Case-Szenarien, zu identifizieren, was fehlt bzw. was übersehen wurde, und Verbesserungsnotwendigkeiten und -möglichkeiten zu benennen.

Die Methode ist in Netzwerken gut geeignet, um Ideen zu finden, zu deren Realisierung viele verschiedene Netzwerkmitglieder benötigt werden bzw. die durch die Mitwirkung unterschiedlicher Netzwerkmitglieder innovativ optimiert werden.

6.3.2 World Café

World Café ist ein strukturiertes Dialogformat. Zu einem Oberthema werden unterschiedliche Fragestellungen an verschiedenen Tischen bearbeitet, und zwar in mehreren aufeinanderfolgenden Arbeitsgruppenphasen in immer neuen Zusammensetzungen. Die Dokumentation der Ergebnisse erfolgt auf den Papiertischdecken, mit denen jeder Tisch eingedeckt ist. Jedes Tischgruppenmitglied schreibt das auf, was es für wichtig hält. In der Regel gibt es eine gastgebende Person. Diese begrüßt und sorgt dafür, dass alle zu Wort kommen. In der zweiten und allen weiteren Austauschgruppen fasst sie die Ergebnisse der bisherigen Austauschrunden zusammen.

Wichtig sind die Fragestellungen an den einzelnen Tischen. Die Fragen sollten offen, analytisch und handlungsorientiert gestellt werden.

Die Methode »World Café« lässt sich in Netzwerken z. B. nutzen, um Strategien gemeinsam zu entwerfen oder Feedback zu bereits erarbeiteten Vorschlägen zu geben und Verbesserungsmöglichkeiten aus dem Kreis der Netzwerkmitglieder zu bekommen. Die Methode ist auch geeignet, um weitere Netzwerkmitglieder in bereits vorgeschlagene Projekte einzubinden.

6.3.3 Open Space

Die Besonderheit der Open-Space-Methode ist ihre inhaltliche Offenheit. Sie ist angewiesen auf die Initiative der Teilnehmenden, sich auch exponiert einzubringen. Die Methode bietet, wie der Name ausdrückt, einen offenen

Raum zu einem Oberthema für alle Teilnehmenden, in dem Arbeitsgruppen zu Teilthemen initiiert werden. Die Ausgestaltung der Initiatorenrolle ist dabei nicht festgelegt: Es kann ein Kurzinput gegeben, es können aber auch Fragen gestellt werden. Open Space ist ein Großgruppenformat, das mindestens 50 Teilnehmende benötig, um Potenzial entfalten zu können. Es braucht eine Vielzahl von Orten, an denen sich Arbeitsgruppen treffen können. Die Bildung der Arbeitsgruppen erfolgt über einen zentralen Aushang, an dem alle Anliegen von Teilnehmenden gesammelt werden. Dort sind auf einer Matrix alle Räume und alle Zeitschienen angegeben. Alle Teilnehmenden haben die Möglichkeit, für eine bestimmte Zeit an einem bestimmten Ort ihr Anliegen auszuschreiben. Interessierte tragen sich dazu ein oder finden sich spontan zusammen.

Im Open Space gelten einige spezifische Regeln, die dieses Format von anderen unterscheiden:

- Wer auch immer kommt, es sind die Richtigen: Es gibt keine Gruppenmindestgröße und keine Voraussetzungen.
- Was auch immer geschieht, es ist das Einzige, was geschehen konnte: Alles ist möglich, das, was geschieht, ist nicht kritisierbar.
- Es beginnt, wenn die Zeit reif ist: Entscheidend ist die Energie, nicht Werte wie Pünktlichkeit.
- Vorbei ist vorbei, nicht vorbei ist nicht vorbei: Entscheidend ist die Energie, nicht die Zeiten auf der Organisationsmatrix.
- Teilnehmende bleiben nur so lange in einer Gruppe, wie es für sie nützlich ist (»Gesetz der zwei Füße«).
- Teilnehmende können Gruppen beliebig oft wechseln. Sie sind Hummeln, die die Arbeit in anderen Gruppen befruchten.
- Es gibt einen Raum, der keinem Thema zugeordnet ist, idealerweise mit der Möglichkeit, etwas zu trinken und sich jenseits aller angebotenen Themen auszutauschen. Dort treffen sich auch Schmetterlinge, Personen, die besonders schillernde, ungewöhnliche Aktivitäten, Ansichten und Verhaltensweisen auszeichnen.

Open Space benötigt Zeit, oft zwei bis drei Tage, damit Prozesse in Gang kommen, damit die Ergebnisse aus frühen Arbeitsgruppenphasen in späteren aufgenommen werden können.

Zu Beginn führt der Veranstalter das Plenum in dieses Format ein. Er stellt in der Regel auch vor, wie mit den Ergebnissen umgegangen wird, die erarbeitet werden.

6.4 Tools zur Erforschung der eigenen Kompetenz als Netzwerkmanager bzw. -managerin

6.4.1 Analyse Ihrer spezifischen Kompetenz, Netzwerke zu managen

Die Porträts der Netzwerkmanager und -managerinnen zeigen: Erfolgreiches Netzwerkmanagement beruht auch auf Fähigkeiten, die im Laufe des (Arbeits-)Lebens bereits erworben wurden. Diese werden teilweise bewusst, oft aber auch intuitiv genutzt.

Der Fragebogen regt dazu an, die eigene Biografie mit dem Fokus auf Fähigkeiten zu durchleuchten, die für das Management von Netzwerken nützlich sind: Anlagen, Begabungen, Talente, die im Laufe des Lebens ausgeprägt wurden. Ziel ist es, diese dafür nutzbar zu machen, den eigenen Stil, Netzwerke zu managen, biografiebasiert herauszubilden.

Zur Einstimmung
In einem Coachingprozess zum Thema »Berufliche Perspektiven entwickeln« berichtet die Coachee von einem Erlebnis, das sie in guter Erinnerung hat: Sie führte eine Gruppe Frauen durch einen dunklen Wald. Befragt danach, was der persönliche Faktor tiefer Zufriedenheit bei diesem Erlebnis gewesen sei, antwortete sie zunächst, dass sie sich nicht verirrt habe. Dann meinte sie, gut sei auch gewesen, dass sie ihre Angst vor Dunkelheit nicht gespürt habe. Erst nach einigen Umwegen wurde ihr bewusst: Der wichtigste Faktor tiefer Zufriedenheit war, dass sie die Führung übernommen hatte und in dieser Rolle von allen akzeptiert wurde.

In diesem Fragebogen geht es darum, Ihre persönlichen Faktoren tiefer Zufriedenheit zu identifizieren, also das, was Sie im Kern befriedigt hat. Das herauszufinden ist meist nicht einfach. Deshalb finden Sie hier einige Beispiele, was andere bereits als den persönlichen Faktor tiefer Zufriedenheit für sich herausgefunden haben:
- »Ich habe mich so stark erlebt wie nie zuvor.«
- »Mir wurde vertraut – einfach so.«
- »Mir ist etwas gelungen, was ich mir nicht zugetraut hätte.«

Vorab ein Tipp zur Nutzung des Fragebogens:

Bitten Sie einen Bekannten/eine Bekannte, den Fragebogen als Leitfaden für ein Interview mit Ihnen zu nutzen. Dadurch werden Ihre Antworten spontaner. Die Dokumentation Ihrer Antworten durch den-/diejenige, der/die Sie interviewt, kann für Sie zusätzliche Aha-Erlebnisse bringen, da oft Worte oder Formulierungen in der Dokumentation durch jemand anderen gewählt werden, die gewohnte Ausdrucks- und damit Denkweisen in Bewegung bringen.

Aufgabe 1

Machen Sie ein Brainstorming zu folgender Frage: Was macht mir in meinem Leben Spaß?/Was hat mir in meinem Leben Spaß gemacht?

Finden Sie so viele Beispiele wie möglich. Nicht nachdenken, ob etwas passt – einfach aufschreiben: große Ereignisse wie der Gewinn der deutschen Meisterschaft im Eiskunstlauf, aber auch kleine, wie z. B. die schöne Sandburg, die Sie im Urlaub allein gebaut haben.

Alles ist wichtig, z. B. auch: Was war das erste Erlebnis, an das Sie sich erinnern, das mit Spaß verbunden ist?

Es sollten mindestens 20 Beispiel zu benennen sein!

. . . .
. . . .
. . . .
. . . .

Aufgabe 2

Nutzen Sie Ihre Beispiele aus Aufgabe 1, um Faktoren persönlicher tiefer Zufriedenheit zu identifizieren.

Übertragen Sie die Beispiele dafür, was Ihnen im Leben Spaß macht/gemacht hat, in eine Tabelle mit folgenden Rubriken (Beispiel):

Mein Beispiel	Was genau hat sich ereignet?	Wer war daran beteiligt, auf welche Weise?	Was hätte mir den Spaß verdorben?	Was genau war der persönliche Faktor tiefer Zufriedenheit?
Es hat Spaß gemacht, als 17-Jähriger allein nach Frankreich zu trampen, fast ohne Geld.	Ich bin eine Woche lang allein nach Frankreich und zurück getrampt, insgesamt 600 km. Mit 60 DM losgefahren und mit 40 DM zurückgekommen.	Nur ich allein, aber ich habe viele interessante Leute getroffen.	Wenn es mir nicht erlaubt worden wäre mit der Begründung, das sei zu gefährlich.	Die Eltern haben mir vertraut.

Aufgabe 3

Nutzen Sie die Faktoren persönlicher tiefer Zufriedenheit für die Konkretisierung Ihres eigenen Selbstbildes.

Übertragen Sie Ihre Faktoren tiefer Zufriedenheit in eine Tabelle, in der Sie Ihre persönlichen Faktoren tiefer Zufriedenheit für die Konkretisierung Ihres Selbstbildes nutzbar machen (Beispiel):

Faktor tiefer Zufriedenheit	Mein Wesen	Meine Fähigkeit	Meine Erfahrung	Mein Schatz	Worauf ich achte
Mir wurde vertraut – einfach so.	Ich bin vertrauenswürdig.	Ich bin mir bewusst, was das Vertrauen in mich begründet hat.	Ich weiß, welche Wirkung es hat, wenn einem vertraut wird.	Ich kenne auch Misstrauen.	Manchmal vertraue ich blind.

Aufgabe 4

Verbinden Sie die in Aufgabe 3 vorgenommene Konkretisierung Ihres eigenen Selbstbildes mit den Grundmerkmalen von Netzwerkorganisationen.

Übertragen Sie die Konkretisierungen Ihres Selbstbildes in eine dritte Tabelle, in der Sie Ihr Wesen, Ihre Fähigkeiten, Ihre Erfahrungen, Ihre Schätze und das, worauf Sie achten, mit den Grundmerkmalen von Netzwerken in Verbindung bringen: Wie werden Sie Ihre Besonderheiten in Netzwerken einsetzen? Auf welche Art und Weise werden Sie Ihre Besonderheiten dem Netzwerk durch Ihre Form des Managements zur Verfügung stellen?

	Ziele	Unterschiedlichkeit	Tausch	Vertrauen
Ich bin vertrauenswürdig.				
Ich bin mir bewusst, was das Vertrauen in mich begründet hat.				
Ich weiß, welche Wirkung es hat, wenn einem vertraut wird.				
Ich kenne auch Misstrauen.				
Manchmal vertraue ich blind.				

6.4.2 Fragebogen zur Ermittlung Ihres persönlichen Motivationstyps

Beruhend auf den vier Temperamenten nach Maccoby, die zu den vier Motivationstypen weiterentwickelt wurden, können Sie in einem Test mithilfe des PersonalCompassSystems ermitteln, welcher Motivationstyp Sie sind.[89] Der Test gibt Ihnen einen Überblick über Ihre Motivation zur Arbeit, Ihren inneren Antrieb. Er gibt Ihnen zusätzlich Auskunft über Ihr typisches Arbeitsverhalten und über Ihr Können und Wissen. Mit dieser »Fremdwahrnehmung« durch Systematisierung Ihrer Antworten können Sie Ihr Verhalten im Netzwerkmanagement weiter optimieren.[90]

---

89 Eine Beschreibung des zugrunde liegenden Denkmodells ist in Kap. 1.3 zu finden.
90 Der Test wird auf der Website des Autors angeboten: www.bensmann-network.de.
    Auf Wunsch erhalten Sie eine spezifische, auf Netzwerkmanagement bezogene Auswertung.

Teil 3 Erfolgreiche Netzwerke

7 Einführung

Es gibt inzwischen eine Reihe von erfolgreichen Netzwerken, denen es gelingt, Nutzen für ihre Mitglieder zu stiften. Diese bestehen teilweise bereits seit zehn Jahren und länger, was darauf hindeutet, dass sich die Organisationsform »Netzwerk« bewährt.

In diesem Teil werden fünf Netzwerke porträtiert, die in unterschiedlichen gesellschaftlichen Feldern tätig, unterschiedlich groß und auch sehr unterschiedlich strukturiert sind.

Vorgestellt werden:
- die *Ems-Achse* – ein regionales Netzwerk zur Fachkräftegewinnung, zur Branchenvernetzung und für Regionslobbying
- *Netzwerk Industrie RuhrOst (NIRO)* – ein regionales Netzwerk aus Unternehmen aus drei Branchen
- *job4u* – ein regionales Netzwerk zur Verbesserung des Matching-Prozesses zwischen Schulabgängern, Studierenden und Unternehmen
- *Nachhaltigkeit lernen in Frankfurt* – ein lokales Netzwerk zur Förderung nachhaltiger Bildung
- *Netzwerk Ganztagskoordination Hamburg* – ein lokales Netzwerk von Personen, die die Gestaltung des Ganztags an Schulen koordinieren

Porträtiert werden nicht nur die Netzwerke, sondern auch die Netzwerkmanager bzw. -managerinnen, weil der Erfolg von Netzwerken nicht unwesentlich durch das Management mit verursacht wird. Die Porträts entstanden im Wesentlichen auf der Basis von Interviews mit den Managerinnen und Managern. Ergänzende Quellen sind gekennzeichnet.

Alle Porträts sind mit Tiefenschärfe beschrieben, d.h. die Entwicklung der Netzwerke wird nachgezeichnet, das Zusammenwirken im Netzwerk wird so detailliert beschrieben, dass Teile davon adaptiert werden können. Irrwege werden als Teil von Lernprozessen dokumentiert. Kurz: Das Innovationspotenzial von Netzwerken wird lebendig.

8 Porträts

8.1 Ems-Achse

Porträt des Netzwerks

Das Netzwerk *Wachstumsregion Ems-Achse e. V.*, so der vollständige Name des Netzwerks, hat ca. 540 Mitglieder/Mitgliedsinstitutionen (Stand August 2017). Etwa drei Viertel der Mitglieder sind Unternehmen. Die beteiligten Unternehmen sind – bezogen auf Branche und Betriebsgröße – durch Heterogenität gekennzeichnet. Die Ems-Achse ist ein regionales Netzwerk. Neben vielen Unternehmen sind auch alle größeren Kommunen der Region beteiligt: die kreisfreie Stadt Emden und die Landkreise Aurich, Emsland, Grafschaft Bentheim, Leer und Wittmund sowie nahezu alle Gemeinden, Samtgemeinden und Städte. Als Mitglieder beteiligt sind außerdem Kammern, Bildungseinrichtungen, Schulen und Hochschulen. Die Ems-Achsen-Region reicht im Norden von der Küste mit den Städten Wittmund und Norden entlang der Ems bis nach Nordhorn und Lingen im Süden. Die Fläche der Region ist mehr als doppelt so groß wie das Saarland. Die Struktur in der Fläche ist durch Homogenität gekennzeichnet: Es gibt keine Kommune, die als Oberzentrum ausgewiesen ist. Im Gebiet der Ems-Achse leben ca. 900.000 Einwohner, die Region ist gekennzeichnet durch die typischen Merkmale – Stärken und Schwächen – ländlicher Räume.

Entstanden ist die Ems-Achse, als Anfang der 2000er-Jahre eine Lücke in der – für den wirtschaftlichen Anschluss der Region in Randlage wichtigen – Autobahn A 31 nach Bundesverkehrswegeplan erst Jahre später geschlossen werden sollte. Viele Unternehmen und Kommunen schlossen sich in dieser Situation zusammen, um die aus ihrer Sicht gebotene Lückenschließung mit eigenen Mitteln zu erreichen. Eine Kombination aus Eigenmitteleinsatz und Lobbyarbeit in der Politik sorgte dafür, dass die Fertigstellung der Autobahn zehn Jahre vor dem vorgesehenen Termin 2005 abgeschlossen war. Die Erfahrung von erfolgreicher unternehmensübergreifender Vernetzung auch mit anderen wichtigen Akteuren aus der Region führte 2006 zur Gründung der Ems-Achse.

Das Netzwerk ist formal in der Rechtsform eines eingetragenen Vereins organisiert. Im §2 »Ziele und Aufgaben des Vereins« sind in der Satzung folgende Aufgaben festgelegt:

- Identifizierung und Förderung regionaler Kompetenzen und wirtschaftlicher Potenziale mit Wachstumschancen
- Bearbeitung von Ansätzen, die Wirtschaftsimpulse versprechen

- Bildung von nachhaltigen Unternehmensallianzen zur Steigerung der Wettbewerbsfähigkeit von Wirtschaftsunternehmen und regionaler Wirtschaftskraft
- Bildung von Netzwerken zwischen Unternehmen und Wirtschaftsförderung
- Ausschöpfen aller Möglichkeiten von Public-Private-Partnership-Aktivitäten
- die in Teilräumen vorhandenen Kompetenzen zur Bearbeitung der identifizierten Themenfelder in Arbeitskreisen einsetzen

Die Aufzählung der Tätigkeiten, die zu den Aufgaben des Vereins und damit jedes einzelnen Mitglieds zählen, charakterisiert das Grundverständnis der Ems-Achse als Netzwerk:

- Identifizieren, Fördern
- Bearbeiten
- Bilden von Allianzen
- Bilden von Netzwerken
- Ausschöpfen von Möglichkeiten
- Kompetenzen einsetzen

Kurz: Es geht darum, durch das Zusammenwirken mehr zu erreichen, als allein erreicht werden könnte – für sich und für die Region. Die Satzung knüpft auf differenzierte Weise an die Erfahrung an, die der Gründungsimpuls für die *Ems-Achse* war: Wenn unterschiedliche Akteure einer Region an einem Strang ziehen, lässt sich viel erreichen – für das Ganze und für jeden Einzelnen.

In der Zusammensetzung der Gremien spiegelt sich die Vielfalt der Mitgliedsstruktur wider und die besondere Bedeutung, die die Kommunen in diesem Netzwerk haben:

- Im 24-köpfigen Vorstand sind die Kommunen mit zwölf Mitgliedern vertreten, die anderen zwölf Mitglieder kommen aus der Wirtschaft. Dabei wird darauf Wert gelegt, dass sowohl Unternehmer als auch die Kammern als Wirtschaftsvertreter beteiligt sind. Bildungseinrichtungen und (Hoch-) Schulen sind nicht im Vorstand zu finden (§ 9 der Satzung).
- »Für die in den Arbeitskreisen zu bearbeitenden Themenschwerpunkte übernehmen die Kommunen die Federführung«, heißt es in »§ 12 Geschäftsstelle, Geschäftsführung« der Satzung.

Die Kommunen beanspruchen im Vergleich zur Mitgliederzahl eine überproportionale Bedeutung. Diese wurde und wird ihnen offensichtlich – wie die Ausgestaltung der Satzung zeigt – auch zugestanden. Aus Sicht der Kommunen leitet sich der Anspruch aus ihrer zentralen Bedeutung und großen Verantwortung ab, die sie – bezogen auf die Entwicklung des Gemeinwesens – in ihren jeweiligen Zuständigkeitsbereichen haben. Umgekehrt wurde den Kommunen die große Bedeutung durch andere Mitglieder, insbesondere Unternehmen, vermutlich aus zwei Gründen zugestanden:

- Die Kommunen engagieren sich sehr stark durch Bereitstellung von personellen und finanziellen Ressourcen.
- Die Mitgliedschaft der Kommunen signalisiert Vertrauenswürdigkeit. Sie stehen dafür, dass das Netzwerk nicht nur Unternehmensinteressen, sondern auch das Gemeinwohl im Blick hat.

Als Reaktion auf die starke Fluktuation in den ersten vier bis fünf Jahren[91] hat sich das Netzwerk weiterentwickelt: In dieser Phase entstanden Teilnetzwerke, um den Nutzen für Netzwerkmitglieder zielgruppengenau erhöhen zu können. Zurzeit gibt es sieben Teilnetzwerke: »Automotiv Nordwest«, »Energie«, »Kunststoffnetzwerk«, »Logistikachse Ems«, »Maritime Verbundwirtschaft«, »IT« und »Metall und Maschinenbau«.

Die Finanzierung der Ems-Achse basiert zurzeit auf drei Säulen:
1. Unternehmensbeiträge – diese Säule macht ca. 40% des Gesamtbudgets aus.
2. Beiträge der beteiligten Kommunen – der Anteil beträgt ca. 30% des Gesamtbudgets.
3. Öffentliche Förderung u.a. durch EU-Mittel vor allem von Projekten – dieser Anteil beträgt ebenfalls ca. 30%.

Alle Mitglieder sind beitragspflichtig. Bei den Unternehmen richtet sich der Beitrag nach der Beschäftigtenzahl: Je größer die Zahl der Beschäftigten, desto höher der Beitrag. Nur Bildungseinrichtungen sind von der Beitragszahlung freigestellt, weil es dort meist kein Budget für Mitgliedschaftsbeiträge gibt. Die Beitragserhebung von Anfang an geht auf eine grundlegende Ansicht der Netzwerkakteure zurück: »Was nichts kostet, ist auch nichts wert!« Darüber hinaus war der erste Erfolg, der Autobahnbau, auch mit der Investition von Zeit und Geld durch die Akteure verbunden. Die Kultur, in das Zusammenwirken zu investieren, war durch diese Erfahrung als Erfolgsgrundlage verankert. Die Bereitschaft, in das Netzwerk zu investieren, hängt inzwischen auch mit der Hebelwirkung zusammen, die im Netzwerk erzielt wird: Ein Euro, den ein Unternehmer einbringt, sorgt dafür, dass ein weiterer Euro durch Kommunen und ein dritter Euro aus Fördertöpfen zusätzlich zur Verfügung stehen.

---

91 Die Gründe hierfür werden im Kapitel »Erfahrungen mit der Organisationsform Netzwerk« weiter unten beschrieben.

Die Ems-Achse ist fokussiert auf drei Tätigkeitsschwerpunkte:
1. Fachkräftegewinnung
2. Regionallobbying
3. Vernetzung von Branchenkompetenz

Tätigkeitsschwerpunkt »Fachkräftegewinnung«

Die Fachkräftegewinnung ist das Haupttätigkeitsfeld der *Ems-Achse* und zugleich das interessanteste. Die *Ems-Achse* hat eine komplexe und vielfältige Struktur entwickelt, Ideen zur Fachkräftegewinnung zu generieren und diese im und durch das Netzwerk weiterzuentwickeln.

Wenn man die Attraktivität für Fachkräfte als Region steigern möchte, kommt es – so die Erfahrung in der *Ems-Achse* – darauf an, Ideen zu entwickeln, die die Region von anderen positiv unterscheidet. Dies geht vor allem dann, wenn es gelingt, die Kompetenzen, die Erfahrungen und die Kreativität möglichst vieler Netzwerkmitglieder für die Ideenfindung und -präzisierung nutzbar zu machen.

Die *Ems-Achse* hat dazu im Laufe ihres Bestehens eine ausgeklügelte Struktur entwickelt: Die meisten der Maßnahmen, die zurzeit in der *Ems-Achse* realisiert werden, sind vier Projektgruppen zugeordnet: »Junge Ems-Achse«, »Auswärtige Fachkräfte«, »Studierende« und »Familien-Achse«. Alle vier Projektgruppen haben eigene Projektmanager. Eine Quelle von Ideen für die *Ems-Achse* im Bereich »Fachkräfte« sind regelmäßige Treffen der Projektmanager. Die bei diesen Treffen entstandenen Ideen werden in den Projektgruppen mit dem Ziel vorgestellt, Feedback zu bekommen. Das Feedback wird in den Projektgruppen damit verbunden, die Idee weiterzuentwickeln und sie auszugestalten. Mitunter gibt es aber auch die Rückmeldung, dass eine Idee als nicht tauglich wahrgenommen wird oder die Gefahr von Doppelstrukturen droht. Es wird dazu ermuntert, konkretes, produktives Feedback ohne Zurückhaltung aus Rücksichtnahme zu geben.

Das Feedback und die Weiterentwicklung der Idee trägt der jeweilige Projektmanager beim Treffen der Projektmanager vor. Dort findet eine Vorentscheidung statt, ob eine Projektidee weiterverfolgt werden soll oder nicht. Ideen, die als Projekt umgesetzt werden sollen, werden gesammelt, weil alle Projekte daraufhin analysiert werden, ob Fördermöglichkeiten bestehen (z.B. über die N-Bank, die Niedersächsische Förderbank).[92] Im Laufe einer Förder-

---

92 Die N-Bank bearbeitet und verwaltet die Projektmittel, die das Land Niedersachsen als EU-Förderung bekommt.

periode werden im Bereich »Fachkräfte« in der Ems-Achse etwa 60 Projektideen über den beschriebenen Weg oder auf andere Art und Weise generiert.[93]

Ein ausführliches Auswahlverfahren führte dazu, dass ca. 30 Maßnahmen in der letzten Förderperiode 2016 bei der N-Bank beantragt wurden, weil sie als nützlich eingeschätzt wurden. Das Auswahlverfahren findet in folgenden Stufen statt:

1. Beim Treffen der Projektmanager werden Ideen entwickelt und alle Projektideen gewichtet. Es wird z.B. mithilfe von Klebepunkten eine Vorschlagsliste erstellt.
2. In den Projektgruppen werden neue Ideen und deren Weiterentwicklung diskutiert.
3. Zu einer Fachkräftewerkstatt werden alle Mitglieder der Ems-Achse und weitere relevante Akteure (Arbeitsagentur etc.) eingeladen. Hier werden die Ideen vorgestellt und in interaktiver Form (z.B. World Café) angefüttert.
4. Die Lenkungsgruppe, in der alle Landkreise und Kammern (IHKs und HWKs) vertreten sind, prüft die Nützlichkeit der Vorschläge aus ihrer Perspektive und erstellt eine Entscheidungsvorlage. Entscheidungskriterien sind: kommunaler Ressourceneinsatz und Abgleich mit anderen kommunalen Vorhaben und Vorhaben der Kammern zur Vermeidung von Parallelentwicklungen.
5. Der Vorstand entscheidet endgültig – in Kenntnis aller Vorhaben, die in der *Ems-Achse* in allen Bereichen durchgeführt werden sollen. Entscheidungskriterien dabei sind: Ressourcenverteilung zwischen den einzelnen Tätigkeitsfeldern und Schwerpunktsetzungen.

In den Projektgruppen werden die Anträge für die Ideen, die in Projekten umgesetzt werden sollen, ausgearbeitet. Das Netzwerkmanagement reicht alle Anträge gebündelt ein.

Alle bewilligten Projekte werden bei einer Fachkräftewerkstatt, die alle zwei Jahre stattfindet, vorgestellt. Dazu wird von den Projektmanagern und dem Netzwerkmanagement eine Struktur vorgeschlagen, wie die bewilligten Projekte sinnvoll in Projektgruppen zusammengefasst werden können. Das heißt, in der nächsten Fachkräftewerkstatt 2018 könnten statt der Projektgruppen »Junge Ems-Achse«, »Familien-Achse« etc. andere inhaltliche Schwerpunkte entstehen, die sich entsprechend in Projektgruppenbenennungen ausdrücken.

---

93 Siehe Beispiele auf den folgenden Seiten.

In der Fachkräftewerkstatt nutzen erfahrungsgemäß 80 bis 100 Netzwerkmitglieder die Gelegenheit, alle bewilligten Projekte kennenzulernen. Ziel ist es,

- alle Projektkonzepte durch das Know-how möglichst vieler Netzwerkmitglieder weiterzuentwickeln und die Konzepte auf die Bedürfnisse der Region und der *Ems-Achsen*-Mitglieder noch genauer zuzuschneiden. Es ist schon vorgekommen, dass sich dabei ein Projekt so stark verändert hat, dass bei der N-Bank ein Änderungsantrag gestellt werden musste. In der Regel präzisiert und verfeinert das Netzwerk-Know-how das Projekt aber im Rahmen der durch den Bewilligungsbescheid vorgegebenen Rahmenbedingungen.
- Netzwerkmitglieder für die Mitwirkung zu gewinnen. Im Antrag sind immer schon einige Akteure benannt, die ein Projekt umsetzen können und werden. Dazu hat eine Vorabstimmung mit diesen Netzwerkmitgliedern stattgefunden. In der Fachkräftewerkstatt wird für fast alle Projekte Kooperationsinteresse bei Netzwerkmitgliedern geweckt, die bisher nicht eingeplant waren. Die Erfahrung zeigt, dass die Mitwirkung weiterer Netzwerkmitglieder ein Projekt stärkt, die Qualität des Projekts steigert und die Erfolgsaussichten verbessert.

Bei der Fachkräftewerkstatt wird u.a. das Instrument des World Café[94] eingesetzt. Dabei gibt es jeweils zwei Tische für jede Projektgruppe. Die Gastgeber an den Tischen stellen die einzelnen Projekte, die in einer Projektgruppe thematisch zusammengefasst sind, ihren jeweiligen Gästen vor. Anschließend bitten sie um Anregungen zu den Projekten und geben Gelegenheit, Interesse an der Mitwirkung an einem Projekt zu signalisieren und zu konkretisieren, was bei Mitwirkung in das Projekt eingebracht werden kann und welchen Nutzen das Projekt für den hat, der in das Projekt einsteigen möchte. In den weiteren World-Café-Runden stellen die Gastgeber nicht nur die Projekte vor, sondern fassen zusätzlich die Ergebnisse der vorangegangenen Vorstellungs- und Feedbackrunden zusammen. Diese Form der Projektvorstellung ermöglicht eine intensive Einbeziehung aller Netzwerkmitglieder in die Vorhaben des Netzwerks. Die hohe Zustimmung der Netzwerkmitglieder zu diesem Vorgehen drückt sich u.a. in der hohen Teilnehmerzahl an diesem Kommunikations- und Kooperationsinstrument aus, aber auch in Rückmeldungen, die zur Anwendung dieser Methode gegeben wurden.

Zurzeit gibt es zwei Sonderprojekte, die keinen Projektgruppen zugeordnet sind, weil sie durch spezielle Fördertöpfe ermöglicht wurden:
1. das Projekt »Deutsch-niederländischer Arbeitsmarkt«
2. das Projekt »Erfolgreich 2.0 für Studienabbrecher«

---

94 »World Café« wird im Praxisteil 2 (in Kap. 6.3.2) als Methode kurz vorgestellt, die in Netzwerken besonders wirksam ist.

Wie diese Sonderprojekte entstehen und die vorhandene Struktur ergänzen, wird am Beispiel des Projekts »Erfolgreich 2.0 für Studienabbrecher« erläutert:

Über die Herausforderung »Studienabbrecher« gab es zwischen dem Netzwerkmanagement und einer Hochschule, die Mitglied im Netzwerk ist, schon längere Zeit Gespräche, und es wurden Ideen dazu entwickelt, wie Studienabbrecher unterstützt werden könnten. Die zur Realisierung nötigen Mittel konnten aber nicht aufgebracht werden – weder von der Hochschule noch von anderen Netzwerkmitgliedern oder dem Netzwerk.

Bei der Recherche zu Ausschreibungen von geförderten Projekten wurde ein Mitglied des Netzwerkmanagements fündig: Das Bundesinstitut für Berufsbildung (BIBB) hatte ein Projekt ausgeschrieben, auf das die in der Schublade liegende Projektidee »Studienabbrecher« passte. Die Hochschule bewarb sich gemeinsam mit der *Ems-Achse* um die Durchführung eines Teilprojekts und erhielt den Zuschlag. Die Förderung war mit Auflagen verbunden, die es nötig machten, die Netzwerkstrukturen um Bereiche zu ergänzen, die es in der *Ems-Achse* vorher nicht gegeben hatte. Deswegen ist das Projekt »Studienabbrecher« in der *Ems-Achse* keiner Projektgruppe zugeordnet.

Eine andere erfolgreiche Form, Ideen für das Feld »Fachkräfte« der *Ems-Achse* zu generieren, ist »abgucken«. Dazu zwei Beispiele:

- Der Job-Bus, ein Bus, der Jobsuchende und Jobanbieter verbindet, z.B. indem er mit Interessierten aus anderen Regionen zu verschiedenen Unternehmen fährt. Auf der Fahrt können die Jobsuchenden Tätigkeitsfelder kennenlernen, auf die sie sich direkt bewerben können. Die Idee des Job-Bus wurde von der *Süderelbe AG*, einem Netzwerk in Hamburg, »abgeschaut« und für die Emsregion modifiziert.
- Die Idee, einen Bildungsurlaub für alleinstehende Frauen durchzuführen und diesen dafür zu nutzen, den Teilnehmenden die Emsregion auch als attraktives Arbeitsumfeld vorzustellen, wurde aus dem Elbe-Elster-Kreis übernommen.

Tätigkeitsschwerpunkt »Regionallobbying«

Die Schließung der Autobahnlücke ist die Keimzelle der *Ems-Achse* und der Impuls zur Bildung des Tätigkeitsschwerpunkts »Regionallobbying«. Inhaltlich geht es dabei zurzeit (2017) um den Bau eines Hafens am Rysumer Nacken. Dieser soll vor allem dazu genutzt werden, Windenergieanlagen auf Spezialschiffe zu verladen, die diese dann in der Nordsee installieren. Ein weiteres Thema ist der Ausbau des Breitbandnetzes in der Ems-Achsen-Region.

Lobbyismus ist die Vertretung eigener Interessen in Politik und Gesellschaft. Oft hat diese Tätigkeit einen faden Beigeschmack, ein »Geschmäckle«, wie man im Süden der Republik sagt. Dies ist darauf zurückzuführen, dass Lobbying oft in Hinterzimmern, verdeckt, intransparent und unter Ausübung von Druck und auch mit unlauteren Versprechungen und Zuwendungen verbunden ist.

Die Lobbyarbeit der *Ems-Achse* für die Entwicklung der Region ist geprägt durch die Einbeziehung und Nutzung des ganzen Netzwerks. Die *Ems-Achse* hat spezielle Netzwerkformate entwickelt, die teilweise im Gewand bekannter Namen daherkommen, um den Interessen der Ems-Region in Politik und Gesellschaft öffentlich und transparent Gehör zu verschaffen, zum Beispiel beim »Parlamentarischen Abend«.

Einmal im Jahr lädt die *Ems-Achse* in Hannover zum »Parlamentarischen Abend« ein. Bei dieser Gelegenheit treffen ca. 250 Mitglieder der *Ems-Achse* auf ca. 150 Vertreter aus Politik und Gesellschaft. Etwa 120 Mitglieder der Region reisen mit einem Sonderzug nach Hannover. Die Hin- und Rückfahrt wird genutzt für Gespräche, die zur Intensivierung der Vernetzung untereinander beitragen.

»Wir können leider nicht konkret benennen, was direkt auf dem ›Parlamentarischen Abend‹ als Idee entstanden ist. Aber wir wissen beispielsweise, dass es verschiedene Projekte im Bereich der Logistik gab, die durch den Austausch auf unseren Veranstaltungen entstanden sind«, erläuterte Dirk Lüerßen die Wirkung von Veranstaltungen wie dem »Parlamentarischen Abend«.

Der »Parlamentarische Abend« ist so gestaltet, dass alle Teilnehmenden miteinander ins Gespräch kommen können. Es sind nur kurze Reden durch den Vorsitzenden, den Landtags- und Ministerpräsidenten vorgesehen – insgesamt bleibt bei Imbiss und Getränken sehr viel Zeit für den gegenseitigen Austausch.

Alle Regionallobbying-Aktivitäten sind getragen von der selbstbewussten Grundüberzeugung: Wenn wir mit eigener Kraft viel bewirken, bekommen wir Unterstützung aus Politik und Gesellschaft für Vorhaben, die unsere Kräfte übersteigen. Ein weiteres aktuelles Beispiel für Regionallobbying ist die Planung der E 233. Gemäß einer Vereinbarung mit dem Land Niedersachsen liegt der Planungsprozess in den Händen der Landkreise Emsland und Cloppenburg, um das Verfahren zu beschleunigen. Die Finanzierung erfolgt über Bundesmittel. Die *Ems-Achse* hat zusammen mit anderen Akteuren für die E 233 einen Förderverein gegründet.[95]

Verantwortlich für die Umsetzung des Schwerpunkts »Regionallobbying« ist vor allem das Netzwerkmanagement. Dazu nimmt es an zahlreichen relevanten Veranstaltungen vor allem in Hannover und Berlin teil. Zudem wird der direkte Austausch mit Abgeordneten und Vertretern der Ministerien in bilateralen Gesprächen gesucht. Regionallobbying funktioniert aber auch über eine entsprechende Öffentlichkeitsarbeit. So hat die *Ems-Achse* 2012 und 2015 eine Broschüre mit den wichtigsten Infrastrukturprojekten der Region aufgelegt. Diese wurde unter anderem allen Landtagsabgeordneten in Niedersachsen zugesandt und medial begleitet.

Tätigkeitsschwerpunkt »Vernetzung von Branchenkompetenz«

Die Vernetzung der Branchenkompetenzen erfolgt in den acht bereits erwähnten Branchennetzwerken. Die Teilnetzwerke sind jeweils einer Kommune zugeordnet. Sie haben jeweils ein eigenes Netzwerkmanagement, das von der Kommune zur Verfügung gestellt wird, der das Netzwerk zugeordnet ist. Es umfasst zwischen 0,25 und 1,5 Stellen und weitere Sachmittel.

In den Teilnetzwerken geht es insbesondere um

- den Austausch von Wissen,
- das Ausloten von Möglichkeiten der Kooperation und
- die Nutzung von Synergien.

Der Austausch von Wissen findet in einer Vielzahl von Veranstaltungen der Teilnetzwerke statt. Allein das Programmheft des MEMA-Netzwerks (Metall- und Maschinenbau) weist für das 1. Halbjahr 2017 zehn Veranstaltungen aus. Gemeinsame Veranstaltungen von zwei Teilnetzwerken entwickeln sich gerade als neue Form der Vernetzung innerhalb der *Ems-Achse*. Eine Veranstaltung zum Risikomanagement führt das MEMA-Netzwerk z. B. in Zusammenarbeit mit dem Kunststoffnetzwerk durch.

Im »Kompetenzzentrum Energie«, dem Energienetzwerk der *Ems-Achse*, kooperieren u. a. im »Climate Center North« Akteure aus den Niederlanden und der *Ems-Achse* grenzübergreifend im Projekt NEND (Nachhaltige Energie Niederlande Deutschland der Ems-Dollart-Region).

---

95   Siehe auch http://pro-e233.de/.

Die Zusammenarbeit im Logistiknetzwerk der *Ems-Achse* hat u.a. dazu geführt, dass beim Abgleich von Lkw-Fahrtrouten verschiedener Speditionen die Auslastungsquote mehrerer Mitglieder erhöht werden konnte – ein Synergieeffekt, der sich für die am Teilnetzwerk beteiligten Speditionen direkt auszahlt.

Das Management jedes Teilnetzwerks handelt eigenverantwortlich. Die Zusammenarbeit mit dem Netzwerkmanagement der *Ems-Achse* ist unterschiedlich intensiv. Eine Weisungsbefugnis des Netzwerkmanagers der *Ems-Achse* für das Management von Teilnetzwerken gibt es nicht.

Autonomie- und Zugehörigkeitsbedürfnisse bezogen auf das übergeordnete Netzwerk *Ems-Achse* werden unterschiedlich gestaltet. Das zeigt sich u.a. in der Art und Weise, wie die Verbindungen der Teilnetzwerke zur *Ems-Achse* in der Öffentlichkeitsarbeit kommuniziert werden. Das MEMA-Netzwerk bietet zum Beispiel ein umfangreiches Veranstaltungsprogramm an. Im MEMA-Programmheft Juli–September 2017 wird allerdings nicht darauf hingewiesen, dass es sich um ein Teilnetzwerk der *Ems-Achse* handelt.

Übergreifende Vernetzungsformate

In der *Ems-Achse* wurde zudem eine Reihe weiterer innovativer Ideen realisiert, die alle eines gemeinsam haben: Sie stärken die Region durch Vernetzung:

- *Familienservice Weser-Ems e. V.*: Die *Ems-Achse* bietet für Mitgliedsunternehmen eine Notfallkinderbetreuung an. Täglich von 7 bis 19 Uhr ist die Koordinatorin der Tagesmütter erreichbar. Innerhalb von zwei Stunden wird eine Kinderbetreuung gestellt, die max. acht Stunden tätig ist. Die *Ems-Achse* hat dafür einen Kooperationsvertrag mit dem *Familienservice Weser-Ems e. V.* geschlossen. Der Service ist für Mitgliedsunternehmen kostenlos und wird durch Mitgliedsbeiträge finanziert.
- *PraktiTrans*: Fachkräften und Schülern auf beiden Seiten der deutsch-niederländischen Grenze werden berufliche Perspektiven länderübergreifend vorgestellt.
- *Job-Achse*: Ein regionales Stellen- und Bewerberportal stellt internetbasiert den Kontakt zwischen Arbeitgebern und potenziellen Bewerbern her. Die Unternehmen stellen Jobangebote, Ausbildungsplätze, Praktikumsstellen und Bachelor-/Masterarbeitsthemen dort ein. Die *Ems-Achse* bewirbt das Jobportal z. B. beim Besuch von Messen durch das Jobmobil.
- *Zukunftsachse*: eine Website, die Schülern und Schülerinnen, Studierenden, Eltern und Lehrkräften einen Überblick über konkrete Angebote der *Ems-Achse* zur Berufsorientierung und zum Berufseinstieg bietet. Bei der Konzeption waren neben Unternehmen auch Schulen und Hochschulen aus dem Netzwerk beteiligt.

- *Wandel gestalten*: ein Netzwerk zur Integration von Flüchtlingen und Migranten. Arbeitgeber und Flüchtlinge werden durch eine Beratungsstelle für die gesamte Region zusammengebracht, Unternehmer auf zu erwartende Herausforderungen vorbereitet und zu diesen beraten.
- *Rückkehreraktion*: Was bietet die Heimat? Netzwerkmitglieder und Mitarbeiter aus dem Netzwerkmanagement besuchen an Feiertagen, insbesondere in der Weihnachtszeit, Veranstaltungen (Weihnachtsmärkte, Ehemaligentreffen), auf denen Studierende und in anderen Regionen Beschäftigte anzutreffen sind. Im persönlichen Gespräch werden die Heimaturlauber auf die Vorzüge der Region, die sich in letzter Zeit entwickelt haben, und aktuelle Arbeitsmöglichkeiten aufmerksam gemacht.
- Ein besonders gelungenes Beispiel für ein übergreifendes erfolgreiches Netzwerkformat ist das Ausbildungsprojekt für spanische Jugendliche. Insgesamt 50 junge Spanierinnen und Spanier wurden gewonnen, freie Ausbildungsplätze im Emsland anzunehmen und auf diese Weise der drohenden Arbeitslosigkeit in ihrem Heimatland zu entgehen. Die Auszubildenden aus Spanien wurden dabei auf vielfache Weise beim Einleben unterstützt.

Daneben gibt es eine Reihe von Veranstaltungsformaten, die konsequent den Austausch unter den Mitgliedern fördern, mitunter angeregt durch Inputs externer Fachleute oder von Fachleuten aus der *Ems-Achse*:
- Veranstaltungsserie »Fit für Fachkräfte« – sechs- bis zehnmal im Jahr. Personalverantwortliche und Geschäftsführer treffen sich zum Austausch über verschiedene Facetten rund um das Thema Fachkräftegewinnung und -bindung.
- Forum Produktion Nordwest – jährliche Fachtagung rund um die Trends in der Produktionstechnik. Best-Practice-Beispiele, Lösungsansätze und Erfahrungsaustausch stehen im Vordergrund.
- HR-Forum Nordwest – zweimal jährlich werden gemeinsam mit der Hochschule Emden/Leer Personalthemen in Impulsvorträgen, Diskussionen und Networking bearbeitet.
- Job-*Achse Karrieretag* – eine jährlich stattfindende Messe der Hochschule Emden/Leer am Campus Emden. Unternehmen präsentieren Praktikumsplätze, Bachelor- und Masterarbeiten und Jobangebote.
- Wirtschaftstag Nordwest – jährliches Treffen von Unternehmensentscheidern, Führungskräften und Multiplikatoren mit Platz für Gespräche und neue Kontakte. Neben einer Ausstellung (mit ca. 60 Unternehmen und 10 Gründern) bieten kurze Vorträge die Möglichkeit, sich über neue Entwicklungen zu informieren. Im Mittelpunkt steht aber der persönliche Austausch der gut 450 Teilnehmenden – dazu gibt auch der Ausklang mit After-Work-Charakter Gelegenheit.

- Expertentreffen – zwei- bis dreimal jährlich kommen Experten aus den Bereichen Technik, IT, Marketing und Personal zusammen, um praxisorientierte Impulse zu bekommen und sich auszutauschen. Damit ein intensiver Wissensaustausch stattfinden kann, ist die Teilnehmerzahl auf max. 25 Teilnehmende begrenzt. In der Regel referieren zwei bis drei Fachleute aus der unternehmerischen Praxis. Abgerundet werden die Veranstaltungen häufig durch eine Firmenbesichtigung und vor allem Raum für den intensiven Austausch.
- Auch die Mitgliederversammlung ist so ausgerichtet, dass Netzwerke ausgebaut werden können. Dazu wird der formale Teil (mit einer Festrede, bspw. zuletzt durch Bundespräsident a. D. Christian Wulff oder Ministerpräsident Stephan Weil) bewusst kurz gehalten. Dafür bieten der Stehkaffee vor Beginn und ein Imbiss nach der eigentlichen Sitzung Möglichkeiten zum Gespräch. Stehtische statt fester Sitzgelegenheiten befördern den Austausch.

Erfahrungen mit der Organisationsform »Netzwerk«

Die ersten vier bis fünf Jahre des Netzwerks waren gekennzeichnet durch eine relativ hohe Fluktuation. Diese war darauf zurückzuführen, dass es teilweise falsche Vorstellungen von der Funktionsweise eines Netzwerks gab. Einige Dienstleister versuchten, das Netzwerk als Akquiseinstrument zu missbrauchen. Bei vielen Mitgliedern kam dieses Verhalten nicht gut an. Mitglieder, die im Netzwerk akquirieren wollten, liefen auf und verließen das Netzwerk frustriert. Die Bereitschaft zur Zusammenarbeit war in dieser Phase getrübt.

Aber die Mitglieder haben dazugelernt. Ein Versicherungsmakler aus der *Ems-Achse* erzählte dem Netzwerkmanager: »Ich spreche nie im Netzwerk über das, was ich mache. Aber ab und zu rufen mich Leute an, mit denen ich im Netzwerk zusammengearbeitet habe und die meine Kompetenzen kennengelernt haben, um einen Rat von mir zu bekommen. Manchmal wird ein Geschäft daraus. Das ist aber nicht planbar und auch nicht der Grund für meine Mitgliedschaft im Netzwerk.«

Auch mit anderen Organisationen oder Verbänden verlief die Zusammenarbeit nicht immer reibungslos. So kündigte die IHK Osnabrück – Emsland – Grafschaft Bentheim an, ihre Mitgliedschaft zu beenden, da das IHK-Präsidium zu viele Doppelstrukturen sah bzw. befürchtete. Durch vertrauensvolle Gespräche konnten diese Sorgen ausgeräumt werden. In einer Kooperationsvereinbarung wurden zudem Eckpunkte der Zusammenarbeit pragmatisch geregelt.

Den Netzwerkmitgliedern, insbesondere aber den Mitarbeitern aus dem Netzwerkmanagement der *Ems-Achse*, ist Einbindung wichtig. Auf Veranstaltungen der *Ems-Achse* sprechen sie Teilnehmende an, die »verloren im Raum stehen«, die keinen Anschluss zu finden scheinen. In diesen Gesprächen geht es fast immer um Erwartungen an das Netzwerk und die eigenen Erfahrungen mit dieser Organisationsform. Den Mitgliedern des Netzwerkmanagements ist es in diesen Gesprächen wichtig, den Netzwerkmitgliedern neue Wege der Netzwerknutzung zu eröffnen, z. B.

- neue Kontakte zu Netzwerkmitgliedern herzustellen, die dem Gesprächspartner noch nicht bekannt waren oder bei denen es bisher keine Gelegenheit zum Kennenlernen gab,
- den Gesprächspartner auf Veranstaltungen und Mitwirkungsmöglichkeiten aufmerksam zu machen, verbunden mit dem Angebot, ihn in Einladungsverteiler aufzunehmen.

Die Größe des Netzwerkgebiets verursacht mitunter Probleme bei der Umsetzung von Vorhaben. Die Entfernung zu Veranstaltungsorten erschwert vielen Unternehmen die Teilnahme, da sie bis zu zwei Stunden unterwegs sind (z. B. von Nordhorn nach Wittmund).

Im (zurzeit noch in der Beantragung befindlichen) Projekt »Starke Region – starke Wirtschaft« ist die *Ems-Achse* Lead-Partner, der an der Konzeption des Projekts mitwirkt. In dem Projekt, das als anwendungsorientiertes Forschungsvorhaben im *Bundesprogramm Ländliche Entwicklung (BULE)* durch den Projektverbund *Wachstumsregion Ems-Achse e. V.* und *SPRINT – wissenschaftliche Politikberatung (PartG)* beantragt wurde, geht es um den Vergleich von mehreren starken Regionen im ländlichen Raum.

Im Projekt soll durch kollegiales Lernen herausgefunden werden, was Regionen entwicklungsstark werden lässt. Bisher wurden zwölf Kriterien für die Stärke einer Region identifiziert, die auf die *Ems-Achse* weitgehend zutreffen, u. a. Arbeitslosenquote unter 4 %, Beschäftigungsquote mindestens 60 %, polyzentrische Struktur, max. 1,5 Mio. Einwohner. Bei der Entwicklung des ländlichen Raumes wurde bisher vor allem defizitorientiert vorgegangen. Das Projekt wird die Stärken der jeweiligen Region zum Ausgangspunkt von Entwicklung machen. Die *Ems-Achse* wurde als Lead-Partner ausgewählt, weil der Gründungsimpuls sich aus der Stärke der Region entwickelt hat. Auch die Teilnetzwerke sind stärkenorientiert: Sie bündeln die starken Branchen der Region.

Konkurrenz ist kein großes Thema in der *Ems-Achse*. In zweierlei Hinsicht kommt es aber vor:
- Manchmal wird die *Ems-Achse* von anderen Verbänden und Verbünden als Konkurrent wahrgenommen, die zu Themen wie Fachkräftebindung, die die *Ems-Achse* mit ihren Möglichkeiten bewegt, ebenfalls tätig sind. Befürchtet werden von anderen Verbünden dann Überschneidungen und

Doppelangebote. Die *Ems-Achse* nimmt sich selbst so wahr, dass sie sich gern in Aktivitäten von anderen einbinden lässt und umgekehrt andere Verbünde gern in eigene Aktivitäten einbindet. Einige andere Verbünde werden von der *Ems-Achse* umgekehrt eher als ausgrenzend erlebt.

- In der Anfangsphase gab es Konkurrenz mitunter auch untereinander, z. B. wenn es darum ging, welches Unternehmen eine kompetente Fachkraft an sich binden kann. Unter den Kommunen gab es damals mitunter Konkurrenz um einen Arzt, der sich in der Region niederlassen wollte. Mit der lokal verbreiteten Redensart »Die Flut hebt alle Schiffe« trug der erste Vorsitzende der *Ems-Achse* dazu bei, dass nach und nach alle Mitglieder Erfolge einzelner Unternehmen oder Kommunen in erster Linie als Beitrag zur erfolgreichen Entwicklung der Region wahrnehmen, von der letztlich alle profitieren.

Porträt des Netzwerkmanagers Dr. Dirk Lüerßen

Der Netzwerkmanager der *Ems-Achse*, Dr. Dirk Lüerßen, hat Politikwissenschaft und Geschichte studiert und mit einer Promotion zum Thema »Konzentrationslager im Emsland« abgeschlossen. Sein Berufsziel war Journalist. Im Studium hatte er für mehrere Zeitungen gearbeitet. Nach der Promotion nahm er eine Stelle bei der IHK für Ostfriesland und Papenburg als Pressesprecher und persönlicher Referent an, die seinen Vorstellungen entsprach. In der IHK bekleidete er im Laufe seiner Tätigkeit mehrere Stellen. Als Geschäftsführer für Aus- und Weiterbildung war er u. a. mitbeteiligt am Aufbau der Fachkräfteinitiative innerhalb des im Aufbau befindlichen Netzwerks *Ems-Achse*. Nach Ausscheiden des Netzwerkmanagers, der den Gründungsprozess begleitet hatte, wurde er 2011 gefragt, ob er dessen Nachfolger werden wolle.

Rückblickend sieht er in seiner Biografie Erfahrungen aus verschiedenen Tätigkeitsfeldern, die die Art und Weise, in der er die Rolle des Netzwerkmanagers ausgestaltet und ausfüllt, geprägt haben. Diese Erfahrungen machte er teilweise vor seiner Tätigkeit als Netzwerkmanager, teilweise auch parallel zu seiner Tätigkeit:

Erfahrungen vor der Tätigkeit als Netzwerkmanager:

- In einer katholischen Studentenverbindung war er lokal und bundesweit in Leitungsfunktionen tätig. Dort gehörte es zu seinen Aufgaben, Veranstaltungen zu organisieren, die Menschen ansprechen. Um herauszubekommen, was Menschen dazu bewegt, zu Veranstaltungen zu kommen, waren die Teilnehmenden selbst seine wichtigste Informationsquelle. Diese nutzte er aktiv, indem er Feedback und Wünsche einholte.
  In der Leitungsrolle auf Bundesebene ging es immer wieder auch darum, unterschiedliche Arbeitsgruppen aufeinander zu beziehen: Arbeitsgrup-

pen, die fakultätsbezogen organisiert waren, sowie Arbeitsgruppen, die projektbezogen oder geografisch zusammengesetzt waren, galt es in eine produktive Form der Zusammenarbeit zu bringen.

- Bei der IHK war die Organisation von Veranstaltungen in allen Aufgabenfeldern immer Bestandteil seiner Arbeit. In dieser Phase hat er seine Herangehensweise, das Feedback der Teilnehmenden zu nutzen, um Veranstaltungen zu planen, die den Bedürfnissen der Teilnehmenden bestmöglich entsprechen, weiterentwickelt. Da er seine Herangehensweise jetzt im wirtschaftlichen Umfeld anwandte, musste er sich verstärkt auf den Faktor »Nützlichkeit« fokussieren.

Berufsbegleitende Erfahrungen »on the Job«: »Netzwerke leben davon, dass man nicht genau weiß, was ich als Mitglied in das Netzwerk reinbringen kann und was ich aus dem Netzwerk herausbekomme.« Diese Aussage eines Referenten im Rahmen einer Veranstaltung des »Innovationsbüros Fachkräfte für die Region«, Berlin, in der es nicht nur um Netzwerkmanagement ging, ist Dr. Lüerßen lebhaft in Erinnerung.

In einer intensiven, vierwöchigen Weiterbildung der IHK für (angehende) Führungskräfte ging es u.a. um das Thema Teamentwicklung. In einem Rollenspiel machte er die eindrückliche Erfahrung, dass alle verlieren, wenn in einem Team alle Mitglieder ihre Position als die richtige ansehen und durchsetzen möchten.

Diese Erfahrungen prägten die Art und Weise, in der Dr. Lüerßen seine Rolle als Netzwerkmanager ausgestaltete. Diese lässt sich durch vier Tätigkeiten charakterisieren:

- Verbindungen anregen, initiieren, z.B. wenn Menschen auf Veranstaltungen allein stehen und Anschluss suchen
- Nutzen stiften
- offen sein für Geben und Nehmen
- uneitel sein und lösungsorientiert denken: Ein solches Denken geht nur, wenn man davon ausgeht, dass auch andere gute Ideen haben. Rechthaben-Wollen ist Sand im Getriebe von Netzwerken.

In der Biografie von Dirk Lüerßen ist eine fachliche Nähe zu den drei Tätigkeitsschwerpunkten des Netzwerks angelegt:

- Thema »Fachkräfte«: über fünfjährige Erfahrung als Geschäftsführer für Aus- und Weiterbildung bei der IHK, zugleich Sprecher für Schul- und Hochschulpolitik und Weiterbildung des Niedersächsischen Industrie- und Handelskammertages.
- Thema »Regionalobbying«: Erfahrungen im politischen Bereich (politische Jugendorganisation, in der »Jugend« einige Jahre Mitglied im Gemeinderat

seiner Heimatgemeinde; Begleitung von wirtschaftspolitischen Gesprächen – insbesondere als persönlicher Referent; Regionallobbying spielte
aber natürlich auch eine gewichtige Rolle in der Funktion als schul- und
hochschulpolitischer Sprecher usw.)

- Thema »Branchenvernetzung«: Hilfreich erscheint eine natürliche Neugierde gegenüber allen Branchen (passt zur journalistischen Neugierde).

Dr. Dirk Lüerßen wurde 2017 vom Bundesministerium für Arbeit und Soziales
als innovativer Netzwerkkoordinator ausgezeichnet.

8.2 Netzwerk Industrie RuhrOst (NIRO)

Porträt des Netzwerks

Das Netzwerk *Industrie RuhrOst (NIRO)* wurde 2006 von sechs Unternehmen
aus der Maschinenbau-, Metall- und Elektrotechnikbranche, dem Lehrstuhl für
Arbeits- und Produktionssysteme der TU Dortmund und der Wirtschaftsförderungsgesellschaft für den Kreis Unna in der Rechtsform eines eingetragenen Vereins gegründet. Vorangegangen war eine zweijährige Planungsphase
des Projekts »KompetenzCentrum Fabrikautomation« der *Wirtschaftsförderungsgesellschaft für den Kreis Unna mbH (WFG)*.

NIRO geht es darum, »starke Unternehmen zu festigen und das Beste an wirtschaftlicher und technologischer Leistungskraft – aber auch an sozialen Fähigkeiten – gemeinsam zu entwickeln«, wird Jens te Kaat, *NIRO*-Vorstandssprecher
und Geschäftsführer der Kueppers Solutions GmbH, auf der Website zitiert.[96]

Wenke Völkmann-Gröne, ein anderes *NIRO*-Vorstandsmitglied, Inhaberin der Ma-
schinenfabrik Völkmann GmbH, beschreibt auf der Website die Zielorientierung
von *NIRO* mit den Worten: »Durch den systematischen Erfahrungsaustausch werden wir nicht nur gemeinsam die Innovationskraft unserer Unternehmen, sondern auch der gesamten Region steigern.« Dieses anspruchsvolle Ziel hat *NIRO* inzwischen durch eine Vielzahl von Vorhaben zu einem beträchtlichen Teil erreicht.

Die Gründung des Netzwerks wurde durch Pascal Lampe, der nach der Gründung als Geschäftsführer von *NIRO* eingesetzt wurde, in einer die ganze Ent-

---

96 Das Porträt basiert insbesondere auf Informationen, die Jens te Kaat, geschäftsführender Vor-
    stand von *NIRO*, und Anna Rommel, Leitung der Netzwerkentwicklung, dem Autor am 11.9.2017
    in einem Gespräch vermittelten. Ergänzend wurden Informationen der *NIRO*-Website www.ni-ro.
    de genutzt. Weitere Grundlage waren ein Gespräch des Autors mit Pascal Lampe, dem Netzwerk-
    manager von *NIRO* 2012, und ein Interview, das Pascal Lampe der Zeitschrift »Profile« 2011 gab
    – nähere Angaben siehe Literaturverzeichnis.

wicklung des Netzwerks prägenden Weise vorbereitet. Er gewann die acht Gründungsmitglieder in Einzelgesprächen dafür, sich an dem Netzwerk zu beteiligen. Ausgangspunkt der Gespräche war Lampes Vision davon, was ein solches Netzwerk zu leisten in der Lage sein könnte. Im ersten Gespräch stellte Lampe seine Netzwerkvision als Anregung zur gemeinsamen Visionsentwicklung zur Verfügung. Mit der Vision, in die die Ideen des ersten Gesprächspartners integriert waren, begann er das zweite Gespräch. Mit der in diesem Gespräch konkretisierten Vision begann er das dritte Gespräch usw.

Der Gesprächsrunde vorausgegangen war eine Recherche dazu, welche Unternehmen für eine solche Netzwerkgründung infrage kommen könnten. Einer ersten Gesprächsrunde folgte eine zweite Runde Einzelgespräche mit weiteren Konkretisierungen. Die auf diese Weise gemeinsam in Dialogen entwickelte Netzwerkvision bildete die Grundlage für eine zügige Netzwerkgründung, die in einer einzigen – gut vorbereiteten – Sitzung von allen Gründungsmitgliedern verbindlich abgeschlossen und vereinbart wurde.

Aus Sicht des Vorstandsvorsitzenden te Kaat, der damals schon mit dabei war, war es eine wichtige Bedingung für das Gelingen in der Gründungsphase, dass am Tisch nur Unternehmensvertreter saßen, die entscheidungsberechtigt waren. So war die Netzwerkgründung geprägt durch wechselseitig erlebte Verlässlichkeit und Entscheidungsfreude. In der Gründungsphase wurde auf diese besondere Weise das Selbstverständnis eines nicht durch das Management, sondern durch die Unternehmen gesteuerten Netzwerks bei *NIRO* verankert.

Von Anfang an waren Workshops und Arbeitsgruppen ein wichtiges Grundelement, um Nutzen für alle Netzwerkmitglieder zu stiften. Von Beginn an werden die Themen von den Mitgliedern initiiert und vom Netzwerkmanagement organisiert. Die Arbeitsgruppe der Einkäufer hat beispielsweise in nur zwei Sitzungen von jeweils zwei Stunden die erste gemeinsame Ausschreibung auf den Weg gebracht. Es wurde ein Stromanbieter gefunden, der dem Netzwerk einen Preis anbot, der günstiger war als die Strompreise, die jedes Mitglied einzeln ausgehandelt hätte.

Das war die Grundlage für den heutigen *NIRO*-Einkaufspool. Auf diese Weise wird nach wie vor die Nachfrage aller Unternehmen gebündelt, ausgeschrieben und mit dem besten Anbieter (Preis und Rahmenbedingungen) ein Rahmenvertrag geschlossen. Inzwischen gibt es 33 Rahmenverträge für indirekte Materialien, Dienstleistungen und Energie mit einem Jahresumsatz von über 30 Mio. Euro (jährlich steigend). Etwa zwei Drittel aller Rahmenverträge werden vom überwiegenden Teil der *NIRO*-Mitglieder genutzt. Die anderen Rahmenverträge werden je nach Bedarf von Unternehmen in Anspruch genommen, wie z.B. der Rahmenvertrag für Laborartikel. Diesen Rahmenvertrag nutzen nur *NIRO*-Mitglieder, die ein eigenes Labor haben.

Von Beginn an haben die Mitgliedsunternehmen die Entscheidungshoheit über die Themen, die ausgeschrieben werden, und die dazu passenden Lieferanten. Diese Entscheidungen werden in der AG Einkauf getroffen. Durch die Ausgründung von *byNIRO*, einer 100%igen Tochter von *NIRO*, die 2012 erfolgte, ist die Einkaufsgemeinschaft auch für Unternehmen offen, die nicht Mitglied bei *NIRO* sind. Jährlich kommen neue Verträge hinzu.

Der schnelle Erfolg trug nicht unwesentlich dazu bei, dass *NIRO* für neue Mitglieder attraktiv wurde. Schon 2008 gehörten 40 Unternehmen zum Netzwerk, 2011, zum fünfjährigen Bestehen, waren 65 Unternehmen mit insgesamt 17.000 Beschäftigten Mitglied im Netzwerk.

Seit der Gründung von NIRO wurden die Handlungsfelder und die dort aktiven Arbeitsgruppen erweitert. Heute bringt NIRO die Mitgliedsunternehmen in sieben Arbeitsgruppen (Einkauf, Logistik & Im- u. Export, Industrie 4.0, Produktentwicklung, Personal, Ausbilder und Marketing) zusammen, in denen Ideen geprüft, konkretisiert und in Form von Kooperationen von Mitgliedern oder dem ganzen Netzwerk umgesetzt werden. Die rund 30 bis 40 *NIRO*-Veranstaltungen pro Jahr sind i.d.R. intern. Mit der Gründung der *byNIRO GmbH* und damit der Öffnung des Einkaufspools für externe Unternehmen und dem Angebot der *NIRO*-Akademie werden auch die *byNIRO*-Kunden sowie interessierte Unternehmen aus der Region zu ausgewählten Veranstaltungen eingeladen. Damit schafft *NIRO* für seine Mitglieder ein zusätzliches Angebot, um »über den Tellerrand zu schauen« – die Mitgliedsunternehmen können sich mit weiteren Unternehmen aus der Region austauschen.

In *NIRO*-Austauschprozessen geht es immer um Prozessinnovation als Kerngeschäft, da die Unternehmen unterschiedliche Produkte, aber ähnliche Prozesse haben. An den Prozessinnovationen sind inzwischen über 500 Experten aus den 65 Mitgliedsunternehmen beteiligt, ausschließlich Entscheider in ihren jeweiligen Fachgebieten. Alle Arbeitsgruppen sind interaktiv gestaltet: Alle sollen mitreden, mitwirken und mitentscheiden. Der partizipative Ansatz schafft eine kreative Atmosphäre, ein aktives, innovatives Milieu. Dieses findet sich in allen Arbeitsgruppenformaten, die *NIRO* im Laufe der Zeit entwickelt hat:

- regelmäßige Arbeitsgruppentreffen
- Ad-hoc-Gruppen
- kollegiale Beratungen
- Fachtagungen

Jede der sieben Arbeitsgruppen erstellt zu Beginn des Jahres eine Jahresplanung. Dazu werden Themen gesammelt, mögliche Inputgeber benannt, eine
Reihenfolge festgelegt und gemeinsam eine Terminierung für das Jahr abgestimmt. Die Treffen finden entweder bei einem Mitgliedsunternehmen oder in
den Räumen des Netzwerkmanagements statt.

Hier einige Erläuterungen, die verdeutlichen, wie diese strukturiert sind und
wie eine aktive innovative Atmosphäre geschaffen wird:

Alle **Arbeitsgruppen** werden von Mitgliedern des Managements moderiert. Der
Ablauf ist standardisiert: Zum Treffen wird unter Nennung des Themas und
des Inputgebers eingeladen. Da sich die Teilnehmenden in der Regel kennen,
wird oft auf eine Vorstellungsrunde verzichtet. Zu Beginn steht ein Input, oft
von einem *NIRO*-Mitglied, manchmal auch von einem externen Spezialisten,
der von einem Mitglied vorgeschlagen oder vom Management recherchiert
wurde. Bei bis zu 15 Personen finden die Arbeitsgruppen in der Regel ausschließlich im Plenum statt. Nach dem Input findet ein Austausch dazu statt.
Dieser ist immer handlungs- und entscheidungsorientiert, aber ergebnisoffen
ausgerichtet auf die Frage: Kann *NIRO* etwas tun, um die Handlungskompetenz der Mitglieder bezogen auf das Inputthema zu erweitern, effizienter zu
arbeiten, Synergieeffekte zu nutzen? Zur Kultur der Arbeitsgruppen gehört es,
die Inputinhalte mit Erfahrungen aus dem eigenen Unternehmen zu ergänzen,
aber auch zu konfrontieren. Als besonders wirksam hat sich herausgestellt,
offen Misserfolge mit konkreten Herangehensweisen zum diskutierten Thema
einzubringen. Alle AG-Teilnehmer haben ein Interesse daran, dass eigene Fehler von anderen Mitgliedern nicht wiederholt werden. Zudem haben alle die
Erfahrung gemacht, dass sich vor allem aus Fehlern nachhaltige Erfolgsstrate-
gien ableiten lassen.

Am Ende der Sitzung stehen Vereinbarungen. Alle Treffen werden protokolliert. Die AG-Teilnehmer erhalten die Protokolle. Das Management fühlt sich
verantwortlich dafür, die Umsetzung der Vereinbarungen im Blick zu haben
und gegebenenfalls nachzuhaken. »Dafür nutze ich Post-its, die mich daran
erinnern, welche Vereinbarungen aus den vier Arbeitsgruppen, die ich mode-
riere, ich noch nachzuverfolgen habe. Die Zahl der Post-its an meiner Wand
schwankt ständig zwischen 10 und 20«, erläuterte Anna Rommel im Gespräch.

Aufgabe der Moderation ist es, die Arbeitsgruppen so zu gestalten, dass jedes
Mitglied sich einbringen kann. In einer Gruppe mit mehr als 15 Teilnehmenden ist das im Plenum nicht mehr möglich. Bei Arbeitsgruppensitzungen mit
mehr als 15 Teilnehmenden findet die Austauschphase deshalb in Kleingruppen statt. Dabei werden – wenn möglich – kreative Methoden angewandt: In

einer Sitzung der AG Produktentwicklung ging es um das Thema »Kreativi-tätstechniken«. Der Inputgeber hatte mehrere Kreativitätstechniken vorge-stellt. Den Kleingruppen wurde die Aufgabe gegeben, eine neue Zahnbürste zu entwickeln und dabei eine der vorgestellten Kreativitätstechniken auszu-probieren. Zu anderen Themen finden manchmal auch Kleingruppen statt, in denen alle Gruppen zur selben Fragestellung arbeiten. Die Ergebnisse der Kleingruppen werden dann im Plenum vorgestellt. Danach führt die Frage »Was folgt daraus?« wieder zum Punkt »Vereinbarungen«.

Bei der Gestaltung von Austauschphasen in Arbeitsgruppen wird von den Mo-deratoren aus dem Netzwerkmanagement darauf geachtet, dass die Mitglie-der sich in den jeweiligen Zusammensetzungen der Kleingruppen wohlfühlen. In Vorabsprachen werden mitunter auch Gruppenteilnehmende gefragt, ob sie eine Kleingruppe moderieren können: So wird für Orientierung in der Aus-tauschphase gesorgt.

In letzter Zeit entwickelt sich in den festen Arbeitsgruppen zunehmend der Wunsch, die Arbeitsbeziehungen auch durch gemeinsame private Aktivitäten zu festigen. So fuhr die Gruppe »Produktentwicklung« zusammen Gokart. Die Gruppe »Versand/Außenwirtschaft/Logistik« besichtigte eine Brauerei. In der Gruppe »Produktentwicklung«, die einmal im Jahr das Format »PEP to go«[97] durchführt, hat sich die Kultur etabliert, nach einem Tag mit Besuchen von Unternehmen gemeinsam zu essen und Bier trinken zu gehen. In dieser Gruppe wird der Spaßfaktor auch dadurch befördert, dass sie gemeinsam in Kleinbussen anreist. So gibt es schon unterwegs die Möglichkeit für interes-santen Austausch, was als zusätzliche Attraktion dieser Arbeitsgruppe wahr-genommen wird. Frau Rommel vermutet, der Hintergrund dieser Entwicklung sei die Erfahrung, dass gemeinsam erlebter Spaß die Lust an der professionel-len Zusammenarbeit steigert.

Neben den festen Arbeitsgruppen gibt es **Ad-hoc-Gruppen**, die sich so lange treffen, bis das Thema erschöpfend bearbeitet wurde oder sich andere Ver-einbarungen ergeben. Ein besonders produktives Beispiel für eine Ad-hoc-Gruppe ist die Gruppe »Frachten«, die sich 2011 auf Wunsch von Mitgliedern bildete. Zu Beginn war nicht klar, was daraus werden kann. Pascal Lampe hatte z. B. die Vision eines eigenen *NIRO*-Logistikzentrums.

Bei der Arbeitsgruppe, zu der es sehr viele Anmeldungen gab, wurde die Walt-Disney-Methode angewandt: Tischgruppen bekamen im ersten Schritt den

---

97   »PEP to go« steht für »Produktions-Entwicklungs-Prozess zum Kennenlernen«.

ments«, erläuterte Vorstandssprecher te Kaat im Gespräch mit dem Autor. Auf diese Weise wurde eine Eigenfinanzierung, unabhängig von Förderprojekten, erreicht.

In dieser Entscheidung spiegelt sich eine Prioritätensetzung der Mitgliedsunternehmen wider: lieber das quantitative Wachstum verringern, um die Qualität der Zusammenarbeit noch weiter steigern zu können. Durch die Priorisierung wurde die Kraft, die im Netzwerk für die Integration neuer Mitglieder aufzuwenden ist, begrenzt, um die Zusammenarbeit weiter intensivieren zu können.

Die intensive, interaktive, partizipative Arbeitsweise bei *NIRO* hat einen weiteren wichtigen Effekt: *NIRO* stiftet durch seine Angebote nicht nur Nutzen für die Mitgliedsunternehmen, sondern auch für jede mitwirkende Person: Wer ein Angebot von *NIRO* besucht, vergrößert nicht nur den Erfolg seines Unternehmens, er verbessert und qualifiziert sich auch selbst durch den Erwerb von Prozesskompetenz aus anderen Unternehmen. Dies trägt dazu bei, die eigene Stellung im Unternehmen zu verbessern.

Bei der Entscheidung, nicht mehr so stark zu wachsen, spielte auch die Wahrnehmung eine Rolle, dass es in größeren Netzwerken oft einen aktiven Kern gibt, aber auch viele Trabanten, die eher konsumieren und sich kaum engagieren. Deren Potenzial ist im Netzwerk nicht (mehr) nutzbar. Die Entscheidung, langsamer zu wachsen, hatte auch das Ziel, das Risiko zu vermeiden, den hohen interaktiven, partizipativen Qualitätsstandard zu gefährden, der bereits erreicht wurde. In der Entscheidung drückt sich – in Euro und Cent! – ein von allen geteiltes Bewusstsein über den hohen Wert aus, den diese spezifische Qualität als Erfolgsbedingung im Netzwerk hat. Die Größe des Netzwerks hat sich in den letzten Jahren vor diesem Hintergrund kaum verändert. Obwohl mehrere Unternehmen gern hinzugekommen wären, wurde strikt darauf geachtet, nur Unternehmen neu aufzunehmen, die aus den drei Branchen und aus der Region kommen und keine Konkurrenz zu bestehenden Mitgliedern darstellen.

Eine weitere Erfahrung ist, dass dieser Umgang mit Wachstum dazu beiträgt, dass personelle Kontinuität sich positiv auf die Ergebnisse auswirken kann, die in Arbeitszusammenhängen erzielt werden. Personelle Kontinuität ist eine Bedingung, damit Vertrauen entstehen kann.

Partizipative Veranstaltungen und direkter persönlicher Austausch mit 500 aktiv Beteiligten war nur möglich, weil schon 2008 begonnen wurde, *NIRO-*

Wissen[98] zu konzipieren und zu realisieren – eine internetbasierte Plattform, die genau auf die Bedürfnisse des Netzwerks zugeschnitten ist. Mit *NIRO-Wissen* hatte jedes Netzwerkmitglied die Möglichkeit, sich selbst zu einer *NIRO*-Veranstaltung anzumelden und tagesaktuell einzusehen, wer sich bisher sonst noch angemeldet hat. Außerdem sind bei *NIRO-Wissen* Dokumente wie Input-Inhalte oder Protokolle hinterlegt, die den jeweiligen Arbeitsgruppen zugeordnet sind. Nur Mitarbeitende aus dem *NIRO*-Management können zu *NIRO*-Veranstaltungen einladen. Mitgliedsunternehmen können ihre Veranstaltungen ebenfalls in *NIRO-Wissen* einstellen. Dazu wird aber nicht eingeladen. Diese Veranstaltungen werden über den wöchentlichen Newsletter kommuniziert.

Der stürmische Mitgliederzuwachs in den ersten Jahren führte dazu, dass netzwerkintern verschwamm, was das Besondere an *NIRO* ist. Die Wünsche, Erwartungen und Haltungen neuer Mitglieder führten dazu, dass der Markenkern des Netzwerks an Kontur verlor. Damit war die Basis des gemeinsamen Handelns gefährdet. In einem Klärungsprozess wurde ein Bild davon erarbeitet, was *NIRO* ausmacht: Die Kernbegriffe »kooperativ/dynamisch« werden gerahmt von den Eigenschaften, die diesen Kern für Mitglieder und Externe erlebbar machen: vertrauensvoll, mutig, kompetent und bodenständig. Als passender Claim dazu wurde »the dynamic difference« gefunden. Als Symbol, das den Charakter von *NIRO* optimal visualisiert, wurde ein Panther gewählt. Die vier Beine symbolisieren die Standbeine, die sich im Laufe der ersten Jahre als Haupttätigkeitsfelder herauskristallisiert haben: Einkauf, Innovation, Personal und Marketing. Darüber hinaus steht der Panther für Schnelligkeit und Effizienz.

Das konkretisierte Selbstbild und das gewachsene Selbstbewusstsein des Netzwerks, das sich durch die Überwindung der Krise 2008/2009 entwickelt hat, lässt sich auch an den Überschriften ablesen, die der Broschüre zum fünfjährigen Bestehen 2011 entnommen sind:

- »Konkurrenz, das sind die anderen!« – dennoch gibt es eine Sensibilität für dieses Thema. Direkte Konkurrenten, so eine Verabredung, dürfen nicht an den Arbeitsgruppen teilnehmen. Für die Einhaltung dieser Spielregel sorgen die Mitglieder selbst.
- »Bei NIRO zählt der Gleichbehandlungsgrundsatz« – alle Mitglieder können Ideen einbringen, sich an Arbeitsgruppen beteiligen und an *NIRO*-Veranstaltungen teilnehmen.

---

98 Eine detaillierte Beschreibung der Vorzüge von *NIRO-Wissen*, das inzwischen unter dem Markennamen *Knodge* vermarktet wird, ist in Kap. 5.7 zu finden.

- »Wir sind eine Beratung ohne Berater« – dazu wird nicht nur kollegiale Beratung genutzt. In jedem *NIRO*-Format findet auch Beratung statt, wie in den Beschreibungen deutlich wurde, weil alle Teilnehmenden aus dem Austausch für sich selbst etwas mitnehmen können. Das ist das erklärte Ziel jeder Netzwerkaktivität bei *NIRO*.

Die Dynamik des Netzwerks hat auch in den letzten Jahren nicht nachgelassen. So entstanden weitere Ideen, die inzwischen verwirklicht wurden:
- In der *NIRO*-Akademie werden Fortbildungen für die Netzwerkunternehmen angeboten. Sie finanziert sich selbst aus den durchgeführten Weiterbildungen.
- Die Software *NIRO-Wissen* wurde im Netzwerk entwickelt und wird seither als internetbasierte Kommunikationsplattform im Netzwerk genutzt. Ein wöchentlicher Newsletter wird automatisch vom System versandt. Er hat eher den Charakter einer Activity-Line: Die *NIRO*-Mitglieder erfahren in übersichtlicher Form, welche Aktivitäten es im Netzwerk in der vergangenen Woche gegeben hat, und informieren über die aktuellen Aktivitäten. »Dieser Newsletter wird von ca. einem Drittel der 500 *NIRO-Wissen*-Nutzer innerhalb von einem Tag aufgerufen«, wusste Frau Rommel zu berichten. Für das Netzwerkmanagement eine erhebliche Entlastung bei der Steuerung der bedarfsgerechten Kommunikation im Netzwerk.[99]

Vorstandssprecher te Kaat fasste im Gespräch das Erfolgsrezept von *NIRO* in vier Begriffen zusammen: Vertrauen, Austausch, Ziele und Gleichheit. In der folgenden Reihenfolge kommt die Gewichtung zum Ausdruck, die er sieht:

Die wichtigste Erfolgsbedingung im *Netzwerk Industrie RuhrOst* ist **Vertrauen**. Es entsteht nach seiner Erfahrung in einem Netzwerk vor allem dadurch, dass man Themen zu Ende bringt. Diese Form von Vertrauen hat sich bei *NIRO* am Anfang dadurch gebildet, dass Entscheider am Tisch saßen. »Als 2007 die hessische Berufsakademie nach NRW geholt wurde, hatte *NIRO* ca. 15 Mitglieder. Es war klar, wir brauchen als Mittelständler akademischen Nachwuchs. Die hessische Berufsakademie hatte uns gesagt, sie bieten ein duales Studium in der Region an, wenn wir 15 Ausbildungsplätze im Bereich Elektroingenieur und 25 Plätze im Bereich Mechatronik zur Verfügung stellen. Für einige von uns war damals der Mechatroniker eine Qualifizierung, von der sie nicht so viel hielten. Am Ende wurde gefragt, wer wie viele Plätze in den beiden dualen Studien in seinem Unternehmen bereitstellt. Es waren so viele, dass beide Studiengänge starten konnten. Das war nur möglich, weil einerseits

---

99 Eine detaillierte Beschreibung der Software findet sich in Kap. 5.7.

ausschließlich Entscheider am Tisch saßen, andererseits war die Kontroverse immer sachlich und auf Nutzen für alle ausgerichtet. Am Ende war für alle eine Entschiedenheit erlebbar geworden, die das Vertrauen in die gemeinsame Kraft begründete und weiter stärkte.«

Vertrauen entsteht für te Kaat vor allem durch den vertrauensvollen **Austausch**. Deshalb ist Austausch für ihn fast ebenso wichtig wie Vertrauen, um als Netzwerk erfolgreich zu sein. *NIRO* ist geprägt von einer intensiven, offenen Austauschkultur in verschiedenen Formaten. Die Kultur in allen Formaten ist davon geprägt, dass in den Austausch auch sensible Informationen wie die eigene Preisgestaltung eingebracht werden. Es gibt eben die Erfahrung, dass die Offenheit, die jemand zeigt, dazu führt, dass er selbst ebenso offen Informationen erhält. Zum Beispiel lassen Unternehmen beim Format »PEP to go« »in die Töpfe ihrer Entwicklungsküchen« schauen. Bei diesem Format öffnen Unternehmen ihre Entwicklungsabteilungen, sozusagen die Schatzkammer ihres Unternehmens, damit die *NIRO*-Mitglieder voneinander lernen können. An einem Tag lernen die Mitglieder die Entwicklungsprozesse von zwei bis drei *NIRO*-Unternehmen kennen und lassen sich durch Unterschiede und Gemeinsamkeiten in der Gestaltung von Entwicklungsprozessen wechselseitig inspirieren. Der Austausch von Personal unter den Mitgliedsunternehmen, der die unterschiedliche Personalnachfrage bei den *NIRO*-Mitgliedern ausgleichen soll und der über einen Tarifvertrag abgesichert ist, wird im Moment nicht so stark in Anspruch genommen wie erwartet. Das liegt allerdings daran, dass alle *NIRO*-Mitglieder in den letzten Jahren tendenziell Personal benötigten und sich kaum durch Personalüberhänge herausgefordert sahen. Austausch findet dagegen in den Lerngemeinschaften statt, die Studierende der hessischen Berufsakademie (heute die FOM) gebildet haben, wenn sie Mitgliedsunternehmen im Rahmen ihres dualen Studiums kennenlernen.

Ziele gemeinsam zu erreichen – das hat *NIRO* nach Wahrnehmung von te Kaat seit der Gründung angetrieben:
- »Wir woll(t)en durch das Zusammenwirken von vielen die Einzelnen stark machen.
- Wir woll(t)en zusammen effizienter werden.
- Wir woll(t)en im Verbund (akademischen) Nachwuchs gewinnen.«

Diese Ziele werden heute in u. a. kontinuierlichen Arbeitsgruppen »Marketing«, »Einkauf« und »Personal« mit immer neuen Vorhaben verwirklicht.

»Aus meiner Sicht«, so te Kaat, »war **Gleichheit** oder besser Ähnlichkeit auch eine wichtige Erfolgsbedingung unseres Netzwerks. Die *NIRO*-Mitglieder kommen nur aus drei Branchen. Sie kommen überwiegend aus mittelständischen Unternehmen und verstehen sich als wichtigen Bestandteil ihrer Region.«

Ausdruck der Stärke des Netzwerks heute ist es, dass es sich zu 100% selbst finanziert. »Am Anfang«, räumt te Kaat ein, »war es wichtig, dass die Unternehmen aufgrund der öffentlichen Förderung nur einen geringen Mitgliedsbeitrag zu zahlen hatten, um im Netzwerk mitzuwirken. Dadurch konnte die Erfahrung gemacht werden, welchen Wert das Netzwerk zu generieren in der Lage ist. Jetzt rechnet sich das Netzwerk für jedes Mitgliedsunternehmen. Der Nutzen übersteigt die finanziellen Beiträge der Unternehmen und die personellen Ressourcen, die ins Netzwerk eingebracht werden, bei Weitem!«

Eine wichtige Wahrnehmung zu dem, was *NIRO* als Netzwerk auszeichnet, wurde Anna Rommel auf der Hannovermesse durch Besucher des *NIRO*-Standes vermittelt. Mitarbeiter anderer Unternehmen, die sich über *NIRO* informiert hatten, gaben die Rückmeldung, dass diese interaktive, offene, entscheidungsfreudige Form der Mitwirkung an einem Netzwerk seitens des Unternehmens, in dem sie tätig sind, nicht denkbar sei. Die Gesprächspartner waren beeindruckt von den innovativen Ergebnissen, die entstehen, wenn man im Netzwerk über den Tellerrand schaut und schauen lässt. Diese Rückmeldung könnte darauf hindeuten, dass nicht alle Unternehmen, die die Kriterien von Vorstandssprecher te Kaat erfüllen, auch in der Lage sind, in einem Netzwerk wie *NIRO* mitzuwirken. Es scheint so zu sein, dass nur Unternehmen Netzwerke nutzen können, zu deren Unternehmenskultur Offenheit und Neugierde gehören.

Die Aktivitäten von *NIRO* werden nicht nur im wirtschaftlichen Umfeld wahrgenommen. 2009 wurde *NIRO* mit dem Robert Jungk Preis ausgezeichnet. In der Laudatio hieß es: »Es hat uns beeindruckt, dass sich so viele Industrieunternehmen für den Nachwuchs und die technische Ausbildung einsetzen.« Seit 2012 zählt *NIRO* in dem Programm »go-cluster« vom Bundeswirtschaftsministerium zu den 100 erfolgreichsten Wirtschaftsnetzwerken in Deutschland.

Porträt des Gründungsmanagers Pascal Lampe
Pascal Lampe hat ein Studium als Diplomgeograf abgeschlossen. Danach war er u. a. für die *Gesellschaft für internationale Zusammenarbeit (GIZ)* tätig.[100] Als Projektmanager der *Wirtschaftsförderungsgesellschaft für den Kreis Unna mbH*

---

100 Pascal Lampe stand wegen eines Sabbatjahrs für ein Interview nicht zur Verfügung. Alle Informationen des Porträts stammen aus früheren Gesprächen mit dem Autor und einem Interview mit ihm, das 2011 in der Zeitschrift »Profile« veröffentlicht wurde (siehe Lampe in »Profile«).

war er maßgeblich an der Antragstellung des Projekts »KompetenzCentrum Fabrikautomation« beteiligt, aus dem sich *NIRO* entwickelt hat. Er hat die Unternehmen, die später zu den Gründungsunternehmen gehörten, in Einzelgesprächen vorbereitet. In diesen Gesprächen ging es immer um Inhalte, Ziele und Visionen des zu gründenden Netzwerks und um die Festlegung formeller Aspekte (Spielregeln, Umgang miteinander, Name, Satzung). Pascal Lampe hat die verschiedenen Sichtweisen aus diesen Einzelgesprächen so in Verbindung gebracht und rückgekoppelt, dass die *NIRO*-Gründung in nur drei gemeinsamen Meetings vorbereitet war. Auf diesen Meetings fand bereits die Verständigung über Handlungsfelder und Entscheidungsprozesse statt. Schon in diesem Vorbereitungsprozess wurde die Rolle erlebbar, in der er sich sieht: Ermöglicher (engl. *facilitator*). Als Netzwerkmanager kommt er nicht auf die Idee, eine Idee haben zu wollen. Im Detail beschreibt er seine Arbeitsweise und die des Netzwerkmanagements, dem in den ersten Jahren noch zwei weitere Mitarbeiter angehörten, wie folgt: »Ich vermeide es geradezu, Ideen zu haben, sondern ich überlasse die Ideenfindung unseren Mitgliedern. Diese Ideen nehmen wir dann aber sehr ernst, klären sie ab und bewerten sie. Das heißt, wir fragen die Themen, die wir bearbeiten sollen, systematisch ab und strukturieren sie. Dieses bedarfsorientierte Vorgehen zeichnet uns aus.«[101]

Im Interview ergänzen Jens te Kaat und Anna Rommel dieses Selbstbild durch ihre Wahrnehmungen. Sie nahmen Pascal Lampe als Visionär wahr, der eigene Ideen nutzte, um darüber mit Netzwerkmitgliedern in einen Dialog zu kommen. In mehreren Gesprächen wurde seine Idee in eine Idee der Netzwerkmitglieder transformiert. Wenn eine so mit Anregungen, Erfahrungen und Rückmeldungen mehrerer Netzwerkmitglieder angereicherte Idee in das Netzwerk eingespeist wurde, war es in der Tat nicht mehr die Idee von Pascal Lampe. Insofern brachte Lampe einerseits zwar Ideen ein, gleichzeitig hat er aber auch recht, wenn er feststellt, dass er es vermied, »Ideen zu haben«. Im Dialog kitzelte Lampe mit seiner Ausgangsidee die Ideen heraus, die im Netzwerk steckten. Seine Idee war der erste Dominostein, ein methodischer Kniff, der dazu herausforderte, weitere Dominosteine so anzufügen, dass sich eine sinnvolle Netzwerkkette ergab. Wenn dann der letzte Dominostein als Idee ins Netzwerk eingebracht wurde, war in ihm schon der Spirit und die kreative Kraft eines Teils des Netzwerks wirksam gebunden, eine hervorragende Basis für eine Idee mit hohem Realisierungspotenzial – und ein Beispiel für das Einbringen der visionären Kraft des Managers in das Netzwerk – ganz und gar auf die Bedürfnisse der Unternehmen ausgerichtet, die das Netzwerk bilden.

---

101 Lampe, S. 26.

Als wichtigen Erfolgsfaktor von Netzwerken, der eng verbunden ist mit der Grundhaltung des Intermediärs[102], sieht Pascal Lampe Vertrauen: »Wer als Intermediär glaubt, innovative Ideen liefern zu müssen, ist stets in der Gefahr, die weitere Entwicklung kontrollieren zu wollen. Nichts ist hinderlicher für eine erfolgreiche Netzwerkarbeit. Wir hingegen glauben: Vertrauen schafft Dynamik!«[103] Als »Intermediäre« werden laut »Wirtschaftslexikon 24« Personen bezeichnet, die die Aufgabe haben, Informationen bzw. Produkte zu bündeln und/oder bereitzustellen sowie Kontakte zwischen Anbietern und Nachfragern herzustellen.[104]

Pascal Lampe hat sich – wie er in einem Gespräch mit dem Autor 2012 berichtete – bisher nicht mit Netzwerktheorien auseinandergesetzt. Die beschriebene Grundhaltung als Netzwerkmanager hat er intuitiv entwickelt.

»Niemand in unserem Team ist Experte für die einzelnen Fachbereiche, aber wir können uns in sie hineindenken. Ich bin kein Einkäufer, kein Ingenieur, kein Personalleiter …«[105] Diese nicht durch Fachlichkeit begrenzte »Laiensicht«, die aber ein hohes Einfühlungsvermögen beinhaltet, ist aus seiner Sicht geradezu ein Vorteil, wenn es darum geht, als Netzwerkmanager Prozesse effizient voranzutreiben.

Porträt der Interimsmanagerin Anna Rommel

Anna Rommel hat ein Studium als Diplomlogistikerin an der TU Dortmund abgeschlossen. Nach dem Studium hat sie bei der *Wirtschaftsförderung Unna* im Projekt »Intelligente regionale Wirtschaft« mitgearbeitet. Kooperationspartner dieses Projekts war *NIRO*. 2012 ist sie dann zu *NIRO* in das Netzwerkmanagement gewechselt. Dort leitete sie zunächst die Arbeitsgruppe »Produktentwicklung«. Inzwischen moderiert sie auch die Arbeitsgruppen »Industrie 4.0«, »Personal/Ausbilder« und »Marketing«. Nach und nach hat sie auch Aufgaben in der Außenvertretung von *NIRO* z.B. bei der IHK, in der Betreuung neuer Mitglieder und in der Weiterentwicklung von *NIRO-Wissen* wahrgenommen. Seit der Erkrankung von Pascal Lampe übernahm sie ab 2015 kommissarisch die Netzwerkentwicklung.

Ihre Qualifizierung als Netzwerkmanagerin hat sie insbesondere durch Training on the Job erworben. Dabei hat sie Pascal Lampe als Mentor erlebt, der ihr z.B. Grundkenntnisse zum Verständnis von Dynamiken in Gruppen vermit-

---

102 Siehe Kap. 5.2.4.
103 Lampe, S. 29.
104 http://www.wirtschaftslexikon24.com/d/intermediaer/intermediaer.htm [19.12.2017]
105 Lampe, S. 27.

telte. Wichtig in der Entwicklung von Kompetenzen für das Management von Netzwerken war die Grundhaltung Lampes, ihr Gestaltungsräume zu geben, Verantwortungen zu übertragen und Fehler als Lernmöglichkeit zu nutzen.

Ein Beispiel für die fehlerfreundliche Ausprägung des Training-on-the-Job-Konzepts, das sie bei *NIRO* vor allem durch Pascal Lampe kennengelernt hat, ist ihr noch deutlich in Erinnerung: Ihr wurde die Aufgabe übertragen, einen Referenten für ein Treffen zum Thema »Nachhaltige Weiterbildung« zu gewinnen. Sie glaubte, einen kompetenten Fachmann gefunden zu haben, und lud ihn zu der entsprechenden *NIRO*-Veranstaltung ein. Es stellte sich heraus, dass der Experte die fachlichen Erwartungen der *NIRO*-Mitglieder nicht erfüllen konnte und die Veranstaltung außerdem für Selbstmarketing missbrauchte. Im Nachgespräch wurde Frau Rommel klar, dass sie sich keine Arbeitsproben hatte geben lassen und zu wenig Gewicht auf die Recherche von Referenzen gelegt hatte. In der Veranstaltung schützte Pascal Lampe sie, indem er den Input vorzeitig beendete und auf die Möglichkeit des weiteren Austauschs mit dem Referenten beim Imbiss hinwies. In der Nachbesprechung verband Lampe seine Rückmeldung »Jetzt hast du eine nachhaltige Erfahrung gemacht« mit Beispielen von eigenen Fehlern, denen sie weitere Anregungen entnehmen konnte. Diesen souveränen Umgang mit den Fehlern anderer, aber auch den eigenen erlebte Rommel als wichtige Kompetenz, die sie im Training on the Job als Netzwerkmanagerin erwarb. Sie geht davon aus, dass diese Fähigkeit auch in anderen Tätigkeitsfeldern nützlich und anwendbar ist.

Die Grundqualifikation »Moderation von Netzwerktreffen« erwarb Rommel systematisch: Sie besuchte Fortbildungen, in denen sie klassische Moderationstechniken erlernte, und wurde schrittweise darin begleitet, diese in *NIRO*-Arbeitsgruppen anzuwenden: Zunächst, indem sie Pascal Lampe bei der Moderation beobachtete, wobei sie in die Vor- und Nachbereitung einbezogen wurde. Danach übernahm sie zunächst kleine, dann größere Parts in ausgewählten Treffen. Bei der ersten Arbeitsgruppensitzung, die sie allein in Anwesenheit von Pascal Lampe moderierte, simulierte dieser in der Rolle eines Teilnehmenden Stresssituationen, die er bei *NIRO* schon erlebt hatte, um Rommel herauszufordern und auf die Moderationstätigkeit in einem Netzwerk bestmöglich vorzubereiten.

Abgeschaut hat sich Anna Rommel von ihrem Mentor ihre Grundhaltung im Netzwerkmanagement: Pascal Lampe hatte zwar viele Ideen, aber wenn über Netzwerkentwicklung im Managementteam diskutiert wurde, dann hielt er diese zurück, ermutigte andere, Ideen zu äußern, und brachte seine Ideen genauso ein, wie er das in der Vorbereitungs- und Startphase von *NIRO* zusammen mit den Unternehmensentscheidern bereits erfolgreich gehandhabt hatte.

Rommel verfügte bereits über Qualifikationen für das Management von Netzwerken, die sie bei *NIRO* einbringen konnte: Schon als Studentin organisierte Rommel Familienfeiern, überlegte sich Programmpunkte, von denen sie annahm, dass sie den Gästen gefallen könnten. Außerdem machte es ihr Spaß, solche Feiern zu moderieren. »Auf der Bühne stehen« – bei vielen eine angstbesetzte Herausforderung – ist bei ihr mit überaus positiven Vorerfahrungen verbunden. Bei den Familienfeiern ging es darum, diese »Veranstaltung« mit dem Blick der Teilnehmenden zu planen: Was wird ihnen gefallen? Was macht ihnen Spaß? Genau darum geht es in Netzwerken auch: Netzwerktreffen so planen, dass alle sich wohlfühlen, dass alle Spaß an den Treffen haben. Der Spaß aller Beteiligten ist für Rommel ein wichtiger Erfolgsfaktor in Netzwerken.

8.3 job4u

Porträt des Netzwerks

Die Initiative *job4u* wurde 2003 ins Leben gerufen. Im Rahmen der Verbesserung der Berufsorientierung und Ausbildung im Land Bremen sollten die Angebote, Leistungen und Interessen von Wirtschaft, Politik und Medien miteinander vernetzt werden. Die Initiative wurde gegründet von den Agenturen für Arbeit Bremen und Bremerhaven, der Handelskammer Bremen, der IHK Bremen, der Handwerkskammer Bremen, Radio Bremen und dem Weser Kurier.[106]

Schon bald hat sich die Initiative in Form eines e.V. organisiert. In dessen Satzung wird in §2 der Zweck des Vereins beschrieben:

»Zweck und Gegenstand des Vereins ist die Konzeption und Produktion von crossmedialen Inhalten, Plattformen und Konzepten zur Vermittlung und Verbreitung von arbeitsmarktpolitischen Bereichen im jungen Arbeitsmarkt, insbesondere Aus-, Weiterbildungs- und Beschäftigungsangebote sowie der Aufbau von Netzwerkstrukturen in diesem Bereich. Der Satzungszweck wird insbesondere verwirklicht durch die Durchführung von Veranstaltungen, die redaktionelle Pflege des *job4u*-Portals, die Organisation von Aktionstagen und Sonderprojekten sowie begleitende PR- und Marketingmaßnahmen.«[107]

In der Anfangsphase wurde der Kreis der Mitwirkenden ausgeweitet, um Netzwerkstrukturen aufbauen zu können. Insgesamt wurden neben Medien und »arbeitsmarktbezogenen Zusammenschlüssen« zwei weitere Bereiche

---

106 Aus der Vorbemerkung der Vereinssatzung in der Fassung vom 3.11.2009.
107 §2 der Vereinssatzung in der Fassung vom 3.11.2009.

identifiziert, die die Mitgliedschaft ergänzen sollten, um das Ziel »Vernetzung im Bereich Berufsorientierung« zu erreichen, nämlich: Schulen bzw. Hochschulen und Unternehmen.

Insgesamt kam es bei der Ausweitung nicht darauf an, möglichst viele neue Mitglieder zu gewinnen, sondern einen Mitgliedermix zu erreichen, der die Vielschichtigkeit der jeweiligen Bereiche möglichst optimal repräsentiert. Ein weiteres Auswahlkriterium war die Bereitschaft der Mitglieder, über den eigenen Tellerrand zu schauen, was sich nicht zuletzt in ihrer Bereitschaft zur Kooperation zeigt. Einige Beispiele für neue Mitglieder in den vier Bereichen, durch die sich der Initiativkreis zum Netzwerk erweiterte:

- *Schulen und Hochschulen* als die Institutionen, die junge Menschen an die Berufsfähigkeit heranführen, z.B. Europaschule Schulzentrum S II UT Bremen (Berufsschule, an der auch die Abiturprüfung abgelegt werden kann), Wilhelm-Olbers-Schule Ganztagsschule, Hochschule für Ökonomie und Management, Hochschule für Künste im Sozialen Ottersberg, Hochschule für internationale Wirtschaft und Logistik, Kunstschule Wandsbek
- *Unternehmen*, die junge Menschen als Mitarbeiter gewinnen möchten, die Branchenvielfalt und unterschiedliche Betriebsgrößen repräsentieren, z.B. Vierol AG (Global Player aus dem Automotivbereich), Evangelisches Krankenhaus Oldenburg, Zu Jeddeloh Pflanzenhandels-GmbH (Baumschule), Aus- und Fortbildungszentrum für den öffentlichen Dienst, FAMO (Großhandel für Elektro- und Sanitärartikel)
- *Medien*, die zwischen jungen Menschen und Unternehmen Informationen zur beruflichen Orientierung vermitteln, z.B. Nordwestzeitung, Ideenplantage (IT-Unternehmen für multimediale Lösungen)
- *Arbeitsmarktbezogene Zusammenschlüsse oder Initiativen*, zu deren Tätigkeitsfeldern u.a. auch Berufsorientierung für junge Erwachsene gehört, z.B. Amt für Versorgung und Integration, die Bauindustrie Niedersachsen-Bremen, TEWIFO e.V. (Türkisch-Europäisches Wirtschaftsforum Bremen-Nordwest), Werder bewegt (Projekt für gesellschaftliche Verantwortung und soziales Engagement des Fußballbundesligisten SV Werder Bremen)

Nach der Erweiterungsphase ist die Mitgliederstruktur des Netzwerks durch Kontinuität geprägt.

Jugendlichen die besondere Bedeutung von Arbeit als einen wichtigen Faktor der persönlichen Entwicklung so zu vermitteln, dass die individuellen Kompetenzen, Fähigkeiten, aber auch Ängste vor Veränderung authentisch und annehmbar angesprochen werden, ist eine zielgruppenspezifische Herausforderung mit zwei Aspekten:

- Wie kann es gelingen, die für die Besetzung von Arbeitsplätzen von Firmen gewünschten Qualifikationen mit den Fähigkeiten, Kompetenzen und Wünschen zusammenzubringen, die einzelne Jugendliche mitbringen (methodisch-inhaltliche Frage)? Im Kern handelt es sich hierbei um die Gestaltung eines Matching-Prozesses.
- Wie kann man eine Zielgruppe kommunikativ erreichen, die in ihrem Kommunikationsverhalten Neuerungen extrem aufgeschlossen gegenübersteht, klassische Medien wenig nutzt und alle möglichen Formen der Kommunikation ausprobiert? Kommunikationskanäle und das Kommunikationsverhalten sind teilweise extrem kurzlebig: Während Pokémon GO noch im Sommer 2016 Tausende von Jugendlichen elektrisierte und sich verschiedene Kommunikationsprofessionals fragten, wie man das Medium nutzen könne, um darüber auch andere Inhalte zu transportieren, ist es 2017 bereits wieder out.

Deshalb bestand und besteht die Herausforderung für *job4u* darin, Kommunikationswege zu (er)finden, über die sich die Jugendlichen ansprechen lassen, und Matching-Verfahren zu entwickeln, die für die Jugendlichen und für die Unternehmen und (Hoch-)Schulen gleichermaßen nützlich sind.

Ein Erfolgsgrund und -garant von *job4u* ist die Innovationskraft, die das Netzwerk im Laufe der Jahre entwickelt hat: Dazu drei Beispiele[108]:
1. *prakTisch* – der Praktikumsparcours: In einem Erfahrungsparcours aus 25 Stationen lernen Schülerinnen und Schüler realistisch Arbeitsumfelder und -bereiche kennen. Jede Schülerin/jeder Schüler weiß, das ein Bild einen Rahmen benötigt. In *prakTisch* bildet das Lebensumfeld der Schüler und Schülerinnen den Rahmen für das Arbeitsumfeld. Im Praktikumsparcour wird das individuelle Bild des Arbeitsumfelds für jeden Schüler/jede Schülerin entwickelt. Seit 2012 absolvierten 3.250 Schüler den Parcours. 86 Praktikumsplätze pro Jahr konnten mit dieser zur Methode ausgebauten Idee im Schnitt besetzt werden – wie viele Fehlentscheidungen vermieden wurden, ist nicht erhoben worden, vergrößert den Erfolg aber womöglich noch. Wenn sich sechs Schulen aus einer Region zusammenfinden, wird *prakTisch* als Inhouse-Angebot für diese Schulen von *job4u* in einer Dreifachturnhalle des Verbunds durchgeführt.
2. *Rent-a-Student* – Studieneinsteigern wird die Möglichkeit geboten, direkt Kontakt zu einem Studenten aufzunehmen, der ein Fach studiert, das den Studieneinsteiger interessiert. Er kann seinen »gemieteten« Studen-

---

108 Bei der Beschreibung der Projekte wurden teilweise Texte der job4u-Website – Stand 08/2017 – genutzt.

ten zu einem Gespräch treffen, ihn einen Tag lang an der Hochschule begleiten oder ihm per Mail oder Telefon Fragen stellen. Der Kontakt und die Kontaktherstellung sind kostenlos, weil sich genügend Studierende finden, die bereit sind, ihre Erfahrungen in einem persönlichen Rahmen weiterzugeben. Die Vermittlung erfolgt entweder über *job4u* oder über die Hochschulen, die Mitglied im Netzwerk sind. Die Kontaktpersonen der verschiedenen Hochschulen für *Rent-a-Student* sind auf der Website von *job4u* zu finden.

3. *Ausbildungsbus – Bus/Straßenbahn.* Die Grundidee ist, mit Informationen zur Berufsorientierung dorthin zu gehen, wo Schüler sich aufhalten. Diese Idee wurde in mehreren Schritten, insbesondere durch Misserfolge, weiterentwickelt. Der erste Anlauf, mit dem Bus auf Schulhöfe zu fahren, war ein glatter Reinfall. Niemand nutzte die Gelegenheit, sich zu informieren. In Interviews mit Schülerinnen und Schülern wurde deutlich: Wer den Bus besucht hätte, hätte an die Mitschüler die Botschaft vermittelt: Der hat es nötig, der weiß nicht, was er will. Die Kontrolle der Gruppe blockierte vorhandene Informationswünsche. Ein zweiter Versuch fand in einer Straßenbahn statt, die als Berufsorientierungslinie durch Bremen fuhr. Auch dieses Konzept hatte nur mäßigen Erfolg. Erst der dritte Versuch, mit dem Bus an einen zentralen Ort der jeweiligen Region (Fußgängerzone, Marktplatz Bremen/Oldenburg) zu fahren, an denen sich Jugendliche aufhielten, dort aber keiner oder nicht so großer sozialer Kontrolle ausgesetzt waren, war erfolgreicher. Auch die Idee, diesen Bus als Last-Minute-Angebot zur Restplatzvermittlung zu nutzen, hat gegriffen. So wurden auch angehende Studierende, die im Vergabeverfahren keinen Erfolg hatten, beraten und es wurden ihnen noch freie Ausbildungsplätze/BFD- oder FSJ-Plätze angeboten.

Alle Ideen zu den hier beschriebenen Projekten entstanden auf Netzwerkplenen oder in Teilgruppen des Netzwerks. Realisiert werden sie immer auf die gleiche Weise: Alle Ideen müssen sich im Netzwerkplenum, das alle drei Monate zweistündig stattfindet, bewähren. Dort finden keine Abstimmungen statt, in denen Mehrheiten entscheiden. Das einzige Entscheidungskriterium im Netzwerkplenum ist: Resonanz. Wenn sich genügend Mitglieder finden, die zusammenarbeiten wollen, um eine Idee zu realisieren, und wenn diese mit dem Netzwerk zusammen die dazu nötigen Mittel aufbringen, dann fällt die Entscheidung »*job4u* macht das!«. Auf diese Weise können auch Minderheiten Netzwerkziele verwirklichen und so für das Netzwerk wirksam sein.

Nicht immer ist der Weg von der Idee zum Projekt so einfach nachzuzeichnen. Auch dafür ein Beispiel, das deutlich macht, welche spezifischen Handlungsmöglichen die Organisationsform »Netzwerk« bietet: Von Mitgliedsunternehmen wurde vorgeschlagen, eine *job4u*-App zu erstellen. Die Telekom (damals noch Mitglied des Vereins) konnte als Unternehmen gewonnen werden, das die Entwicklung der App als Abschlussarbeit an dual Studierende im eigenen Haus in Auftrag gab. Diese App wurde von den Jugendlichen anfangs gut angenommen, allerdings dümpelte sie nach dem Abschluss der dual Studierenden vor sich hin, da sie nicht mehr gepflegt wurde. Auch hatte sich das Nutzerverhalten der Jugendlichen verändert. Das Thema »App« wurde im Laufe der Zeit in den Plenen des Netzwerks mehrfach diskutiert. Schließlich wurde deutlich: »Wir wissen als Netzwerk nicht Bescheid, wie Social Media wie z.B. Blogs, Facebook und Apps funktionieren und welche Möglichkeiten sie bieten.« Im Netzwerk kam die Frage auf, wer sich damit auskennt. Eine kleine Agentur, die sich selbst als »kreatives Feld für multimediale Lösungen« bezeichnet und Mitglied im Verein ist, erklärte sich bereit, einen Workshop und einen Leitfaden für Netzwerkmitglieder zu diesem Thema zu erarbeiten. Die Agentur sollte daraufhin in einem Plenum innerhalb einer Stunde Antworten auf die Frage präsentieren: »Wie werden Social Media ›gefüttert‹?« Diese Frage wurde von den Netzwerkmitgliedern als Kernanliegen herausgearbeitet.

In einem einstündigen Workshop wurde die Frage strikt bezogen auf die Aktivitäten von *job4u* beantwortet. Die Antworten waren so eindrücklich, dass die Agentur gebeten wurde, die Infos in einem Faltblatt kurz zusammenzufassen. Dieses Faltblatt wurde in einer Auflage von 5.000 (!) Exemplaren gedruckt, weil Netzwerkmitgliedsunternehmen angefragt hatten, ob sie das Faltblatt auch an Nichtmitgliedsunternehmen, die aber mit *job4u* kooperieren, verteilen dürfen. In einem Kooperationsunternehmen wurden 800 Exemplare des Faltblatts »Ein kleiner Social Media Guide für *job4u*-Mitglieder« verteilt. Der Effekt: Die Präsenz von *job4u* in den Social Media vergrößerte sich messbar, weil fortan nicht nur Mitgliedsunternehmen den *job4u*-Blog oder die Facebook-Seite und die Instagram-Präsenz von job4u mit Inhalten fütterten, um eigene Inhalte mit denen von job4u zu verbinden.

Parallel dazu führte *job4u* Befragungen bei jugendlichen Besuchern auf den eigenen Messen[109] durch. Gefragt wurde z.B.:

- Wie sucht ihr euren Job?
- Was müssen wir euch anbieten?
- Wünsch dir eine Infoquelle!

---

109 Die Messen sind das erfolgreichste Angebot von job4u. Darauf wird auf den folgenden Seiten eingegangen.

Einige Rückmeldungen in Kurzform:

- »*job4u* hat auf Instagram zu wenige Fotos.«
- »Eure Website ist tot. Ich komme bis zum Autohaus und dann ist Schluss. Wo kann ich mich anmelden?«
- »Ihr habt keine App – das ist schlecht!«

Die Ergebnisse wurden den Mitgliedern vorgestellt. Als Konsequenz wurde z.B. das Anmeldeformular auf der Website überarbeitet. Automatische Weiterleitungen auf Websites, die das Datenvolumen der Jugendlichen belasten, ohne dass sie dies bemerken, wurden ersetzt.

Die Vorstellung der Befragungsergebnisse wurde im Netzwerkplenum mit der Frage verbunden: »Können wir nun mit den Rückmeldungen aus der Befragung unserer Zielgruppe und mit dem gewachsenen Verständnis, wie soziale Medien funktionieren, einen neuen Anlauf für eine App-Entwicklung unternehmen?« Die Antwort fiel allgemein zustimmend aus.

Die Kooperation zur Realisierung der App wurde maßgeblich bestimmt durch die Finanzierung. Bei Messen, die *job4u* in Kooperation mit den Kommunen Friesland/Wilhelmshaven und dem Magistrat Bremerhaven durchgeführt hatte (beide nicht Mitglied im Netzwerk), waren teilweise Überschüsse erwirtschaftet worden. Beide kommunalen Gebietskörperschaften erklärten sich einverstanden damit, dass der Überschuss und zusätzliche Drittmittel in die *job4u*-App investiert wurden. Das machte zusammen 40% der Finanzierung aus. Ein Drittel brachte *job4u* auf und für die Restsumme wurde ein Sponsor gefunden.

Der Sponsor ist das Unternehmen, das die App programmiert. Dieses hatte den Auftrag nach einem bemerkenswerten Verlauf des Vergabeverfahrens bekommen: Das IT-Unternehmen aus dem Netzwerk, das den einstündigen Workshop im Rahmen einer Netzwerksitzung erfolgreich durchgeführt hatte, bewarb sich um die Programmierung der App. Grundsätzlich wurde dem zunächst zugestimmt – schließlich hatte das Unternehmen im Workshop seine Kompetenz unter Beweis gestellt. Da sich die Kommunen beteiligen wollten, musste das Projekt allerdings öffentlich ausgeschrieben werden. Beim Vergleich der Angebote wurde deutlich, dass ein externer Anbieter über eine Erfahrung und eine Personaldecke verfügte, die der interne Anbieter nicht vorweisen konnte. Nach einem gründlichen, transparenten und ehrlichen Entscheidungsprozess, in den der interne Anbieter einbezogen war, wurde der externe Anbieter mit der Programmierung der *job4u*-App beauftragt. Für den internen Bewerber war das zunächst eine Enttäuschung. Inzwischen – Stand August 2017 – ist die App »job4u« im App-Store herunterzuladen. Es ist deutlich geworden, wie komplex die Programmierungsaufgabe ist und wie umfangreich die weiteren Anpassungen der App an die Bedürfnisse der Zielgruppe sein werden. Inzwischen ist auch der interne Anbieter froh über die Entscheidung, die im Netzwerk getroffen wurde.

Die Netzwerkgeschichte »App« geht noch weiter: Die App stellt u. a. die Verbindung zu den Stellenanzeigen im Weser Kurier, einem Gründungsmitglied von *job4u*, her und trägt dazu bei, dass die Tageszeitung Zugang zur Zielgruppe »Jugendliche« bekommt, die sonst für ein klassisches Printmedium nur schwer zu erreichen ist. Schon vor der App-Programmierung wurden Stellenanzeigen aus dem Weser Kurier auf die *job4u*-Website gestellt und mit der Zeitungsanzeige verlinkt. Dazu hat der Weser Kurier einen direkten Zugang zur Programmierung der *job4u*-Website. Durch die App intensiviert sich der Effekt dieser Zusammenarbeit um ein Vielfaches. Der Weser Kurier ist bereit, diese zusätzliche Kontaktmöglichkeit zur Zielgruppe »Jugendliche« zu honorieren. Die Einnahmen, die das Netzwerk hier generieren wird – das Ergebnis steht noch aus – werden zur Weiterentwicklung der App genutzt werden.

Ideen für die Weiterentwicklung der App sind im Netzwerk bereits entstanden, z. B. eine »Schornsteinfunktion«, die alle Ausbildungsplätze anzeigt, die in einem wählbaren Umkreis eines Postleitzahlbereichs gerade angeboten werden. Diese App-Funktion berücksichtigt die Lebensweise von Schülerinnen und Schülern im ländlichen Raum, die (noch) keinen Führerschein bzw. kein Auto haben und Ausbildungsplätze mit öffentlichem Nahverkehr nur in einem begrenzten Umfeld erreichen können.

Die Innovationskraft des Netzwerks *job4u* zeigt sich natürlich auch im erfolgreichsten Format, welches das Netzwerk entwickelt hat: den Messen. Derzeit werden in Bremen einmal jährlich Messen durchgeführt mit zuletzt über 100 teilnehmenden Unternehmen, in Bremerhaven mit über 70 Unternehmen, in Oldenburg mit annähernd 160 Unternehmen und in Wilhelmshaven/ Friesland mit über 70 Unternehmen. Die Besucherzahlen schwanken zwischen 3.000 und 9.000 Jugendlichen, Lehrern und Eltern bei jeder Messe. Die Messen werden inzwischen seit 15 Jahren durchgeführt. Im Laufe der Zeit wurde das Format immer besser an den Bedürfnissen der Jugendlichen ausgerichtet. Dies wurde möglich, weil Rückmeldungen nicht nur von den Unternehmen, sondern insbesondere auch von den (Hoch-)Schulen aus dem Netzwerk zusammengetragen wurden. Kritisches Feedback wurde dafür genutzt, das Format gemeinsam weiterzuentwickeln. Einige Beispiele für Entwicklungsschritte bei der Verbesserung des Formats:

- Die ausstellenden Firmen wurden dazu angeregt, den Jugendlichen Auszubildende als Gesprächspartner an den Unternehmensständen zur Verfügung zu stellen.
- Auf einer Bühne findet ein Rahmenprogramm statt, in dem einzelne Berufe und Berufsfelder aus unterschiedlichen Perspektiven vorgestellt werden. Sehr beliebt ist die Vorführung der Arbeit der Zollhunde.
- Auf der Website werden die ausstellenden Firmen jeweils mit den Berufen vorgestellt, in denen sie ausbilden.
- Es wird Wert auf eine enge Zusammenarbeit mit Schulen und Lehrern gelegt, um ganze Schulklassen zum Besuch der Messen zu gewinnen. Um die Lehrer auf die Möglichkeiten, die sich zur Gestaltung des Themas »Berufsorientierung in der Schule« auf den Messen bieten, hinzuweisen, gibt es auf der *job4u*-Website im Bereich »Messen« ein besonderes Segment »Für LehrerInnen«. In Kooperation mit den Lehrkräften wurden in den vergangenen Jahren Unterrichtseinheiten zur Vorbereitung auf die Messen erarbeitet und nach jedem Jahr evaluiert. Diese Unterlagen wurden auch mit den Schülern unterschiedlicher Schulstufen durchgesprochen, da sichergestellt werden sollte, dass die Schüler die Anforderungen verstehen und entsprechend bearbeiten können. Über die mit Schülern durchgeführte Besucherbefragung ergeben sich immer wieder Hinweise, welche Berufsbilder noch im Angebot fehlen und welche Themen die Schüler momentan interessieren.
- Auf der Basis dieser Befragung wurde ein neues Suchkriterium »Berufe nach Handlungsfeldern/Themen« in das Angebot aufgenommen. Schüler suchen nach Berufen »mit Menschen« oder »im Büro« und nicht nach Berufsbezeichnungen. Somit ist die Möglichkeit gegeben, den persönlichen Horizont zu erweitern, denn »Berufe mit Menschen« können im Umfeld der Pflege, aber auch in der Personalverwaltung angesiedelt sein.

Die Bedeutung der Messen für das *job4u*-Netzwerk zeigt sich an weiteren Besonderheiten:
- Die Messen in Bremerhaven und Wilhelmshaven/Friesland werden in Kooperation mit den örtlichen Kommunen durchgeführt, die nicht Mitglied im Netzwerk sind. Der Kooperationsbeitrag besteht in der Bereitstellung der Ausstellungshallen und einer finanziellen Beteiligung an den Kosten für die Organisation.
- An den Messen nehmen nicht nur die im Netzwerk vertretenen Unternehmen teil, sondern auch andere. Die Netzwerkmitglieder zahlen je nach Region einen Betrag, der deutlich geringer ist als der Mietpreis für externe Aussteller. Letztere bezahlen für die Möglichkeit, sich in diesem erprobten Rahmen präsentieren zu dürfen. So werden Einnahmen von Externen generiert, durch die der Aufwand im Netzwerk honoriert werden kann.

- Inzwischen gab es Anfragen von Kommunen aus anderen Regionen, diese Form von Messen dort durchzuführen. Diese Anfragen wurden alle abschlägig beschieden, weil den Netzwerkmitgliedern und vor allem dem Netzwerkmanagement klar ist, dass die Kompetenz des Netzwerks vor allem auf regionalen, gewachsenen Verbindungen und Beziehungen beruht, die sich langsam entwickelt haben. Diese Erfolgsvoraussetzung müsste in anderen Regionen erst mit hohem Aufwand entwickelt werden.
- Durch die Kooperation mit den Medienpartnern auf unterschiedlichen Kommunikationskanälen hat *job4u* eine hohe Durchdringung in der jeweiligen Region erzielt. Trotz des demografischen Wandels bleiben die Besucherzahlen konstant, denn die Zielgruppen werden je nach Mediennutzung entsprechend bedient.

Der Erfolg der Messen hat zu einem weiteren innovativen Format geführt: der virtuellen Messe, die jedes Jahr im Frühjahr für drei Monate im Internet stattfindet. Dazu wurde mit *job4u #virtuell* eine eigene Software programmiert, die

- es Unternehmen ermöglicht, einen eigenen virtuellen Ausstellungsraum zu gestalten,
- es Besuchern ermöglicht, die Ausstellungsstände zu besuchen,
- es den Besuchern ermöglicht, in Live-Chats Informationen zu Ausbildungs- und Studiengängen zu bekommen und Fragen direkt an Personalleiter und Ausbildende zu stellen.

Ziel der Onlinemesse ist es, über berufliche Perspektiven in der Region aufzuklären und die Jugendlichen auf ganz neue Ideen und Lebensperspektiven aufmerksam zu machen.

Die Auswertung der ersten virtuellen Messe 2015 ergab, dass viele beteiligte Unternehmen dieses Format schätzten, weil es ihnen eine Vielzahl von direkten Kontakten zur Zielgruppe mit einer hohen Matching-Quote beschert hatte. Bei der Auswertung wurden die Netzwerkmitglieder auch mit einer unerwarteten Nebenwirkung der virtuellen Messe konfrontiert: Ca. 10% der Jugendlichen hatten die Plattform genutzt, um anonym Hassbotschaften mit teilweise sexistischen, teilweise rechtsextremen Inhalten zu hinterlassen. Diese Nutzung sorgte für intensive Diskussionen im Netzwerk – mit der Konsequenz, dass im Folgejahr die Nutzung nur für Besucher freigegeben wurde, die sich bereit erklärt hatten, einen Verhaltenskodex einzuhalten. Da viele Zugriffe auf die Seite von Schulen erfolgte, wurden Lehrer darauf aufmerksam gemacht, dass geprüft werde, von welchen Schulen besonders viele Hassbotschaften auf der Seite hinterlassen werden. Das führte dazu, dass die Zahl der direkten Kontakte zu Jugendlichen im zweiten Jahr der virtuellen Messe drastisch sank, weil sich nur noch die Lehrer auf der Seite anmeldeten und die Seite vorwiegend in der Schule im Rahmen des Unterrichts genutzt wurde.

Einige Unternehmen, die sich auf der virtuellen Messe präsentierten, waren der Meinung, 10 % Jugendliche mit Hassbotschaften seien ein zu akzeptierender Anteil angesichts von 90 % Jugendlichen, die sich bei der virtuellen Messe akzeptabel verhalten. Andere, u. a. auch das Netzwerkmanagement, waren der Auffassung, dass das Verhalten nicht zu akzeptieren sei und das Netzwerk eine gesellschaftspolitische Verantwortung habe, die wichtiger sei als der größtmögliche Nutzen für alle Beteiligten. Der Ausgang ist offen. Hier ist die Kreativität des Netzwerks ein weiteres Mal gefragt.

Porträt der Netzwerkmanagerin Iris Krause

Iris Krause ist seit 2003, also von Anfang an, Netzwerkmanagerin bei *job4u*. Nach der Ausbildung zur Krankenschwester studierte sie Biologie und parallel Kommunikationswissenschaften. Bei radio ffn arbeitete sie als PR-Leitung und später beim Radio Marketing Service Hamburg als Leiterin der Unternehmenskommunikation.

In jeder dieser beruflichen Stationen hat sie nach eigener Wahrnehmung Kompetenzen erworben, die sie in ihrer Tätigkeit als Netzwerkmanagerin nutzen und erfolgreich in das Netzwerk einbringen konnte.

Im Krankenhaus:

- Im Kontakt mit Kranken in oft langen Gesprächen während der Nachtschichten hat Krause erfahren: Es gibt viele Formen menschlicher Auffälligkeiten, ohne dass diese Menschen verrückt sind. Sie beurteilt Menschen nicht nach Äußerlichkeiten wie Kleidung oder Sprache. Wichtig sind für sie in Bezug auf die Frage, ob mit jemandem offen kommuniziert oder sogar zusammengearbeitet werden kann, eher unbewusste Signale wie ein offenes Lachen oder eine zugängliche Grundhaltung.
- Wenn man in der Nachtschicht mit 30 Patienten allein ist und fünf Klingeln gleichzeitig läuten, muss man entscheiden, in welcher Reihenfolge den Rufsignalen nachgegangen wird. Hier hat sie Mut zur Verantwortungsübernahme und Prioritätensetzung gelernt.
- Im Umgang mit Angehörigen Kranker hat sie sich die Fähigkeit angeeignet, die Befindlichkeiten anderer in den Vordergrund zu stellen, zuzuhören und zwischen den Zeilen Botschaften wahrzunehmen, die nicht ausgesprochen, aber deutlich gesendet werden. Sie kann uneitel kommunizieren, dabei aber neugierig bleiben.

Durch das Biologiestudium:

- Das Studium habe Krause als Orientierungszeit genutzt, die mit der Erkenntnis verbunden war, das eigene Berufsleben nicht um das Feld »Schule« herum aufzubauen: von der Schülerin über Krankenschwesternschülerin und Studium zur Tätigkeit als Lehrerin.
- Fremdwahrnehmungen aufnehmen und mit der bewussten Wahrnehmung des Selbstbildes abzugleichen komplettiert das Selbstbild und erweitert die Handlungsoptionen. Parallel zum Biologiestudium hatte sie begonnen, Kommunikationswissenschaften zu studieren. Als es nach dem Studium darum ging, sich für einen beruflichen Weg zu entscheiden, kam ein wichtiger Impuls von ihrem ehemaligen Deutschlehrer. Dieser gab das Feedback »Du konntest doch immer gut schreiben« und verband das mit dem Tipp »Geh doch in den Journalismus. Beim Radio wird gerade jemand gesucht«.
- Sie hat gelernt, den Mut zu haben, eine andere Richtung im Leben einzuschlagen, wenn die bisherige nicht (mehr) passt.

Beim Radio:

- Mit den Grenzen der eigenen Leistungsfähigkeit produktiv umzugehen hat sie beim Radio gelernt: Dort hatte sie 300 Veranstaltungen im Jahr zu organisieren. Das ging nur, wenn sie Verantwortung delegierte. Um delegieren zu können, musste sie Vertrauen zu Kollegen und Kolleginnen entwickeln, denen sie Verantwortung übertragen wollte.
- Ein Jahresbudget für den Veranstaltungssektor war zu bewirtschaften, d.h. es musste dafür gesorgt werden, dass die Ausgaben durch Einnahmen, die zu akquirieren waren, gedeckt waren.
- Veranstaltungen mussten verantwortlich organisiert werden, d.h. so, dass alle, die daran mitwirken, zufrieden sind. Alle Mitwirkenden sind gleichwertig, was sich z.B. daran zeigt, dass alle (vom Techniker bis zum Supervisor) gleich verpflegt werden.
- Wohlbefinden bei der Arbeit hat sie als wichtigen Faktor zu sehen gelernt, der zu gestalten ist, z.B. indem Konflikte nicht auf die lange Bank geschoben oder unter den Teppich gekehrt werden – auch wenn es unangenehm ist.
- Keine Idee ist »die brillanteste«. Jede Idee kann durch das Mitwirken anderer entscheidend verbessert werden – oder eine ganz andere Idee kann noch brillanter sein.
- Medien instrumentalisieren mitunter Menschen, über die sie berichten, um eine Botschaft zu transportieren. Die Anfrage eines TV-Senders, über Jugendliche aus dem *job4u*-Umfeld zu berichten, lehnte sie ab, als deutlich wurde, dass die Jugendlichen als Beispiele für Loser in einer ländlichen Region dargestellt werden sollten.

In ihren verschiedenen beruflichen Stationen hat Frau Krause rückblickend betrachtet Kompetenzen in der Steuerung von Organisationen bzw. Organisationsteilen erworben. Darüber hinaus profitiert sie im Tätigkeitsfeld ihres Netzwerks – berufliche Übergänge unterstützen – von vielfältigen, reflektierten Erfahrungen im eigenen Werdegang.

Alle Qualifikationen als Netzwerkmanagerin wurden in informellen Lernprozessen erworben. Frei nach dem Motto »Lernwiese Leben«.

8.4 Netzwerk Nachhaltigkeit lernen in Frankfurt

Porträt des Netzwerks

In dem 2008 gegründeten Netzwerk *Nachhaltigkeit lernen in Frankfurt* gibt es keine formelle Mitgliedschaft. Derzeit werden in einer Exceltabelle ca. 80 Menschen, vor allem als Vertreter von (Bildungs-)Institutionen, kommunaler Verwaltung und Politik, Zivilgesellschaft, NGOs, Unternehmen sowie Schulen aufgeführt. Dieser Kreis wird regelmäßig zu Veranstaltungen, die aus dem Netzwerk heraus entstanden sind, und zu Treffen des Netzwerks eingeladen.

Anlass der Netzwerkgründung 2008 war der Beschluss der Stadtverordneten zur Beteiligung an der »UN-Dekade Bildung für nachhaltige Entwicklung (BNE)«. Bei einer Auftakttagung mit Prof. Gerhard de Haan (Institut Futur) und der anschließenden Auszeichnung der Kommune durch die UNESCO wurde das Netzwerk offiziell gegründet. Ziel des Netzwerks ist die Förderung der Bildung für nachhaltige Entwicklung in Frankfurt.

Über Jahresthemenschwerpunkte (z.B. Wasser, Energie, Geld, Stadt, Ernährung, Mobilität, Brücken in die Zukunft) des Netzwerks wurden Projekte entwickelt und realisiert, z.B. der »VeggiDay« beim Jahresschwerpunkt »Ernährung«. Die Netzwerkmanagerin spricht in diesem Zusammenhang eher von »Maßnahmen«. Man kann die Themenschwerpunkte auch als neue Ziele beschreiben, die sich aus der Arbeit und der Struktur des Netzwerks ergeben haben, z.B.: neue Formen der Mobilität bekannt machen und erproben – ein Ziel, das sich aus dem Jahresschwerpunktthema »Mobilität« ableiten lässt.

Als weiteres neues Ziel entwickelt sich gerade »Beratung von Politik und Verwaltung«. Dieses Ziel hat sich aus der Weiterentwicklung der Struktur des Netzwerks ergeben. Erstmals ist damit ein Ziel nicht direkt mit einem Thema aus dem Feld »Nachhaltigkeit« verbunden. Auch die Zielgruppe »Mitarbeiter/-innen aus Politik und Verwaltung« ist neu.

Es gibt regelmäßige Jahrestreffen, die jeweils im Januar stattfinden. Dort wurden bis 2015 die Aktivitäten des Jahres geplant. Bei Bedarf wurden weitere Netzwerktreffen einberufen, z. B. im November 2015, um eine neue Netzwerkstruktur zu erarbeiten. 2017 wurde erstmals die Notwendigkeit gesehen, ein weiteres Netzwerktreffen durchzuführen, das im August stattfindet. Dieses Treffen dient dazu innezuhalten: die Ergebnisse der neu gebildeten Arbeitsgruppen in das Netzwerk einzubringen, Rückmeldung an die Arbeitsgruppen zu geben und die neue Struktur zu reflektieren.

Unregelmäßig, nach Bedarf, werden Newsletter versandt.

Das Netzwerkmanagement

Seit der Initiierung des Netzwerks wird es von einem Tandem gemanagt, bestehend aus dem Geschäftsführer des Vereins Umweltlernen in Frankfurt, Michael Schlecht, und der stellvertretenden Leitung, Monika Krocke, die die Position der Netzwerkmanagerin seit 2008 wahrnimmt. Michael Schlecht steht für Reflexionen über das Netzwerk und die Gestaltung der Rolle »Netzwerkmanagerin« zur Verfügung und wird auf diese Weise seiner Verantwortung als Geschäftsführer des Vereins gerecht.

Von 2008 bis 2012 gab es keine weiteren Steuerungsgremien. 2012 wurde eine Steuergruppe gebildet. Dies war eine Anforderung, die extern vom Projekt »QuaSi BNE« des Instituts »Future« der Freien Universität Berlin gestellt wurde, bei dem das Netzwerk als Praxispartner mitgewirkt hat. In die Steuergruppe wurden durch das Netzwerkmanagement Personen aus allen wichtigen Teilgruppen des Netzwerks berufen: das staatliche Schulamt, Schulträger, NGOs (Verbraucherzentrale). Auswahlkriterium war die individuelle Kooperationskompetenz, die sich im Netzwerk gezeigt hatte. Der Auftrag der Steuergruppe war die strategische Planung des Netzwerks: Vorbereitung der Netzwerktreffen, Vergabe von Auszeichnungen, kurz: Die Steuergruppe unterstützte das Netzwerkmanagement bei der an den Interessen der Mitglieder orientierten Gestaltung der Organisation und Struktur des Netzwerks.

Parallel gab es eine Gruppe, die die Jahresthemen festlegte und jeweils deren Durchführung vorbereitete. Es gab immer personelle Überschneidungen zwischen den beiden Gremien. Die Steuergruppe wurde auf einem Jahrestreffen im März 2015 aufgrund einer Anregung des externen Beraters offiziell von den Mitgliedern des Netzwerks bestätigt.

Nachdem ab 2015 keine Jahresthemen vom Nationalen Runden Tisch[110] mehr vorgegeben wurden, entwickelte sich auf einem außerordentlichen Netzwerktreffen zur Organisationsentwicklung im November 2015 eine neue Struktur: Es wurden fünf Arbeitsgruppen gebildet, inhaltlich orientiert an den fünf Schwerpunkten des Weltaktionsprogramms BNE. Das Weltaktionsprogramm wird Politik und Verwaltung gegenüber als inhaltlicher Bezugsrahmen des Netzwerks genutzt. Alle Gruppen werden von Mitgliedern – nicht vom Netzwerkmanagement – geleitet:

1. *Haus der Zukunft* – Planung eines Gebäudes, in dem Austausch und Präsentationen zu Netzwerkthemen stattfinden. Die Gruppe besteht aus sechs Mitgliedern und wird von einem Mitglied geleitet.
2. *Politikgruppe/Lobbygruppe* – die Netzwerkthemen in die Politik und Verwaltung bringen. Die Gruppe besteht aus drei Mitgliedern und erweitert sich gerade. Die Gruppe arbeitet ohne formelle Leitung.
3. *Kompetenzerweiterung/Multiplikatorenschulung* – Fortbildungen für Mitarbeiter der Stadtverwaltung erarbeiten und durchführen. Die Gruppe besteht aus acht Mitgliedern und wird von einem Mitglied geleitet.
4. *Junge Menschen/neue nachhaltige Bewegungen* – Einbindung neuer Akteursgruppen in das Netzwerk.
5. *Jahresquerschnittsthemen* – thematische Verankerung der Netzwerkaktivitäten.

Die Gruppen 4 und 5 haben sich inzwischen zusammengeschlossen.

Aus den Gruppen gibt es keine Protokolle. Sie berichten auf den Netzwerktreffen. Diese fanden bisher jährlich im Januar statt. 2017 wurde die Notwendigkeit gesehen, ein zusätzliches Treffen im August durchzuführen. Das Augusttreffen dient dem Innehalten, dem Ziehen einer Zwischenbilanz und dem Nachsteuern. Auf dem Januartreffen, das von Anfang an zur Netzwerkkultur gehörte, wird die Jahresplanung abgestimmt.

Parallel dazu bildete sich die Steuergruppe neu. Sie besteht aus zwei Netzwerkmitgliedern von kommunalen Ämtern (Stadtschulamt, Umweltamt), zwei Mitgliedern von NGOs, einem Vertreter der Schulen und der Netzwerkmanagerin. Alle Mitglieder der Steuergruppe sind in einer der neu gebildeten Arbeitsgruppen. In allen neu gebildeten Arbeitsgruppen muss ein Mitglied der neuen Steuergruppe vertreten sein. Die neue Struktur wurde in einer Online-Konsultationsbefragung präzisiert und angenommen.

---

110 Ein bundesdeutsches Steuerungsgremium, das innerhalb der UN-Dekade »Bildung für nachhaltige Entwicklung« von 2005 bis 2014 tätig war.

Die alte Steuergruppe ist schleichend ausgelaufen, bevor die neue gegründet wurde. Bei der Neubesetzung wurde wieder nach demselben Prinzip verfahren: Die wichtigsten Netzwerksegmente sollten vertreten sein. Diese hatten sich aber inzwischen etwas verändert: Kommunale Ämter und NGOs waren wichtiger geworden.

Porträt der Netzwerkmanagerin Monika Krocke

Die Netzwerkmanagerin sieht sich verantwortlich dafür, einen verbindlichen Rahmen zur Verfügung zu stellen und für eine anregende Arbeitsatmosphäre zu sorgen (Einladungen, Protokolle, geeignete Räume, Arbeitsmaterialien, Getränke) – kurz: die Rolle einer Gastgeberin einzunehmen. Daneben bereitete sie die Steuergruppe, die Jahrestreffen und die Treffen der Themengruppe, solange es diese gab, vor und leitete diese. In diesem Zusammenhang sieht sie ihre Aufgabe darin, Ziele zu kommunizieren und im Blick zu haben: »Treffen ohne Ziele sind anstrengend und unbefriedigend!«

Nach Selbstwahrnehmung der Netzwerkmanagerin war das Netzwerk lange stark auf sie in ihrer Funktion zentriert. Ihr Grundverständnis der Rolle der Netzwerkmanagerin war aber von Anfang an: »Wenn im Netzwerk oder einer Arbeitsgruppe im Netzwerk nichts läuft, dann läuft nichts. Ich mache es nicht!« Vor diesem Hintergrund war es ihr wichtig, dass sich die Mitglieder im Netzwerk mit einem eigenverantwortlichen, an Zielen orientierten Verhalten einbringen.

Im Rahmen eines Netzwerktreffens im Frühsommer 2015 wurde deutlich, dass die Netzwerkmitglieder erwarten, dass das Netzwerkmanagement der Motor des Netzwerks ist. Aufgrund der hohen Zufriedenheit damit, wie die Netzwerkmanagerin ihre Rolle ausfüllte, erhöhten sich die Erwartungen möglicherweise noch. Der durch das Treffen angestoßene Reflexionsprozess führte bei der Netzwerkmanagerin und im Netzwerk dazu, die Rolle der Netzwerkmanagerin weiter in Richtung »Ermöglicherin« zu entwickeln und die Erwartungen (Motor) ans Netzwerk zurückzugeben. Teilaufgaben des Managements wurden an das Netzwerk delegiert, z. B. die Leitung von Arbeitsgruppen. Die Einführung der neuen AG-Struktur lässt sich als Schritt interpretieren, die Erwartungen des Netzwerks produktiv selbst im Netzwerk wahrzunehmen. Dieser Prozess entlastete die Netzwerkmanagerin.

Was die neu gegründeten Arbeitsgruppen betrifft, sieht es die Netzwerkmanagerin als ihre Aufgabe zu beobachten, ob die Arbeitsgruppen arbeitsfähig sind oder Unterstützung benötigen. Dabei kommt es ihr nicht auf eine formale Betrachtung an: Ihrer Wahrnehmung nach waren Protokolle ein wichtiges Kommunikationsinstrument im Netzwerk. Obwohl es in den Arbeitsgruppen keine Protokolle gibt, kommen die AGs zu guten Ergebnissen. Für sie ein Lernprozess: wahrnehmen, wann Protokolle sinnvoll sind und wann die Zeit effizienter genutzt werden kann. Und: Welche neuen Formen der Kommunikation könnten sinnvoll sein? So entstand das neue Netzwerktreffen im August, das vor diesem Hintergrund als Ersatz für die Protokolle durch Face-to-Face-Kommunikation gedeutet werden kann.

Aufgrund ihrer eigenen Leitungserfahrungen weiß die Netzwerkmanagerin inzwischen, was sie braucht, um loslassen zu können: fachliche Kompetenz und eine Haltung – z.B. bei delegierten Teilmanagementaufgaben –, die Raum gibt und Vertrauen in die Ideen und Kräfte der Mitglieder zeigt. Nach ihrer Wahrnehmung ist dieses Vertrauen in die Netzwerkmitglieder grundsätzlich vorhanden, gerät aber mitunter ins Wanken, wenn Mitglieder in Rollen mit besonderer Verantwortung kommen, wie z.B. die Leitung einer AG. Hier sieht sie es als ihre Aufgabe an, sensibel zu intervenieren und zu unterstützen. Vielleicht führt das auch zu neuen Ausprägungen ihrer Rolle als Netzwerkmanagerin, die künftig vielleicht um einen Coaching-Anteil für Teilmanager im Netzwerk erweitert werden könnte.

Insgesamt beschreibt die Managerin ihre Entwicklung in der Rolle als Weg vom Motor zur Ermöglicherin. Wenn 0 auf einer Skala die Position »Ermöglicher« beschreibt und 10 die Position »Motor«, sieht die Netzwerkmanagerin bei sich eine Entwicklung von 6 nach 4, d.h. schon 2008 war ihre Gestaltung der Netzwerkmanagementrolle – nach Selbstwahrnehmung – geprägt durch 2/5 Ermöglicher-Anteile. Dieser Anteil hat sich durch die strukturelle Weiterentwicklung des Netzwerks gerade in den letzten beiden Jahren auf 3/5 vergrößert, indem Managementaufgaben delegiert wurden und im Netzwerk selbst die Erwartungen an das Management im Netzwerk überdacht und neu gestaltet wurden.

Die größten Erfolge – aus Managementsicht:

- Alle Jahresthemen wurden mit kreativen Veranstaltungen durch die Kooperation von unterschiedlichen Netzwerkmitgliedern erfolgreich bearbeitet: Es wurden neue Veranstaltungsformate erprobt, tragfähige Kooperationen begründet, Kompetenzen im Bereich »nachhaltige Bildung« verzahnt und neue Kompetenzen aufgebaut.
- Im Nachhaltigkeitsbericht der Stadt Frankfurt »Greencity Frankfurt« wurde der Bildungsbereich neu aufgenommen. In diesem Teil werden fast ausschließlich Aktivitäten des Netzwerks präsentiert.
- Das Netzwerk bekommt inzwischen sehr große Resonanz auf seine Einladungen. Das signalisiert: Die Arbeitsergebnisse des Netzwerks werden geschätzt.

Was andere vom Netzwerk aus Sicht der Managerin lernen können:

1. Die Kommunikations- und Steuerungskultur ist zielorientiert, aber nicht starr: Die Strukturentwicklung ist eine Tastbewegung und ein Lernprozess. Die Struktur folgt den Bedarfen und wird an diese angepasst. Neue Bedürfnisse werden nicht durch die Struktur begrenzt, sie führen zu neuen Strukturen.

2. Die Rolle der Netzwerkmanagerin wird als gestalteter Prozess unter Mitwirkung des ganzen Netzwerks weiterentwickelt: Die Veränderung der Rolle der Netzwerkmanagerin vom Motor in Richtung Ermöglicherin war nur realisierbar, weil die ganze Struktur verändert wurde.

3. Das Netzwerkmanagement ist als Reflecting Team mit Rollenteilung strukturiert: Eine Person tritt im Netzwerk und außerhalb des Netzwerks als Netzwerkmanagerin auf und eine Person steht im Hintergrund für Reflexion zur Verfügung und nimmt auf diese Weise ihre formale Verantwortung wahr – eine Kooperationsform, die großes beidseitiges Vertrauen und wechselseitige Wertschätzung der jeweiligen Kompetenzen voraussetzt. Beide Rollen entlasten sich wechselseitig in ihren jeweiligen Verantwortungsbereichen.

4. Die Veränderung der Netzwerkstruktur kann neue Ziele erschließen: Konkret wurde das Handlungsfeld »Politikberatung und Beratung kommunaler Verwaltung« neu erschlossen. Da kommunale Ämter selbst Mitglied im Netzwerk sind, ist davon auszugehen, dass das Netzwerk Angebote entwickeln wird, die genau auf die Bedarfe dieser Netzwerkmitglieder zugeschnitten sind, und dass die Angebote die Kompetenzen der Mitglieder optimal auf die Bedarfe beziehen werden.

5. Im Netzwerk ist das Spannungsfeld Heterogenität vs. produktorientiertes Arbeiten sehr gut entwickelt. Den meisten Mitgliedern ist bewusst: Neue Menschen und spezifische Kenntnisse und Kompetenzen sind schwer zu integrieren. Da braucht man Geduld und muss zuhören können, das ist meist ein anstrengender Prozess, aber es lohnt sich – das gehört zum Erfahrungsschatz des Netzwerks.

6. Steuerungs- und Arbeitsebene werden ohne Aufgabenhäufung verzahnt: In allen Arbeitsgruppen sind Mitglieder der Steuergruppe vertreten.

7. Ein Netzwerkprinzip lautet: Verantwortung wird verteilt, Ämterhäufung vermieden. So entstehen viele Mitwirkungsmöglichkeiten. Macht wird verteilt. Ämter- bzw. Verantwortungsvielfalt ist eine Möglichkeit, den richtigen Platz für jemanden zu finden.

8. Die Netzwerkmanagerin ist auch Coach für Netzwerkmitglieder bei der Wahrnehmung von Teilmanagementaufgaben.

Wenn sich Monika Krocke die Ziele, die Unterschiedlichkeit im Netzwerk und die Themen »Tausch« und »Vertrauen« vor Augen hält, kommt ihr folgender

Gedanke in den Sinn: Unterschiedlichkeit ist wichtig, aber leichter gesagt als getan. Folgende Fragen müssen geklärt werden:

- Wie können Akteure aus noch nicht vertretenen Bereichen angesprochen werden?
- Wie geht das Netzwerk mit neuen Akteuren und bislang unvertrauten Domänen um?
- Wo ist ein produktiver Platz für Neue im Netzwerk?

Klar ist dabei: Alle Mitglieder müssen in irgendeiner Weise voneinander profitieren. Das kann ganz unmittelbar materiell, ideell als Aufwertung der Personen oder Organisationen oder auch auf einer ganz persönlichen Ebene sein.

Das Thema »Vertrauen« spielt dabei eine ganz entscheidende Rolle. Vertrauen ist ein wichtiger »Gegenspieler« von Konkurrenz (die in Netzwerken ebenfalls eine große Rolle spielt). Vertrauen kann entstehen durch Wertschätzung in der Kommunikation und im Umgang miteinander sowie insbesondere durch eine gemeinsame Praxis. Und Vertrauen kann auch helfen, die reine Tauschlogik in Netzwerken zu überwinden. Wenn ich Vertrauen in Mitglieder und die Leitung des Netzwerks habe, muss ich nicht unbedingt auf die kurzfristige Erzielung eines Vorteils aus sein.

Ganz grundsätzlich aber gilt: Der Spaß, den die Zusammenarbeit bringt, ist ein wichtiger Indikator und gleichzeitig die Energie und der Treibstoff für die Innovationsfähigkeit eines Netzwerks.

8.5 Netzwerk Ganztagskoordination Hamburg

Porträt des Netzwerks[111]

Das *Netzwerk Ganztagskoordination Hamburg* wurde 2007 gegründet. Die Initiative dazu ging von einem Ganztagsschulkoordinator aus, der die »Agentur für Schulentwicklung« (Agentur) am »Landesinstitut für Lehrerfortbildung und Schulentwicklung Hamburg« (LI) gebeten hatte, ein Netzwerk zum Erfahrungsaustausch für Ganztagsschulkoordinatoren einzurichten, damit »das Rad nicht immer wieder neu erfunden werden muss«. Der zuständige Mitarbeiter der Agentur bezog den Autor als Netzwerkexperten in die Planung ein. Auf einer Tagung des LI zum Thema »Ganztagsschule leistet mehr« wurde Resonanz zum Thema »Netzwerk Ganztagsschulkoordination« erzeugt. Die

---

111 Die Informationen beruhen vor allem auf einem Interview mit Detlef Peglow am 22.9.17 und der Mitwirkung des Autors im Netzwerkmanagement als externer Berater und Moderator der Netzwerktreffen von 2007 bis 2014. Siehe hierzu auch Bensmann in Kulin u.a., S. 79–97.

überaus positiven Rückmeldungen zu diesem Vorhaben bildeten die Start-basis des Netzwerks.

Beim ersten Netzwerktreffen mit acht Teilnehmenden fand eine Verständi-gung über die Ziele des Netzwerks statt. Benannt wurden: »Erfahrungen und Tipps austauschen«, »Kontakte vermitteln« sowie »Themen konzentriert angehen«[112]. Es wurden Vereinbarungen zur Gestaltung getroffen. Die Treffen sollten

- dreistündig sein,
- viermal jährlich stattfinden – im Wechsel einmal im LI, dann an einer Schule (Die jeweiligen Schulen sollten am Anfang vorgestellt werden und Feed-back von den anderen erhalten – »Was nehme ich als Anregung in meine Ganztagsschule mit?«.),
- von einem Externen moderiert werden,[113]
- standardisierte Tagesordnungspunkte haben: Sammlung von Austauscht-hemen, Austausch in themenbezogenen Gruppen, Kurzberichte, Gelegen-heit für Tipps,
- protokolliert werden.

Die Agentur erklärte sich bereit, die Treffen zu organisieren. Es wurde ver-einbart, dass das Netzwerk für Ganztagskoordinatoren aus allen Formen von Ganztagsschulen (offen, teilgebunden und gebunden) und für Koordinatoren aus allen Schulformen (Grundschulen, Gesamtschulen, GHR-Schulen[114], För-derschulen und Gymnasien) offen ist.

Die Agentur formulierte an das Netzwerk die Anforderung, dass interessierte Koordinatoren jederzeit sofort an Treffen teilnehmen können. Angesichts der steigenden Zahl von Ganztagsschulen war das Netzwerk von Anfang an da-rauf ausgerichtet, steigende und/oder sich differenzierende Bedarfe zu be-friedigen.

Bis 2011 fanden insgesamt 19 Treffen statt, in den ersten Jahren mit 8 bis 20 Teilnehmenden, seit 2010 mit 20 bis 40 Teilnehmenden. Die Einladungs-liste umfasste 2012 ca. 120 Adressen, davon ca. 100 Koordinatoren. Außerdem waren in Einzelfällen Vertreter der Schulbehörde eingeladen, die im Bereich Ganztagsschule tätig sind.

---

112 Aus dem Protokoll.
113 Von 2007 bis 2014 wurden die Netzwerktreffen durch den Autor moderiert.
114 GHR-Schulen sind eine spezielle Schulform, in der in Hamburg zeitweilig Grund-, Haupt- und Realschulen unter einem Dach kombiniert waren. Inzwischen gibt es diese Schulform nicht mehr.

Entwicklung der Netzwerkstruktur und -kultur in den Face-to-Face-Treffen
Der Kern des Netzwerks *Ganztagskoordination* waren und sind die Face-to-Face-Treffen. Die Struktur und die Kultur dieser Netzwerktreffen wurden im Laufe der Zeit weiterentwickelt. Dies hatte vor allem zwei Gründe:

- Die Ganztagsschulkoordinatoren wollten ihre Arbeit professionalisieren, die Qualität steigern und effizienter werden.
- Die Entwicklung von Ganztagsschulen in Hamburg durch Politik und Schulbehörde stellte die Ganztagskoordination vor neue Aufgaben. So wurde 2011 die neue Ganztagsschulform »Ganztägige Bildung und Betreuung an Schulen« (GBS) gestartet. In dieser Form der Ganztagsschule bildet eine Grundschule zusammen mit einem Jugendhilfeträger – meist Kindertagesstätten (Kitas) – gemeinsam eine Ganztagsgrundschule.

Wichtige Schritte bei der Weiterentwicklung der Struktur und der Kultur der Netzwerktreffen waren:

- Ab 2008 gab es den Tagesordnungspunkt »Vereinbarungen«. Dort wurde festgelegt, in welcher Schule das nächste Treffen stattfindet. Später wurde unter diesem Punkt geklärt, welche Mitglieder sich an der Vorbereitung der nächsten Sitzung beteiligen und welche Themen im Vordergrund des nächsten Treffens stehen.
- 2009 gab es eine Diskussion über die Größe des Netzwerks. Einige Mitglieder waren der Meinung, dass das Netzwerk mit mehr als 20 Mitgliedern nicht funktionieren könne, weil man sich dann nicht mehr ausreichend einbringen könne. Diese Mitglieder schlugen vor, ein neues Netzwerk zu gründen, wenn in mehreren Treffen mehr als 20 Mitglieder teilnehmen. Andere waren der Meinung, dass mehr Netzwerkmitglieder auch den Nutzen des Netzwerks mehren können. Es wurde beschlossen, Netzwerktreffen mit größerer Beteiligung auszuprobieren. Durch die Gestaltung der Netzwerktreffen mit Großgruppenmoderationsmethoden konnten alle Teilnehmenden erleben, dass diese Methoden dafür sorgen, dass sich alle in gewohntem Umfang einbringen können, gleichzeitig aber der Nutzen sogar noch zunimmt.
- Im Februar 2010 fand das erste ganztägige Netzwerktreffen statt, weil es mehrfach Rückmeldungen gegeben hatte, dass dreistündige Treffen zu kurz seien. Das positive Feedback zu dieser Langform führte zur Modifizierung des Rhythmus der Netzwerktreffen. Fortan variierte nicht nur der Ort, sondern auch die Länge der Treffen: Es gab jeweils zwei kurze und zwei ganztägige Treffen im Jahr.
- Im Oktober 2010 fand ein Netzwerktreffen erstmals unter einem vorab festgelegten Thema statt. Das Netzwerktreffen zum Thema »Kooperation Schule–Hort/Träger der Jugendhilfe« fand bei einem Träger der Jugendhilfe statt. Das Treffen war geprägt von sehr viel Input und verkürztem

Austausch. Die Resonanz: Informativ, für das Thema angemessen, aber künftig soll wieder der Austausch im Vordergrund stehen.

- Der Tagesordnungspunkt »Sie fragen – Sie antworten« wurde im Oktober 2010 das erste Mal erfolgreich ausprobiert. Dabei werden Fragen gesammelt, zu denen kein Austausch gewünscht wird, sondern nur Tipps und Informationen gegeben werden. Im Laufe der nächsten Treffen wurde diese Form ergänzt durch die zusätzliche Antwortform »Recherche des Netzwerkmanagements – Beantwortung im Protokoll«. Der Tagesordnungspunkt »Sie fragen – Sie antworten« ist auch 2017 noch fester Bestandteil jedes Netzwerktreffens.
- Im Februar 2011 wurde die Austauschphase zum ersten Mal nach Schulstufen getrennt durchgeführt: Grundschulen, Sekundarstufen I und Gymnasien bilden jeweils eine oder mehrere themenspezifische Arbeitsgruppen.
- Im Mai 2012 ging es zum ersten Mal um das Thema »Qualitätsentwicklung in Ganztagsschulen«. Alle Netzwerkmitglieder beschäftigen sich in mehreren parallel stattfindenden Arbeitsgruppen mit sieben wichtigen Ganztagsschulthemen. Dadurch, dass drei AG-Phasen im gleichen Setting hintereinander stattfinden, hat jedes Mitglied die Gelegenheit, seine Kompetenz und seine Erfahrung zu drei Ganztagsschulthemen einzubringen. Das Format bewährt sich und wird wiederholt genutzt.
- Im April 2013 wurde ein Best-Practice-Intensivformat erfolgreich eingesetzt: Netzwerkmitglieder stellen bewährte Lösungen oder Konzeptideen zu neun Ganztagsschulthemen vor: Raum, Mittagsfreizeit, Regeln einhalten, Angebote, Mittagessen, Fördern/individuelle Lernzeiten, Inklusion, Kooperation, Partizipation. Jedes Thema bekommt 15 Minuten Zeit. Die Themen werden nacheinander bearbeitet. Die ca. 50 Teilnehmenden arbeiten bei jedem Thema in neuen Zusammensetzungen. Der Ablauf jeder 15-minütigen Arbeitsgruppenphase ist genau abgesprochen: Ein oder zwei Mitglieder in jeder Arbeitsgruppe erhalten die Gelegenheit, ihr Beispiel in max. zehn Minuten vorzustellen. Die anderen geben danach fünf Minuten Feedback: »Was nehme ich mit?« In jeder Arbeitsgruppe erklärt sich eine Person vorab bereit, das Schreibwerkzeug der Gruppe zu sein. Es notiert das Feedback zu den Best-Practice-Berichten auf einem vorbereiteten Arbeitsblatt. Alle Arbeitsblätter werden im Protokoll dokumentiert. Eine hocheffiziente, sehr anregende Methode, um bewährtes Know-how in das ganze Netzwerk zu transferieren.
- Im September 2013 gab es beim Netzwerktreffen erstmals Input einer externen Expertin von einer Bürgerstiftung. Es ging um das Thema »Servicelearning«.
- Beim Treffen im November 2013 nahm der für Ganztagsschulen zuständige Architekt der Schulbehörde als Inputgeber teil.
- Beim Treffen im März 2014 wurde eine Danke-Runde erprobt. Am Ende von thematischen Austauschgruppen schreiben alle auf, welche Anregung sie

mitnehmen und von wem. Im anschließenden Plenum stehen alle im Kreis. Alle Karten werden vorgelesen. Die jeweilige Karte wird anschließend als Dank der Person übergeben, die die Anregung eingebracht hat.

- Seit 2017 gibt es den neuen Tagesordnungspunkt »Läuft«. Hier haben die Mitglieder die Möglichkeit, Organisationsdetails zu präsentieren, die die eigene Arbeit erleichtern oder auf andere Art und Weise nützlich sind.

Seit 2012 hat sich die Beteiligung am Netzwerk noch einmal gesteigert. Inzwischen nehmen an jedem Treffen 40 bis 80 Netzwerkmitglieder teil. Die Zunahme hängt einerseits damit zusammen, dass zwischen 2012 und 2016 alle Hamburger Schulen zu Ganztagsschulen ausgebaut wurden. Damit stieg auch die Zahl der potenziellen Netzwerkteilnehmenden. Andererseits ist die steigende Teilnahme auch ein Beleg für die kontinuierliche Attraktivität des Netzwerks.

Im Verteiler sind inzwischen über 350 Adressen, über die zu Netzwerktreffen eingeladen wird. Sie finden nach wie vor viermal jährlich statt: Zwei Treffen sind ganztägig; die kurzen Treffen wurden um eine Stunde auf vier Stunden verlängert; mittlerweile finden die Treffen in der Regel in einer Schule statt. Für die Gastgeberschule ist das zwar ein nicht geringer Aufwand parallel zum laufenden Betrieb. Dennoch gibt es immer Schulen, die dazu bereit sind, weil sie umgekehrt differenziertes Feedback zu ihrer Arbeit bekommen.

In einem Jahr kommen nach Schätzung des Netzwerkmanagers ca. 120 Mitglieder mindestens zu einem Netzwerktreffen. Aus seiner Sicht hat sich eine Teilnahmestruktur herausgebildet, die durch einen Kern von Mitgliedern geprägt ist, der fast alle Treffen besucht, und anderen Mitgliedern, die die Netzwerktreffen unregelmäßig besuchen.

Seit 2012 gibt es zwei weitere Netzwerke im Bereich Ganztagsschule in Hamburg, nämlich für Gymnasien und für GBS (ganztägige Bildung und Betreuung an Schulen). Ca. 50 % aller Hamburger Ganztagsschulen arbeiten in einem der drei Netzwerke sporadisch oder kontinuierlich mit.

Insgesamt ist die Entwicklung des Netzwerks durch Kontinuität geprägt. Die grundlegenden Elemente der Netzwerktreffen sind:

- Vorstellung der Gastgeberschule, inzwischen in der Regel mit Fokus auf einer Besonderheit
- statt einer Vorstellungsrunde zu Beginn: soziometrische Aufstellungen, um sichtbar zu machen, wer aus welcher Schulform kommt, welchen Beruf die Teilnehmenden haben; außerdem meist eine inhaltliche Frage zum Stand der eigenen Schule in einer das Schwerpunktthema des Tages betreffenden Frage

- Möglichkeit, Themenwünsche für den Austausch einzubringen
- Input zu thematischen Schwerpunkten, die vorher abgesprochen wurden (nicht bei jedem Treffen)
- Austauschgruppen inzwischen im Open-Space-Format
- Kurzberichte aus den Arbeitsgruppen
- »Sie fragen – Sie antworten« – eine Möglichkeit, das Plenum zu nutzen, um Tipps und Kontakte zu bekommen, die meist auch für andere Netzwerkmitglieder interessant sind (»Wer kennt einen Kursleiter für Yoga, der am Mittwochnachmittag in Barmbek einen Kurs anbieten könnte?«)
- »Läuft« – kleine, in der Praxis bewährte Innovationen bei der Organisation des Ganztags an Schulen (neu seit 2017)
- Informationen aus dem Netzwerkmanagement – Neues aus der Behörde für Schule und Berufsbildung Hamburg (BSB), Veranstaltungshinweise, Informationen aus anderen Bundesländern
- Verabredungen – Schule, die das nächste Netzwerktreffen ausrichtet, Netzwerkmitglieder, die das nächste Treffen mit vorbereiten
- informeller Austausch beim Imbiss

Die Reihenfolge der einzelnen Elemente wird gegebenenfalls den aktuellen Bedürfnissen angepasst.

Realisierung von Projekten

In den ersten Jahren stand der Austausch in thematischen Gruppen im Vordergrund. Doch schon bald gab es den Wunsch, »konzentriert Themen anzugehen«, wie im Protokoll der ersten Sitzung festgehalten wurde.

Im Folgenden einige Beispiele für Projektideen, die im Netzwerk entstanden sind und realisiert wurden – meist mit Unterstützung des Netzwerkmanagements:

- 2008 führte der Wunsch nach einer Arbeitsplatzbeschreibung für Ganztagschulkoordinatoren dazu, dass sich aus dem Netzwerk heraus eine Arbeitsgruppe bildete, die einen Entwurf erarbeitete, der im Netzwerk vorgestellt wurde. Nach mehreren Feedbackschleifen wurde die Arbeitsplatzbeschreibung im Juli 2009 verabschiedet. Sie wurde zunächst von den Koordinatoren selbst genutzt, um z.B. im Gespräch mit der Schulleitung akzeptable Arbeitsbedingungen auszuhandeln. Inzwischen (2017) ist diese Arbeitsplatzbeschreibung Grundlage der behördenoffiziellen Beschreibung der Funktion »Ganztagskoordination«.
- 2009 wurde der erste Versuch unternommen, ein internetbasiertes Wissensmanagement einzuführen. Dieses wurde zwar vom Netzwerkmanagement gefüttert, aber kaum durch die Netzwerkmitglieder. Unter dem Punkt »Vereinbarungen« wurde zeitweise abgefragt, wer das Wissensmanagement nutzt. Wegen des Missverhältnisses von Aufwand und Nut-

zung wurde es abgeschaltet. Jahre später wurde ein anderes System installiert, das ebenfalls nicht angenommen wurde. Inzwischen läuft der dritte Versuch, den Austausch im Netzwerk zwischen den Face-to-Face-Treffen softwaregestützt anzuregen. Zwar sind über 100 Mitglieder angemeldet, aber auf der Plattform gibt es wenig Aktivität. Es ist nach wie vor nicht klar, warum Softwareunterstützung im Netzwerk immer wieder gewünscht, aber nach wie vor nicht angenommen wird.

- Anfang 2010 wurde eine Fortbildung für Ganztagsschulkoordination konzipiert und von der Agentur durchgeführt. Die Inhalte waren wesentlich durch das Netzwerk mitgestaltet.
- 2010 wurde eine Software zur Verwaltung der Kurse, Kursleiterkontakte und der Kursteilnehmenden konzipiert und aus Mitteln der Agentur realisiert. Die Anforderungen an die Software wurden im Netzwerk erarbeitet.
- 2012 wurden erstmals Qualitätsstandards für Ganztagsschulen erarbeitet, die in der Schulbehörde und z.B. im Ganztagsschulverband zur Diskussion gestellt wurden. Sie dienten gleichzeitig als Qualitätsorientierung für die Netzwerkmitglieder in ihrer täglichen Arbeit.
- 2016 wurden die Qualitätsstandards aktualisiert und weiterentwickelt.

Insgesamt lässt sich auch eine Entwicklung bei den Themen feststellen, die im Netzwerk bearbeitet wurden und werden. Ging es in der ersten Phase vorrangig um organisatorische Themen (effiziente Organisation von Kursen, Erstellung von Teilnehmerlisten, Gewinnung eines Caterers etc.), geht es zunehmend um inhaltliche, pädagogische Themen wie z.B. Partizipation, Qualitätsstandards in der Ganztagsschule oder »Zusammenarbeit der verschiedenen Professionen in der Ganztagsschule für die Entwicklung der Kinder nutzbar machen« etc.

Entwicklung des Netzwerkmanagements

Auch das Netzwerkmanagement hat sich im Laufe der Jahre kontinuierlich weiterentwickelt. Im ersten Jahr des Netzwerks bestand das Netzwerkmanagement aus dem zuständigen Mitarbeiter der Agentur und dem externen Moderator. In dieser Konstellation wurden die Treffen vorbereitet. Halbjährlich kam die Leiterin der Agentur hinzu, um sich über die Entwicklung und die Planung zu informieren und ihrerseits Anregungen zu geben. Mitunter verstärkten einzelne Mitarbeiter der Agentur das Management vor allem bei organisatorischen Aufgaben, z.B. Protokoll schreiben oder zu Netzwerktreffen einladen. Alle Mitglieder des Netzwerkmanagements waren in der Startphase nicht Mitglieder des Netzwerks. Mitte 2008 wurde ein Ganztagsschulkoordinator als Vertreter der Netzwerksmitglieder ergänzend in das Management aufgenommen. Die Tätigkeit wurde honoriert.

Bis 2011 hat sich das Management des Netzwerks weiter ausdifferenziert. Es bestand damals aus vier bis fünf Personen:

- dem Leiter der Agentur
- einem Mitarbeiter der Agentur, der dort als Ganztagsschulkoordinator in Teilzeit mit dem Tätigkeitsschwerpunkt »Netzwerkkoordination« beschäftigt war
- dem externen Berater, der die Treffen mit vorbereitete und moderierte
- ein oder zwei Mitgliedern aus dem Netzwerk, die sich jeweils am Ende eines Netzwerktreffens bereit erklärten, die nächste Sitzung mit vorzubereiten. Wichtig bei der Einführung dieser Änderung war, dass der Zeitaufwand auf zwei Stunden begrenzt war. Der Wechsel der Netzwerkmitglieder führte dazu, dass immer wieder neue Ideen für die Gestaltung der Treffen eingebracht wurden.

Vor einem Jahr wurde das Netzwerkmanagement stark verkleinert. Es besteht derzeit nur noch aus dem Mitarbeiter der Agentur, der seit einem Jahr von der BSB bezahlt wird.[115]

Inzwischen wird zu jedem Treffen mit dem Softwaretool »SurveyMonkey« online Feedback erfragt, das für die Vorbereitung des nächsten Treffens genutzt wird. Dabei werden die Teilnehmenden gezielt zu einzelnen Tagesordnungspunkten befragt. Etwa ein Drittel der Teilnehmenden eines Treffens nutzt diese Feedbackmöglichkeit. Mitunter verwendet die Vorbereitungsgruppe die Rückmeldungen umgekehrt, um dem Netzwerk Feedback zu geben. In einem Fall war die Atmosphäre in mehreren Open-Space-Gruppen durch eine entmutigende und mäkelnde Grundstimmung geprägt. Diese Wahrnehmung wurde den Teilnehmenden zurückgemeldet – verbunden mit dem Hinweis, dass das Netzwerk mit dem Ziel gegründet wurde, die Teilnehmenden zu entlasten.

Die Rückmeldungen zur Gastgeberschule, die online gegeben wurden, werden immer der betreffenden Schule zur Verfügung gestellt.

Derzeitiger Nutzen und aktuelle Bedeutung des Netzwerks

Die Netzwerkmitglieder sehen sich durch das Netzwerk in ihrer Tätigkeit entlastet. Dieser Nutzen spiegelt sich im Untertitel des Netzwerks wider. Seit 2011 heißt es offiziell »Netzwerk Ganztagskoordination – Entlastung durch Vernetzung«. Die Entlastung ergibt sich vor allem durch den Austausch. Auf diese Weise profitieren insbesondere neue Mitglieder, die ihre Tätigkeit als Ganztagsschulkoordinator gerade erst begonnen haben. Auf der anderen

---

115 Siehe Porträt Netzwerkmanagement Detlef Peglow.

Seite war im Netzwerkmanagement mehrfach die Frage zu beantworten, wie das Netzwerk für Mitglieder nützlich bleibt, die viel Erfahrung als Koordinatoren haben: Wie kann der Austausch so organisiert werden, dass auch erfahrene Mitglieder profitieren? Positive Erfahrungen wurden in diesem Zusammenhang z.B. damit gemacht, dass Austauschgruppen speziell für erfahrene Mitglieder eingerichtet wurden.

Entlastung ergab sich zudem durch erfolgreich realisierte Projekte, die ausnahmslos daran ausgerichtet waren, die Effizienz und Wirksamkeit der Arbeit in der Ganztagskoordination zu steigern.

Die Mitglieder des *Netzwerks Ganztagskoordination* sind sehr stark auf die Face-to-Face-Treffen ausgerichtet. Die Nutzung von internetbasierten Tools zum Wissensmanagement und zur Kommunikation zwischen den Treffen ist noch ausbaufähig. Insgesamt gibt es eine große Bereitschaft aufseiten erfahrener Koordinatoren, Neulingen beratend zur Seite zu stehen. Der Kontakt wird bei den Netzwerktreffen geknüpft und dann bei Notwendigkeit im Alltag gesucht und genutzt.

Bisher kamen nur wenige Kooperationen aus dem Netzwerk heraus zustande. Die Zusammenarbeit, die der derzeitige Netzwerkmanager als Netzwerkmitglied mit einem anderen Mitglied einging[116], lässt vermuten, dass es eventuell informelle Kooperationen gab und gibt, die in den Face-to-Face-Treffen nicht sichtbar wurden und werden, aber dennoch darauf verweisen, dass das Netzwerk für die Bildung von Kooperationen genutzt wird.

Nach Wahrnehmung des derzeitigen Netzwerkmanagers hat sich im Laufe der Jahre eine Kultur der Offenheit entwickelt. Das Netzwerk wird als geschützter Raum wahrgenommen, in den auch eingebracht werden kann, was einem nicht gelingt, wo man nicht weiterweiß, in dem um Unterstützung gebeten werden kann. Das Netzwerk wird nach Ansicht des Netzwerkmanagers inzwischen in der BSB als ein Instrument der Qualitätsentwicklung in Ganztagsschulen wahrgenommen. Aus diesem Grund wurde und wird das Netzwerk aus Mitteln der Behörde weiterfinanziert, nachdem die Deutsche Kinder- und Jugendstiftung (DKJS), die seit Beginn das Netzwerk mitfinanziert hatte, ihre Förderung 2016 einstellte.

Der Netzwerkmanager nimmt das Netzwerk als eine Form des Zusammenwirkens wahr, als einen geschützten Raum, der von der Behörde respektiert wird,

---

116 Siehe Porträt Netzwerkmanager.

in dem es nicht um Normierung, Bewertung und die Umsetzung von Vorgaben geht und in dem Training on the Job stattfindet. In gewisser Weise ist das Netzwerk eine »Peergroup«, in der sich alle wechselseitig bei der Suche nach der bestmöglichen Gestaltung der eigenen Rolle in der Ganztagsschulkoordination unterstützen – zum Nutzen für die Teilnehmenden, die Behörde und nicht zuletzt für die Schülerinnen und Schüler, die davon profitieren, dass der Ganztag gut koordiniert ist. Die BSB erhält aus dem Netzwerk Anregungen zur Ganztagsschulentwicklung, die von denjenigen generiert wurden, die täglich in diesem Feld arbeiten und die ihre Arbeit durch das Netzwerk optimieren möchten.

Porträt des Netzwerkmanagers Detlef Peglow

Detlef Peglow ist seit 2008 Netzwerkmitglied und war zunächst Ganztagskoordinator einer Hamburger Stadtteilschule. Als Mitglied hat er das Netzwerk genutzt, um seine Rolle als Ganztagsschulkoordinator herauszubilden. Nach seiner Wahrnehmung war es das erste Mal, dass er in eine Rolle hineingewachsen ist, dadurch dass er sich mit anderen ausgetauscht hat. Im Netzwerk hat er den erfahrenen Koordinator einer anderen Schule kennengelernt, der für ihn eine Mentorenfunktion eingenommen hat. Mit ihm hat er sich mehrfach getroffen, um sich über die Gestaltung des Ganztags an den beiden Schulen auszutauschen.

Vor dem Hintergrund dieser positiven Erfahrung mit dem Netzwerk war es für ihn 2011 attraktiv, das Angebot anzunehmen, in das Netzwerkmanagement zu wechseln. Im Unterschied zu seinem Vorgänger, der beim Landesinstitut für Lehrerfortbildung angestellt war, sieht er sich selbst in einer Zwitterrolle: Einerseits ist er noch immer mit 60 % seiner Arbeitszeit Ganztagsschulkoordinator an »seiner« Schule, andererseits ist er mit den anderen 40 % als Netzwerkmanager tätig. In dieser Funktion ist er momentan Mitarbeiter des Ganztagsreferats der Schulbehörde. Im Netzwerk sieht er sich in seiner Doppelrolle als Koordinator und Mitarbeiter der Behörde akzeptiert, ebenso wie in der Rolle des Vermittlers von Informationen zwischen Behörde und Pädagogen an den Schulen, die den Ganztag koordinieren.

Seine Rolle als Netzwerkmanager besteht nach seiner Wahrnehmung aus verschiedenen Segmenten:

- Als **Organisator** ist er dafür zuständig, zu den Treffen einzuladen, den Verteiler zu pflegen, die externe Moderatorin der Netzwerktreffen einzubinden, dafür zu sorgen, dass Protokolle erstellt und versandt werden und die Internetplattform zu pflegen.
- Als **Dienstleister** setzt er Vorhaben, die im Netzwerk entstanden sind, um. In dieser Eigenschaft hat er beispielsweise ein Tool konkretisiert, mit dem

der durchschnittliche Aufwand für unterschiedliche Tätigkeiten in der Ganztagskoordination berechnet werden kann.

- Als **Scheinwerfer** sucht er im Netzwerk und auch außerhalb nach Themen und Innovationen, die für alle von Bedeutung sein könnten und die es wert sind, im Netzwerk zur Diskussion gestellt zu werden.
- Als **Mittler** transferiert er Netzwerkergebnisse wie den dort erarbeiteten Qualitätskriterienkatalog, Themen und Probleme, die im Netzwerk sichtbar werden, in die Behörde. Umgekehrt erläutert er die behördliche Sichtweise und deren Vorgehen im Bereich Ganztagsschule im Netzwerk.

Seine Tätigkeit als Netzwerkmanager der Ganztagsschulkoordination erinnert ihn an das Improvisieren mit Freunden, wenn er auf seinem Saxofon oder seiner Klarinette mit ihnen jazzt. »Ich mag Situationen, die offen sind. Wenn wir improvisieren, horche ich auf das, was kommt und worauf ich mich mit meinem Instrument beziehen kann. Ich greife es auf, gestalte es, bringe es in die gemeinsame Musik ein und horche wieder.« Nach Peglows Wahrnehmung ist das im Netzwerk genauso: Auch hier ist er als Netzwerkmanager z.B. in der Open-Space-Phase gespannt, ob jemand aufsteht und sich einbringt, ob es Ideen gibt, die aufgenommen werden, ob sich Ideen wechselseitig befruchten. »Genauso wie im Jazz«, so Peglow, »braucht es in Netzwerken einen ›Klangraum‹, der von vielen geschaffen wird, auf den ich mich als Mitglied beziehen kann, in den ich meine Töne einbringen kann. Mir kommt es so vor«, ergänzt Peglow, »dass die Zusammenarbeit mit der externen Moderatorin unserer Netzwerktreffen genauso funktioniert wie die Absprache zwischen zwei Solisten einer Band: Wir wissen, wer zu welchem Zeitpunkt dran ist, und geben uns wechselseitig Raum, wenn es sinnvoll ist.«

Was er in der Rolle des Managers dieses Netzwerks besonders benötigt, ist nach seiner Einschätzung ein waches Wahrnehmungsorgan, ein Sensorium für Ganztagsschulthemen. Dieses stellt er dem Netzwerk zur Verfügung. Oft werden die Themen, die er einbringt, dankbar aufgenommen, aber natürlich kommt es auch vor, dass z.B. in Open-Space-Phasen mit den Füßen abgestimmt wird und seine Themenvorschläge unbeachtet bleiben. Für ihn sind Reaktionen, die er nicht erwartet hat, ein Grund nachzufragen, um besser zu verstehen. So nutzt er unerwartetes Verhalten im Netzwerk, um seine Kompetenz als Netzwerkmanager weiterzuentwickeln.

9 Trends in Netzwerkorganisationen – destilliert aus den Porträts

Trend 1: Face-to-Face-Kommunikation verbinden mit virtuellen Formen von Vernetzung

In den Netzwerkporträts gibt es herausragende Beispiele für die wachsende Bedeutung virtueller Formen von Vernetzung, die die Face-to-Face-Kommunikation in Netzwerken ergänzen:

- die Onlinedatenbank *NIRO-Wissen*
- die virtuelle Jobmesse von *job4u*
- die Vermittlungsapp von *job4u*

Die verschiedenen Erfahrungen mit unterschiedlichen Formen virtueller Vernetzung scheinen durch eine gemeinsame Erfahrung verbunden zu sein: Softwarenutzung ist in der Einführung aufwendig, sowohl was Zeitressourcen als auch finanzielle Ressourcen betrifft. Deshalb reicht eine oberflächliche Faszination für diese Kommunikationsform bei Weitem nicht aus, um eine Software in Netzwerken zu etablieren. Da in Netzwerken die Möglichkeit entfällt, Software durch eine Entscheidung von oben einzuführen, bedarf es eines intensiven Planungs- und Entwicklungsprozesses zusammen mit den Netzwerkmitgliedern, um die Grundlagen für eine erfolgreiche Softwarenutzung zu schaffen. Gemeinsame Planungs- und Einführungsprozesse scheinen aber Ergebnisse von hoher Nutzungsqualität zu generieren, wie man z.B. an der Nutzungsfrequenz von *NIRO-Wissen* erkennen kann oder an der hohen Zufriedenheit der Unternehmen bezogen auf die virtuelle Messe von *job4u*. Zu Beginn der Nutzung – auch das ist anscheinend eine verallgemeinerbare Erfahrung – ist dann noch eine Reihe von Kinderkrankheiten zu beseitigen. Dazu kann auch unerwartetes Verhalten von Nutzern gehören. In Netzwerken scheint es wichtig zu sein, die Akzeptanz von Software nicht als möglichen Stolperstein zu sehen, sondern – wie Anna Rommel von NIRO – als Teil der Aufgabe, die im Netzwerk vom Management und den Mitgliedern zu leisten ist, wenn man gemeinsam davon profitieren möchte.

In den genannten Beispielen sind die Formen virtueller Kommunikation direkt auf den Zweck des Netzwerks ausgerichtet. Da es in der Netzwerkkommunikation auch darum geht, Ereignisse zu schaffen, die die Netzwerkentwicklung und den Austausch inspirieren, werden Netzwerke in Zukunft vermutlich auch nach Software Ausschau halten, die dabei unterstützen kann. Ein Beispiel für diese Art von Software ist die App »sumak-kawsay«.[117]

---

117 Weitere Informationen unter www.sumak-kawsay.com.

Diese wertet die aktuelle Stimmung in einer Gruppe oder einem Netzwerk aus. Die Auswertung der mithilfe dieser App wahrgenommenen Stimmungswechsel könnte in Netzwerken zum Anlass genommen werden, sich über die Gründe auszutauschen und aus dem Austausch Entwicklungsmöglichkeiten für das Netzwerk abzuleiten.

Die Verzahnung von Face-to-Face- und virtueller Vernetzung scheint noch ganz am Anfang zu stehen, bietet vermutlich aber noch ungeahnte und wesentlich differenziertere Möglichkeiten, als sie bisher massenhaft bei Facebook und Co. genutzt werden.

Trend 2: Vernetzung von Netzwerken
Zwei der hier porträtierten Netzwerke, die *Ems-Achse* und *job4u,* arbeiten u.a. im Bereich Fachkräftesicherung. Bundesweit werden Netzwerke zur regionalen Fachkräftegewinnung und -sicherung durch das Innovationsbüro Fachkräfte für die Region (Berlin) unterstützt. Das Innovationsbüro – finanziert aus öffentlichen Mitteln – hat im Laufe der letzten Jahre verschiedene Publikationen zur Unterstützung von Netzwerken in diesem Bereich herausgegeben.[118] Es organisiert Veranstaltungen, in denen Erfahrungsaustausch zwischen den Netzwerken stattfindet, es zeichnet besonders erfolgreiche Netzwerke und – seit 2017 – auch erfolgreiche Netzwerkmanager/-innen aus. Darüber hinaus wurde eine Datenbank aufgebaut, in der alle Netzwerke und netzwerkförmigen Zusammenschlüsse mit einer standardisierten Kurzbeschreibung und Kontaktdaten zu finden sind. Diese lädt dazu ein, Kontakt untereinander auch direkt aufzunehmen. In der Datenbank sind zurzeit (2017) 467 Netzwerke bzw. regionale Vernetzungen gelistet. Seit 2017 wird auch eine zertifizierte Fortbildung für Netzwerkmanagement im Bereich »Fachkräfte für die Region« angeboten.

Die Vernetzung von Netzwerken bietet auch gute Möglichkeiten, die Arbeit in unterschiedlichen Netzwerken zu vergleichen und die Ergebnisse für den Netzwerkverbund und einzelne Netzwerke – auch außerhalb des Verbunds – nutzbar zu machen. Das Innovationsbüro Fachkräfte für die Region hat eine solche Untersuchung von Netzwerken initiiert. In einer Studie wurde vor allem die Bedeutung, die Netzwerke für KMU haben, untersucht. Diese wurde unter dem Titel »KMU als Partner regionaler Fachkräftenetzwerke« veröffentlicht.[119] Alle in der Datenbank verzeichneten Netzwerke wurden gebeten, einen Fragebogen auszufüllen. Der Rücklauf von 156 ausgefüllten Fragebögen ent-

---

118 Siehe Innovationsbüro Fachkräfte für die Region (div. Publikationen im Literaturverzeichnis).
119 Innovationsbüro Fachkräfte für die Region 2017.

spricht einer Quote von ca. 30%. Zusätzlich wurden qualitative Interviews mit 10 Netzwerkkoordinatoren und 15 Unternehmensvertretern aus unterschiedlichen Netzwerken geführt. Die Fragebögen und die qualitativen Interviews wurden in der Themenstudie ausgewertet. In einem Expertenpanel, das als Onlineforum organisiert war, wurden die Ergebnisse von Experten bewertet.

Die Ergebnisse der Studie ermöglichen einen interessanten Vergleich zu den hier porträtierten Netzwerken. Im Folgenden einige Ergebnisse der Studie ergänzt durch Anmerkungen und Deutungen – kursiv gesetzt –, die sich aus den Porträts und aus dem hier vorgestellten Netzwerkverständnis ergeben:

- »Vor allem Netzwerke mit größeren Unternehmen und Ministerien, aber auch solche mit Schulen und Bildungseinrichtungen oder Gebietskörperschaften als Partner haben durchschnittlich häufiger aktive KMU.«[120] – *Unterschiedlichkeit inspiriert offensichtlich!*
- »Knapp zwei Drittel der Netzwerke können als exploitative Netzwerke klassifiziert werden: Ihr Ziel besteht hauptsächlich in der Verbesserung von bereits vorhandenen Dienstleistungen und Prozessen sowie in der Nutzung von Synergien zwischen Netzwerkpartnern. Explorative Netzwerke dagegen dienen der Suche nach neuen Formen der Zusammenarbeit und Kommunikation.«[121] – *Bei den hier porträtierten Netzwerken handelt es sich ausschließlich um Netzwerke, die – wie die Beschreibungen zeigen – neue Formen der Zusammenarbeit und der Kommunikation nicht nur gesucht, sondern auch gefunden haben. Das Ergebnis der Studie könnte darauf verweisen, dass ca. 100 der evaluierten Netzwerke mit der Nutzung von Synergien untereinander und der Verbesserung vorhandener Dienstleistungen zufrieden sind. Es könnte aber auch darauf verweisen, dass einige Netzwerke das Potenzial dieser Organisationsform noch nicht ausschöpfen. Ein Patensystem zwischen den Netzwerken, das sich gerade im Aufbau befindet, könnte hier für Entwicklungsschübe sorgen.*
- »Schließlich sind zwei Drittel der Fachkräftenetzwerke dezentral organisiert: In ihnen kann – im Gegensatz zu zentralisierten Netzwerken, in denen nur die Koordinatoren berechtigt sind, Netzwerkaktivitäten ins Leben zu rufen – jeder Netzwerkpartner, also auch die KMU, selbst aktiv werden und eigene Netzwerkaktivitäten initiieren und durchführen, ohne dass es einer formalen Lenkung durch ein Leitungsgremium des Netzwerks bedarf. In diesem Sinne nicht zentralisierte Netzwerke stehen für eine potentiell lebendigere Form des Austausches zwischen den Partnern, da sie ihnen kreative Freiräume schaffen und (bürokratische) Hürden abbauen; hier

---

120 Innovationsbüro Fachkräfte für die Region 2017, S. 20.
121 Innovationsbüro Fachkräfte für die Region 2017, S. 15.

könnte man daher erwarten, häufiger aktive KMU anzutreffen. Andererseits gehen mit der fehlenden Lenkung auch Unsicherheiten einher (z.B. bzgl. der Ansprechpartner oder der Vorgehensweise beim Initiieren von Veranstaltungen), die dem Vorzug der kreativen Freiräume entgegenwirken können. Es ist somit a priori nicht zu sagen, wie sich eine dezentrale Organisation der Fachkräftenetzwerke auf die aktive Beteiligung von KMU auswirkt.«[122] – *Es scheint angemessener zu sein, statt »zentral« und »dezentral« die Kategorien »zentral lenkend« und »zentral unterstützend« auf Netzwerke anzuwenden. »Zentral lenkend« entspricht eher einem Managementverständnis, das in Unternehmen verbreitet ist[123], in dem das Management top-down agiert. Ein »zentral unterstützendes« Management ist in Abbildung 14 am Beispiel des Unternehmensnetzwerks NIRO visualisiert.*

- »Vor allem Netzwerke mit einer Fokussierung auf neue Dienstleistungen oder Kooperationsformen sind offenbar für KMU attraktiv. Dem steht das Ergebnis gegenüber, dass KMU überdurchschnittlich häufig in zentralisierten Netzwerken vertreten sind. Beide Befunde zusammen deuten darauf hin, dass sowohl kreative Freiräume als auch eine verlässliche Steuerung in den Netzwerken wichtige Faktoren für die aktive Beteiligung von KMU sind.«[124] – *Hier wird eine Zwickmühle angesprochen, in der sich Unternehmen in Netzwerken befinden können: Sie erleben Netzwerke einerseits als innovativ. Netzwerke generieren neue Dienstleistungen und Kooperationsformen. Das setzt allerdings eigeninitiatives, nicht »nach oben orientiertes« Handeln und entsprechende Handlungsspielräume von Unternehmensmitarbeitenden voraus. In der Praxis wird dann anscheinend lieber in der gewohnten Struktur agiert und auf Innovationspotenzial verzichtet.*

- »Schließlich zeigt sich noch der auf den ersten Blick erstaunliche Befund, dass die Erhebung von Gebühren die aktive Teilnahme von KMU an Netzwerken offenbar deutlich begünstigt – ein Ergebnis, das dem oft genannten Mangel an finanziellen Ressourcen von KMU scheinbar entgegensteht. Eine Erklärung kann sein, dass durch die Erhebung von Gebühren das Commitment der Netzwerkteilnehmer größer wird und somit eine aktive Beteiligung wahrscheinlicher.«[125] – *Dies entspricht der Erfahrung beim Unternehmensnetzwerk NIRO. Zwar war man dort zu Beginn über die Anschubfinanzierung durch die öffentliche Hand froh. Als der Nutzen des Netzwerks erfahrbar wurde, war es aber kein Problem, das Netzwerk ausschließlich durch Beiträge der beteiligten Unternehmen – gestaffelt nach Größe – zu finanzieren.*

---

122 Innovationsbüro Fachkräfte für die Region 2017, S. 16.
123 Siehe Abb. 5.
124 Innovationsbüro Fachkräfte für die Region 2017, S. 20.
125 Innovationsbüro Fachkräfte für die Region 2017, S. 20.

- »Befragt man die Netzwerkkoordinatoren danach, welche Vorzüge eine Partnerschaft in ihrem Netzwerk für KMU ihrer Meinung nach hat, nennen diese vor allem ›weiche‹ Vorteile: Kontakte, Austausch, Informationsgewinn. Interessanterweise scheint aber genau dieser Austausch in Netzwerken zu selten vorzukommen. Insofern gibt es hier eine Kluft zwischen Anspruch und Wirklichkeit.«[126] – *Es könnte auch sein, dass es sich weniger um eine Kluft zwischen Anspruch und Wirklichkeit handelt, sondern vielmehr eine zwischen notwendiger methodischer Kompetenz zur Moderation von Netzwerken und dem Vorhandensein dieser Kompetenz. Die zertifizierte Qualifizierung für Netzwerkmanagement im Bereich Fachkräftegewinnung könnte dazu führen, dass die KMU in Netzwerken das finden, was aus ihrer Sicht die Vorteile der Mitwirkung in einem Fachkräftenetzwerk ausmacht.*

- »Auch die Vielfalt der Inhalte ist für das aktive Engagement von KMU in den Netzwerken bedeutsam. Es erscheint daher angebracht, das Bewusstsein der Netzwerkkoordinatoren für diesen Aspekt durch die übergeordneten Akteure schärfen zu lassen.«[127] – *Auch hierbei könnte es um Methodenkompetenz gehen: Wie kann ich als Netzwerkkoordinator ein Netzwerktreffen so gestalten, dass mehrere Themen parallel bearbeitet werden können, sodass unterschiedliche Interessen parallel bedient werden können? Ein Beispiel hierfür ist in Abbildung 17 dargestellt.*

Die Kombination aus Zitaten und Anmerkungen zeigt, dass sich in der Studie eine Vielzahl von Anregungen finden lässt, die auch für andere Netzwerke nutzbar zu machen sind, die in anderen Bereichen tätig sind: entweder indem sie direkt übertragbar sind oder dadurch, dass sich aus der Interpretation der Ergebnisse Anreize zur Verbesserung der eigenen Netzwerkgestaltung ergeben.

Auch das *Netzwerk Nachhaltigkeit lernen in Frankfurt* hat sich mit anderen Netzwerken zur nachhaltigen Bildung in Hessen vernetzt. Die Netzwerkmanager von fünf Netzwerken treffen sich regelmäßig und tauschen sich aus. Mehrere Veranstaltungen zum Thema wurden gemeinsam durchgeführt, u.a. ein Zwischenbilanztag, an dem neben den Netzwerkmanagern/-managerinnen auch Mitglieder aus den verschiedenen Netzwerken teilnahmen. Hier ging es darum, die Unterschiedlichkeit zwischen den Netzwerken für die Weiterentwicklungen nutzbar zu machen: Ein Austauschthema waren beispielsweise die Erfahrungen, die mit der Beteiligung bzw. bewussten Nichtbeteiligung von Wirtschaftsunternehmen in diesen Netzwerken gemacht wurden.

---

126 Innovationsbüro Fachkräfte für die Region 2017, S. 27.
127 Innovationsbüro Fachkräfte für die Region 2017, S. 34.

Dirk Lüerßen, Manager der *Ems-Achse*, hat ausdrücklich auf einen positiven Effekt hingewiesen, den diese Vernetzung von Netzwerken für seine Arbeit als Netzwerkmanager hatte. Auch die Teilnehmenden an dem Zwischenbilanz-workshop der Nachhaltigkeitsnetzwerke in Hessen wurden durch den extern moderierten Erfahrungsaustausch inspiriert. Das deutet darauf hin, dass die Vernetzung von Netzwerken, die in einem ähnlichen Feld tätig sind, die Weiterentwicklung befördert. Vermutlich ist auch der Erfahrungsaustausch zwischen Netzwerken produktiv, die in unterschiedlichen Feldern arbeiten.

Eine spezifische Form von Vernetzung von Netzwerken ist kollegiale Beratung im Einzelfall. Der Bedarf dazu wird durchaus gesehen, wie das Beispiel des Patennetzwerks für regionale Netzwerke im Bereich Fachkräftegewinnung und -sicherung zeigt. Kollegiale Beratung ist sicher eine effiziente Methode des Know-how-Transfers. Vielleicht sind die Porträts in diesem Buch ein Anknüpfungspunkt für die ein oder andere kollegiale Beratung.

Teil 4 Ausklang

10 Der Hype um Netzwerke im Spiegel gesellschaftlicher Entwicklungen

Bisher wurden hier Netzwerke als Organisationsform im Vergleich zu anderen Organisationsformen untersucht und ihre Besonderheiten erläutert. Netzwerkorganisationen wurden aus zwei Perspektiven betrachtet: aus der Perspektive der Teilnehmenden und der Perspektive der Netzwerkmanager bzw. -managerinnen.

Mit dieser Herangehensweise war es möglich, Netzwerke und ihre Verbindung zu anderen Organisationsformen zu identifizieren und insbesondere das Potenzial von Netzwerkorganisationen, z.B. die Innovationsfähigkeit, herauszuarbeiten und die beiden Rollen in Netzwerkorganisationen – Nutzer und Manager – handlungsfähiger zu machen.

Der Hype um das Phänomen »Netzwerk« und die Anziehungskraft von Netzwerkorganisationen ist damit nur ansatzweise erklärt.

Im Folgenden werden einige Anregungen zur Erklärung der Attraktivität von und des Hypes um Netzwerke vorgestellt und diskutiert. Dazu wird ein Perspektivwechsel vorgenommen: Statt wie bisher aus organisationstheoretischer Sicht auf Netzwerke als Organisation zu schauen, wird nun ein quasi supervisorischer Blick auf Netzwerkorganisationen gerichtet.

Wenn man Organisationen nicht nur als rationale, auf Output orientierte Zusammenschlüsse sieht, sondern davon ausgeht, dass in Organisationen Menschen mit unerfüllten Bedürfnissen und Erfahrungen zusammenwirken, die ungelöste innere Konflikte einbringen, dann kommt man – wie Beumer – zu fünf Orientierungspunkten, mit denen sich das Verhältnis von Mensch und Organisation beschreiben lässt:
1. »Menschen in Organisationen können nur als emotionale Wesen begriffen werden, die eine persönliche und familiäre Geschichte haben, die auf das Leben in Organisationen Einfluss hat.
2. Menschen suchen demnach in ihrer Arbeit und in ihrer Form, sich zu organisieren, auch die Erfüllung tieferer, häufig unbewusster Wünsche und Sehnsüchte.
3. Organisationen bieten Menschen gleichzeitig Schutz vor der Überflutung mit Ängsten, indem sie durch ihre Art der Struktur bestimmte Abwehrmöglichkeiten schaffen.
4. Als Teil der Gesellschaft können Organisationen in ihrer Psychodynamik nicht nur aus individuellen Einflüssen und Perspektiven verstanden wer-

den, sondern sie werden auch zum Schauplatz gesellschaftlicher und kultureller Dynamiken und Konflikte.

5. Organisationen sind aber nicht allein Quelle von Angst und Unbehagen. Die Einbeziehung unbewusster Prozesse ermöglicht auch, in ihnen neue Möglichkeiten sozialer Systeme, kollektiver Visionen und Kreativität auszuprobieren. Sie sind damit im Sinne Winnicotts ein Möglichkeitsraum.«[128]

Im Gegensatz dazu scheinen die Merkmale zu stehen, die unsere Gesellschaft derzeit kennzeichnen, z. B.:

- Globalisierung und die damit verbundene Aufhebung bzw. Zerstörung von Grenzen
- erschüttertes Urvertrauen:
  - in den eigenen Körper durch Medikamente
  - in die Natur durch Bedrohung der Umwelt
  - in den Staat durch Erfahrungen von Versagen wie im Dritten Reich, aber auch — aktuell — z. B. durch grundlegend irritierende Verhaltensweisen etwa des amerikanischen Präsidenten
  - in die Technik durch Katastrophen gigantischen Ausmaßes wie Fukushima
- Schwund von Dauerbeschäftigungsverhältnissen
- Entbettung (»disembeddedness«) u. a. durch Trennung von Raum und Zeit[129]
- Organisationen werden zunehmend als bedrohlich und weniger hilfreich und stabilisierend erlebt, Howard Stein hat in diesem Zusammenhang von »trostlosen Organisationen« gesprochen.[130]

Die Bedeutung, die der Organisationsform »Netzwerk« in der gegenwärtigen Gesellschaft zugesprochen wird, ist mit dem verbunden, was die gesellschaftliche Entwicklung gerade prägt und wie diese gesellschaftlichen Entwicklungen individuell wahrgenommen werden.

Sind Netzwerke – so ist vor dem Hintergrund des beschriebenen Antagonismus zwischen individuellen Bedürfnissen und gesellschaftlichen Realitäten zu fragen – die Organisationsform, in der Mitglieder kollektive Visionen und Kreativität ausprobieren können und in der sie gleichzeitig als emotionale Wesen begriffen werden, tiefe Wünsche erfüllt bekommen und Schutz vor

---

128 Siehe Beumer in Ahlers-Niemann/Freitag-Becker, S. 148.
129 Giddens meint damit u. a.: Kommunikation ist nicht mehr an einen Raum und die gleiche Zeit gebunden wie noch vor 200 Jahren, sie ist jederzeit weltweit in Echtzeit möglich.
130 Siehe Beumer in Ahlers-Niemann/Freitag-Becker, S. 148 ff.

den eigenen Ängsten erleben? Sind Netzwerke – überspitzt formuliert – eine Insel im Meer der Verunsicherungen in unserer Gesellschaft?

Es hat manchmal den Anschein, dass Netzwerke als eine solche Insel angesehen werden. Exemplarisch für diese Sichtweise ist eine Beschreibung von Netzwerken aus dem englischsprachigen Raum: »A Network is a positive notion, which does not need negativity to be understood. It has no shadows.«[131] Diese Idealisierung von Netzwerken, die mit einer Immunisierung gegen jede Form von Kritik und Hinterfragung dieser Organisationsform einhergeht, macht in Wirklichkeit blind für die Chancen, aber auch die Risiken, die mit der Nutzung von Netzwerken verbunden sind.

10.1 Hypothesen zur gesellschaftlichen Bedeutung von Netzwerkorganisationen

Vor diesem Hintergrund seien hier sechs Hypothesen zur gesellschaftlichen Bedeutung von Netzwerkorganisationen in der heutigen Zeit vorgestellt und diskutiert. Die ersten drei haben Arndt Ahlers-Niemann und Kate Dempsey formuliert, die vierte ist ihrem Beitrag entnommen.[132] Die letzten beiden Annahmen sind von Ulrich Beumer[133] sinngemäß formuliert worden.

Netzwerke sind für nahezu alle Bereiche unseres Lebens die gegenwärtigen Projektionsfelder von Hoffnung.
Da sich eine Vielzahl von Hoffnungsträgern in unserer Gesellschaft als nicht tragend erwiesen haben, wird – so Ahlers-Niemann und Dempsey – immer wieder nach Begriffen, Metaphern und Instrumenten gesucht, die das Versprechen in sich bergen, die Orientierungslosigkeit zu überwinden und die komplexe Welt erklär- und steuerbar zu machen.[134] Hörisch bringt das in einem Satz markant auf den Punkt: »Begriffe machen Karriere, wenn sie versprechen, überkomplexe Verhältnisse zur Kenntlichkeit zu entstellen.«[135]

»Netzwerk« ist so ein Begriff, der sich in besonderem Maße dazu eignet, »zur Kenntlichkeit zu entstellen«, zu idealisieren, Erwartungen zu wecken, da er so schillernd ist: Wie zu Beginn des Buches gezeigt wurde, gibt es verschiedene Bedeutungsebenen, die alle mitschwingen, wenn von »Netzwerk« die Rede

---

131 Latour zitiert nach Ahlers-Niemann/Dempsey in Ahlers-Niemann/Freitag-Becker, S. 175.
132 Ahlers-Niemann/Dempsey in Ahlers-Niemann/Freitag-Becker, S. 159 ff.
133 Beumer in Ahlers-Niemann/Freitag-Becker, S. 145 ff.
134 Ahlers-Niemann/Dempsey in Ahlers-Niemann/Freitag-Becker, S. 173.
135 Hörisch zitiert nach Ahlers-Niemann/Dempsey in Ahlers-Niemann/Freitag-Becker, S. 173.

ist: Internet, das eigene, egozentrische Netzwerk, Vernetzung und Netzwerkorganisation. Ahlers-Niemann und Dempsey stellen die These auf, dass der so geweckte Zauber von Netzwerken in den verschiedenen Bedeutungen einen manischen Charakter hat, Netzwerke also nicht selten etwas Aufgedrehtes, übertrieben positiv Gestimmtes haben. Sie beobachten, dass Netzwerke Allmachtsgefühle beleben: Man ist Teil eines Ganzen, das größer ist als man selbst. Die Allmachtsgefühle – in Netzwerken ist alles möglich – führen zu übersteigerten Erwartungen, z.B.:

- Netzwerke versöhnen Konkurrenz und Kooperation.
- Netzwerke sind Gemeinschaften, die materiell und emotional versorgen.
- Netzwerke sind reaktionsschneller als andere Organisationsformen.
- Netzwerke führen zu innovativen Lösungen.
- In Netzwerken ist man besser geschützt vor Unkalkulierbarem.[136]

Einzelne Erwartungen können dabei sehr wohl durch Teilaspekte des Begriffs »Netzwerk« erfüllt werden:

- Ein ausgeprägtes egozentrisches Netzwerk mag mich vor Unkalkulierbarem besser schützen als ein rudimentäres.
- Dagegen schützen Netzwerkorganisationen nicht vor Unkalkulierbarem – erfolgreiche Netzwerkorganisationen sind geradezu dadurch charakterisiert, dass sie Unkalkulierbares hervorbringen, das ist Teil ihres Innovationspotenzials.
- Soziale Netzwerke mögen emotional versorgen, indem sie ein Forum für die eigene Meinung bieten und die eigenen Stimmungen verstärken. Zudem laden sie dazu ein, die Anonymität von Facebook und Co. zu missbrauchen, um Hass, Fremden- und Frauenfeindlichkeit zu verbreiten. Dass das World Wide Web eine Form von Gemeinschaftsbildung fördert, die von vielen als bedrohlich wahrgenommen wird, verweist auf die dunklen, kritisch zu hinterfragenden Formen von Netzwerk.
- Computernetzwerke sind sicher schneller in der Beschaffung von Informationen als z.B. traditionelle Printmedien. Ob die Vergrößerung der zur Verfügung stehenden Informationsmenge zu mehr Informiertheit im Sinne von kritischem Abwägen von Fakten führt, wird inzwischen stark bezweifelt. Die Algorithmen z.B. bei Google sorgen eher dafür, dass man bei Suchanfragen mehr vom Gleichen angezeigt bekommt. Diese Art der Programmierung von Suchmaschinen weitet den Blick nicht, sondern richtet ihn auf das Gewohnte aus, womit bestehende Ansichten verfestigt werden.

---

136 Vgl. Ahlers-Niemann/Dempsey in Ahlers-Niemann/Freitag-Becker, S. 174.

Dies sind einige Beispiele dafür, dass ein differenzierter, kritischer Blick auf Netzwerke und Vernetzungsphänomene angebracht ist.

Da »Netzwerk« so viele Bedeutungsebenen hat, kommt es vor allem darauf an, sich darüber im Klaren zu sein, auf welche Form von Netzwerk man sich gerade bezieht. Ist man sich dessen bewusst, wird »Netzwerk« nicht nur als ein Phänomen wahrgenommen, an das sich Hoffnungen knüpfen, etwa was das Potenzial betrifft, in Netzwerkorganisationen innovative Lösungen zu generieren. Netzwerke bieten ebenso oft Anlass, sich kritisch mit ihren Wirkungen auseinanderzusetzen und z.B. auch steuernd und regulierend in den derzeitigen Gebrauch einzugreifen.

Netzwerke sind für Profit- ebenso wie Non-Profit-Organisationen zu Organisationsidealen geworden.
Wenn Netzwerke grundsätzlich als ideal, brillant, exzellent, hervorragend wahrgenommen werden, kann man sich mit Aderhold fragen: »Netzwerke sind die Antwort. Nur auf welche Frage oder auf welches Problem wird reagiert?«[137] Die Frage ist nur dann sinnvoll zu beantworten, wenn man die Antworten jeweils ausdrücklich auf verschiedene Teilbedeutungen des Begriffs »Netzwerk« bezieht:

- Egozentrische Netzwerke können, wie gezeigt wurde, beim Finden eines neuen Jobs herausragend wirksam sein.
- Die Untersuchung von innerbetrieblichen informellen Netzwerken kann genutzt werden, um Stellenbesetzungen ideal zu gestalten.
- Netzwerkorganisationen können genutzt werden, um brillante Lösungen für Probleme zu generieren und die richtigen Kooperationspartner zur Umsetzung zusammenzubringen.

Umgekehrt kann ein Netzwerk eine unpassende Organisationsform sein, wenn es darum geht, in einer Organisation schnelle Entscheidungen zu treffen. Netzwerke brauchen in der Regel länger für Lösungen – dafür sind diese in erfolgreichen Netzwerken, in denen auf Unterschiedlichkeit gesetzt wird, oft auf einem ganz anderen Qualitätslevel als Lösungen, die in hierarchischen Systemen hervorgebracht werden.

Fazit: Auch wenn mitunter der Eindruck erweckt wird, dass Netzwerke die Lösung für alles seien – die Beispiele zeigen: Der Eindruck trügt!

---

137 Aderhold, S. 11.

Der Aufstieg des Netzwerkkonzepts steht in Zusammenhang mit der verstärkt wirksamen Grundannahme der totalen Einheit.
Ahlers-Niemann und Dempsey beziehen sich hier auf Theorien zur Dynamik in Gruppen, die sie – durchaus plausibel – auf Netzwerke übertragen. Wenn in Netzwerken die Grundannahme der totalen Einheit wirksam ist, dann gibt es einen starken Impuls – die Autoren sprechen von omnipotenter Kraft, im Ganzen aufzugehen. Gefühle von Lebendigkeit, Wohlgefühl und Ganzheit werden dann an das Netzwerk gekoppelt. Der Effekt: Die Spannung zwischen Gruppe, also sozialer Bezogenheit (Kooperation), und Individuum, also egozentrischer Bezogenheit (Konkurrenz), wird aufgehoben. Letztendlich geht es nach Meinung der Autoren darum, Unterschiedlichkeit aufzuheben.[138]

Netzwerkorganisationen, in denen die Grundannahme der totalen Einheit wirksam ist, erkennt man mitunter daran, dass dort eine gute Stimmung herrscht, das Netzwerk aber nicht in der Lage ist, Lösungen zu produzieren. Dazu bedarf es nämlich der Unterschiedlichkeit.

»Leben in modernen Gesellschaften verlangt Vertrauen, Vertrauen, Vertrauen. Dieses Vertrauen vertraut, weil es so üblich ist.«[139]
»Da Erfahrungen von Einbettung« nach Ansicht von Arndt Ahlers-Niemann und Kate Dempsey »die Ausnahme bilden, muss der Mangel von Wissen und die Unmöglichkeit, sich mit den Lebensbedingungen direkt in Beziehung zu setzen, auf eine andere Art und Weise kompensiert werden. Vertrauen ermöglicht diese Kompensationsleistung. [...] Daher verwundert es nicht, dass Vertrauen, oder genauer das Reden über Vertrauen, in vielen Bereichen moderner Gesellschaften eine zentrale Position einnimmt.«[140]

Sind Netzwerkorganisationen ein solcher Bereich in unserer Gesellschaft, in dem Vertrauen eine zentrale Funktion zukommt? Nach allem, was in diesem Buch zu Netzwerkorganisationen zu lesen war, liegt ein eindeutiges Ja auf der Hand.

Doch es lohnt sich, genauer zu analysieren, um welche Art von Vertrauen es in Netzwerken geht. Ahlers-Niemann und Dempsey geben dazu Anregungen: Sie unterscheiden die Tugend des Vertrauens, die sich auf persönliche Anteile bezieht und eine personenbezogene Leistung ist: Jemand ist so, dass ihm/ihr vertraut werden kann. Moderne Gesellschaften waren zunächst dadurch gekennzeichnet, dass Vertrauen eher durch Regeln und Normen ersetzt wurde,

---

138 Vgl. Ahlers-Niemann/Dempsey in Ahlers-Niemann/Freitag-Becker, S. 176 ff.
139 Böhme zitiert nach Ahlers-Niemann/Dempsey in Ahlers-Niemann/Freitag-Becker, S. 163.
140 Ahlers-Niemann/Dempsey in Ahlers-Niemann/Freitag-Becker, S. 163.

deren Einhaltung z. B. staatlich garantiert wurde. Inzwischen ist ein Wandel zu beobachten, was die gesellschaftliche Bedeutung von Vertrauen betrifft. In durch Entbettung, Abstrahierung und Anonymisierung gekennzeichneten Gesellschaften gewinnt Vertrauen wieder an Bedeutung. Dabei hat es aber seine Form im Vergleich zum traditionellen Verständnis geändert: Vertrauen ist keine persönliche Tugend, sondern wird delegiert, z. B. an Rollen wie »Experte« oder mediale Konstrukte wie Meister Propper. Diese Delegation geht mit Entpersonalisierung einher. So werden reale und fiktive Expertensysteme zu Orten des Vertrauens, auf die man sich verlässt, mitunter auch mit Grummeln im Bauch, weil die Erfahrung zeigt: Auch Experten irren sich, manchmal mehr, als einem lieb ist. Dieser Institutionalisierung und Instrumentalisierung von Vertrauen ist nach Böhme die Basis, nämlich Urvertrauen, ontologisches[141] Vertrauen, verloren gegangen.[142]

Die Porträts der erfolgreichen Netzwerke legen den Schluss nahe, dass in ihnen eher das traditionelle – also ein auf persönlichen Verhaltensweisen beruhendes, mit persönlichen Leistungen verbundenes – Verständnis von Vertrauen gepflegt wird und als Grundlage des eigenen Erfolgs angesehen wird:

- Wenn Jens te Kaat berichtet, dass das Vertrauen bei *NIRO* dadurch entstanden ist, dass »Themen zu Ende gebracht wurden«, dann bezieht er sich auf das traditionelle Verständnis von Vertrauen, das auf persönlichen Anteilen und Leistungen beruht. In der *NIRO*-Gründungsphase wurde von wenigen Personen aus verschiedenen Unternehmen eine gemeinsame Ausbildung akademischen Nachwuchses auf den Weg gebracht. Das Vertrauen entstand dadurch, dass alle Beteiligten sich nach einem kontroversen Diskussionsprozess schließlich einigten. Das Zu-Ende-Bringen des Themas war gleichzeitig der Beginn einer erfolgreichen Kooperation, die Vertrauen zwischen den konkreten Personen beförderte, die daran beteiligt waren.
- Detlef Peglow schildert, dass er als unerfahrener Ganztagschulkoordinator im *Netzwerk Ganztagskoordination* einen erfahrenen Kollegen kennengelernt hat, mit dem er sich oft getroffen und der für ihn eine Mentorenfunktion eingenommen hat. Damit beschreibt er eine Situation, in der sich durch persönliche Beziehung Vertrauen aufgebaut hat, das sich u. a. in der Bezeichnung »Mentor« und den damit verbundenen Assoziationen »Ratgeber«, »Leitfigur« und »Könner« ausdrückt.
- In der Entwicklungsgeschichte einer App im Netzwerk *job4u* deutet sich ein komplexer Vertrauensaufbau an: Das IT-Unternehmen aus dem Netz-

---

141 Die Ontologie beschäftigt sich mit den Grundstrukturen der Wirklichkeit und der Möglichkeit. Laut Duden ist Ontologie die Lehre vom Sein (https://www.duden.de/rechtschreibung/Ontologie [19.12.2017]).
142 Vgl. Ahlers-Niemann/Dempsey in: Ahlers-Niemann/Freitag-Becker, S. 163 f.

werk hat sich Vertrauen durch das eigene Handeln und die eigene Kompetenz erworben, indem es einen Workshop zum Thema »Wie werden Social Media gefüttert?« geplant und durchgeführt hat – zur Zufriedenheit aller Teilnehmenden. Dieses Vertrauen drückte sich u. a. in der Bereitschaft aus, ein Faltblatt zu den Inhalten zu verteilen, in dem das IT-Unternehmen als Urheber genannt wurde. Die Enttäuschung des IT-Unternehmens darüber, dass der Auftrag für die App vom Netzwerk an ein externes Unternehmen vergeben wurde, mag mit einem Vertrauensschwund den Akteuren des Netzwerks gegenüber einhergegangen sein. In der kolportierten Aussage, dass das interne IT-Unternehmen inzwischen froh ist, den Auftrag nicht bekommen zu haben, drückt sich Vertrauen in die Entscheidungsfähigkeit und die sachliche Kompetenz der Mitglieder aus.

In den beschriebenen Beispielen wird also nicht vertraut, weil es üblich ist und weil Vertrauen als wichtiger Bestandteil der Netzwerkkultur vorausgesetzt wird. In den Beispielen wird das Vertrauen in Beziehungen mit konkreten Menschen erarbeitet.

Wenn das entpersonalisierte Verständnis von Vertrauen in unserer Gesellschaft wirklich so verbreitet ist, wie von Ahlers-Niemann und Dempsey beschrieben, wäre es außergewöhnlich, wenn sich dieses nicht auch in Netzwerken finden würde. Es liegt nahe, dass in Netzwerken, in denen das Bedürfnis, im Ganzen aufzugehen, wirkmächtig ist, ein entpersönliches Verständnis von Vertrauen handlungsleitend ist. Wenn in Netzwerken eine keinen Widerspruch duldende Erwartung zu vertrauen herrscht, deutet das darauf hin, dass ein entpersonalisiertes Verständnis von Vertrauen die Grundlage dieses Netzwerks ist.

Die Erfahrungen in Patchworkfamilien und die dort erworbenen Kompetenzen und Prägungen korrelieren mit den Wünschen an Netzwerke.
Beumer fragt sich, »ob die Fähigkeit zur Kooperation in einem Netzwerk nicht die in modernen Gesellschaften anzutreffende Erfahrung der Patchworkfamilie reflektiert«[143]. Mitglieder von Patchworkfamilien haben es – jedenfalls im besten Fall – gelernt, unterschiedliche Systeme zu integrieren und temporär spezifische Teilsysteme zu aktivieren und zu fördern – beides sehr nützliche Kompetenzen in Netzwerken. Andererseits fragt sich Beumer, ob nicht auch »Angst vor Verlassenwerden« und »Trauer über Trennungen« Erfahrungen sind, die in Netzwerken unbewusst einfließen und damit wirksam werden.

---

143 Beumer in Ahlers-Niemann/Freitag-Becker, S. 153.

Die Erfahrungen könnten sich in unterschiedliche Richtungen auswirken: Mitglieder von Patchworkfamilien könnten sich zu Spezialisten in der Gestaltung von schwachen Beziehungen entwickelt haben. Das ist eine Fähigkeit, die in Netzwerken durchaus positiv genutzt werden kann. Andererseits könnten die Trennungserfahrungen umgekehrt den Wunsch nach positiven Beziehungserfahrungen aktivieren. Menschen mit dieser Verarbeitungsweise der Trennungserfahrung werden möglicherweise von Netzwerken angezogen, die die Grundannahme der totalen Einheit vermitteln.

10.2 Die Verortung von Netzwerken

»Zu Organisationen im klassischen Sinne«, schreibt Beumer, »gehören traditionellerweise Orte und Räume. Firmen haben ein Bedürfnis, sich räumlich zu positionieren, sie wirken durch Gebäude, räumliche Inszenierungen und die Präsentation von gegenständlichen Symbolen.«[144] Er leitet daraus die Frage ab: »Gibt es in diesem Sinne eine Verortung von Netzwerken oder ist das ›Internet‹ der geborene Ort?«[145]

In Firmen werden die Unternehmensräume fast immer genutzt, um sich selbst darzustellen, das Eigene zu repräsentieren. Als Berater kann ich mich fragen, welche Botschaft ein Unternehmen durch die Gestaltung z.B. des Eingangs transportieren möchte und welche – vielleicht ungewollt – transportiert wird. Auch in den Porträts der Netzwerke haben Orte eine wichtige Bedeutung, allerdings eine andere als die für Firmen beschriebene. In der Regel gibt es auch nicht den einen Raum, sondern verschiedene Räume, die die Netzwerkkultur widerspiegeln:

- Der Kleinbus zur gemeinsamen Anreise einer *NIRO*-Arbeitsgruppe zu Hospitationen in Mitgliedsunternehmen ist ein Ort der Bildung von Gruppenidentität: Wir fahren nicht allein, sondern gemeinsam, weil wir zusammen Spaß haben möchten.
- Die Galopprennbahn, der Ort, an dem *NIRO* sein Jubiläum feiert, transportiert die Botschaft (nach innen, aber auch für externe Gäste): Wir sind dynamisch, wir rennen miteinander und sind schnell.
- Der »Parlamentarische Abend« der *Ems-Achse* ist gekennzeichnet durch zwei charakteristische Orte:
  - den Sonderzug, in dem Netzwerkmitglieder gemeinsam nach Hannover reisen. Dieser Ort wirkt, ähnlich wie der Kleinbus bei *NIRO*, identi-

---

144 Beumer in Ahlers-Niemann/Freitag-Becker, S. 154.
145 Beumer in Ahlers-Niemann/Freitag-Becker, S. 155.

tätsbildend: Wir sind so groß, dass wir in einem Sonderzug kommen. Zudem bietet der Ort Zeit und Raum für Austausch in Eigeninitiative in unterschiedlichen Konstellationen.

– den Veranstaltungsort in der Landeshauptstadt: Das mit der Ortswahl verbundene Signal: Wir kommen auf euch, Politiker und Verwaltungsfachleute in den Ministerien, zu und möchten mit euch ins Gespräch kommen. Wir haben viel zu sagen und hören zu.

- Die verschiedenen Schulen, in denen wechselseitig die Treffen des *Netzwerks Ganztagskoordination* stattfinden, machen Netzwerkmitglieder in unterschiedlichen Rollen erlebbar: Gast und Gastgeber. Treffen vor Ort führen zudem zu einem intensiveren, anschaulichen, praxisnahen Kennenlernen der jeweiligen Gastgeberschule.

- Treffen des Netzwerks *Nachhaltigkeit lernen in Frankfurt* finden bei Mitgliedern, z.B. einer Bank, statt, vermutlich aus ähnlichen Gründen wie im *Netzwerk Ganztagskoordination*.

Ein weiterer Ort für die Verortung von Netzwerken scheint die eigene Website zu sein. Sie übernimmt – natürlich in wesentlich beschränkterem Rahmen – die ständige, für alle zugängliche Verortung des Netzwerks insbesondere durch die Form (z.B. Erklärvideo, Zeitleiste der Netzwerkentwicklung, Links), aber auch durch die Inhalte, die präsentiert werden.

Die Beispiele zeigen: Bei genauem Hinschauen lässt sich durchaus eine Verortung von Netzwerkorganisationen ausmachen. Das Kennzeichen von Verortung von Netzwerken scheint Variabilität zu sein. Die Variabilität führt dazu, dass Verortung in Netzwerken wesentlich stärker als Gestaltungsmöglichkeit wahrgenommen wird als in Unternehmen.

11 Netzwerke als Instrumente einer deliberativen Demokratie

An dieser Stelle soll kurz auf eine Perspektive von Netzwerkorganisationen hingewiesen werden, die weit über den Horizont hinausgeht, unter dem Netzwerke bisher betrachtet wurden. Da Netzwerkorganisationen ohne Hierarchie im klassischen Sinne auskommen (müssen), haben sie eine andere Form gefunden, Entscheidungen zu treffen: Die für Netzwerke wirksamste Form der Entscheidungsfindung ist »Entscheidung durch Resonanz«.

Netzwerke sind eine Organisationsform, die in der Lage ist, komplexe Interessenlagen und unterschiedlichste Kompetenzen miteinander in ein produktives, vielfältiges und vielschichtiges Zusammenwirken zu bringen. Das scheint z.B. im Porträt der *Ems-Achse* auf.

Daraus ergeben sich zwei Fragen für den Transfer von Erfahrungen aus Netzwerkorganisationen in andere Bereiche der Gesellschaft:
1. In welchen gesellschaftlichen Bereichen könnten Entscheidungen durch Resonanz eine Alternative zu hierarchischen oder demokratischen Mehrheitsentscheidungen sein?
2. In welchen gesellschaftlich relevanten Situationen bieten Netzwerke als Organisationsform neue Möglichkeiten, zu Entscheidungen zu kommen, die eine höhere gesellschaftliche Akzeptanz erreichen als solche, die von Entscheidungsexperten, sprich Abgeordneten, in Parlamenten getroffen werden?

Unter dem Fachterminus »deliberative Demokratie« werden derzeit Alternativen zu demokratischen Entscheidungen im parlamentarischen System diskutiert. Unter »deliberativer Demokratie« werden Entscheidungsverfahren verstanden, bei denen Bürger, die z.B. durch Los bestimmt wurden, den Auftrag erhalten, eine Entscheidung zu treffen oder vorzubereiten. Die Grundannahme, die inzwischen in einigen Erprobungen bestätigt werden konnte, ist, dass per Los mit der Erarbeitung einer Problemlösung beauftragte Menschen sachgerechter vorgehen und bereit sind, sich respektvoll mit unterschiedlichen Meinungen und Wahrnehmungen auseinanderzusetzen. In den Erprobungen kamen sie deshalb zu Ergebnissen, die in der Gesamtbevölkerung eine hohe Akzeptanz erreichten.[146]

---

146 Beispiel für erfolgreiche Erprobungen solcher Formen von Entscheidungsfindung und -vorbereitung beschreibt David van Reybrouck z.B. in Reybrouck, S. 115 ff.

Auch Netzwerkorganisationen können diese Diskussion bereichern:

- durch Erfahrungen, wie Räume zur Vorbereitung solcher Entscheidungen so zu gestalten sind, dass Kooperation unterstützt wird,
- durch Erfahrungen mit Sowohl-als-auch-Entscheidungen als Alternative zu Entweder-oder-Entscheidungen, die immer unterlegene Minderheiten nach sich ziehen,
- durch Erfahrungen mit Ideenwettbewerb, in dem es um die beste Idee geht, statt Ideenkonkurrenz, die darauf abzielt, andere Ideen abzuwerten, um die eigene zu pushen.

12 Schlussbetrachtung

Netzwerkorganisationen liegt ein Menschenbild zugrunde, das von der Gleichwertigkeit der Mitglieder ausgeht. In diesem Sinne sind Netzwerke egalitäre Organisationen ohne hierarchische Machtstufungen. Mit »Gleichheit« wird die Möglichkeit, in der Organisation Einfluss zu nehmen, im Sinne von Gleichwertigkeit bezeichnet.

Gleichzeitig beziehen Netzwerkorganisationen ihr Potenzial, ihre Wirksamkeit aus der Nutzung von Unterschiedlichkeit. Insofern lassen sich Netzwerkorganisationen auch als ein Beispiel oder sogar als ein Teil von Diversity Management begreifen, bei dem es darum geht, Diversität von Mitarbeitenden konstruktiv und gewinnbringend zu nutzen.

Das Spannungsverhältnis von Gleichwertigkeit und Unterschiedlichkeit ist einerseits möglicherweise ein Grund für den Hype, den Netzwerke auslösen bzw. ausgelöst haben. Die Möglichkeit, dieses Spannungsverhältnis produktiv aufzulösen, fasziniert.

Andererseits kann dieses Spannungsverhältnis auch Bedenken auslösen: Kann ich den Erwartungen, die an mich als Netzwerknutzer z.B. in Bezug auf Eigeninitiative und Selbstverantwortung gestellt werden, gerecht werden und werden andere Mitglieder diesen Anforderungen gerecht? In einer Wirtschaftsform, die immer noch sehr stark von Top-down-Verhalten geprägt ist, braucht es »Standing«, um für das Potenzial von Selbstbestimmung offen zu sein, und Mut, um es selbst zu erproben, wenn man bisher keine Gelegenheit dazu hatte.

Für Menschen, die es gewohnt sind, sich in hierarchischen Systemen zu bewegen, können Netzwerke durchaus die Angst vor Kontrollverlust heraufbeschwören. Nicht nur das Netzwerkmanagement hat in erfolgreichen Netzwerken wenig Möglichkeiten, Netzwerkdynamiken zu kontrollieren – auch die Mitglieder sehen sich ständig neuen Möglichkeiten ausgesetzt, die auf sie zukommen. Das mag auch als Bedrohung wahrgenommen werden.

Die Strukturationstheorie geht davon aus, dass Handelnde (soziale Akteure) mit Reflexionsfähigkeit und Intentionalität ausgestattet sind. Das Wissen über sich, ihr Handeln und die strukturellen Bedingungen ihres Handelns sind allerdings oft im Verborgenen: Handlungsbedingungen sind unerkannt, Handlungsfolgen oft nicht beabsichtigt. Nach der Strukturationstheorie kann handlungspraktische, intuitive Bewusstheit jedoch in diskursive, also reflektierte Bewusstheit übergehen.[147]

Erfolgreiche Netzwerke basieren bisher anscheinend zum Teil auf diesem »verborgenen« Wissen, der handlungspraktischen, intuitiven Bewusstheit von Netzwerknutzern und Netzwerkmanagern. Wenn dieses Buch – bezogen auf das Verständnis von Netzwerken und die Handlungskompetenz der Netzwerkakteure – intuitive Bewusstheit ein Stück weit in reflektierte Bewusstheit transformieren konnte, dann trägt es hoffentlich zur Weiterentwicklung von Netzwerkorganisationen bei:

- durch Erfahrungen, die ausgetauscht werden,
- durch Wissen, das geteilt und erörtert wird,
- durch Debatten über die Perspektiven von Netzwerkorganisationen, die gemeinsam geführt werden.

Ganz im Sinne der folgenden Beschreibung von Netzwerkorganisationen, in der die vier Grundmerkmale von Netzwerkorganisationen aufgegriffen werden:

Was uns unterscheidet,
bringt uns ans Ziel,
vorausgesetzt, wir vertrauen einander
und tauschen uns aus.

---

147 Vgl. Kieser/Ebers, S. 406 ff.

Einladung

Dem Autor wurde *Knodge*[148] für ein »Experten-Netzwerk für Netzwerk-Expertinnen und -Experten« zur Verfügung gestellt. Netzwerkexperten und -expertinnen sind eingeladen, ihre Erfahrungen, Ideen, Theorien, Tipps, Literaturhinweise etc. dort ein- und für den Austausch zur Verfügung zu stellen und umgekehrt von den Inhalten zu profitieren, die andere hochgeladen haben. Durch Profile der Mitglieder bietet das »Knodge-Experten-Netzwerk für Netzwerk-Experten« auch die Möglichkeit, Kontakte zu anderen Netzwerkfachleuten zu knüpfen.

Zugang erhalten Sie über www.bensmann-network.de und www.netzwerkmanagement.org.

---

148 Markenname für NIRO-Wissen

Danksagung

Dieses Buch hätte so nicht geschrieben werden können, wenn nicht die Netzwerkmanagerinnen und -manager der fünf porträtierten Netzwerkorganisationen bereit gewesen wären, so detailliert und außerordentlich offen »aus dem Nähkästchen zu plaudern«.

Mein ganz besonderer Dank dafür geht an Anna Rommel (*Netzwerk Industrie RuhrOst – NIRO*), Iris Krause (*job4u*), Monika Krocke (*Nachhaltigkeit lernen in Frankfurt*), Dr. Dirk Lüerßen (*Ems-Achse*) und Detlef Peglow (*Netzwerk Ganztagskoordination*). Sie haben mich teilhaben lassen an den Besonderheiten der Entwicklung ihrer jeweiligen Netzwerke. In diesen Dank schließe ich Jens te Kaat, den Vorstandsvorsitzenden von *NIRO,* ein, der durch seine Wahrnehmungen das Bild von *NIRO* aus der Sicht eines Mitglieds der ersten Stunde um wichtige Fakten und Einschätzungen ergänzte.

Nicht selbstverständlich ist es zudem, dass alle Netzwerkmanager und -managerinnen bereit waren, sich auch selbst porträtieren zu lassen, damit deutlich werden kann, auf welche unterschiedliche Art und Weise die Rolle eines Netzwerkmanagers bzw. einer Netzwerkmanagerin erfolgreich ausgefüllt werden kann. Dank auch dafür!

In dieses Buch sind Kenntnisse und Erfahrungen eingeflossen, die ich verschiedenen Menschen verdanke, die mich auf die ein oder andere Weise zum Thema »Netzwerke« angeregt haben. Stellvertretend für diese Inspiratorinnen und Inspiratoren gilt mein Dank Conrad Bölicke, dem ich wichtige Hinweise z.B. zur Bedeutung von Tausch in der Ökonomie verdanke.

Ein herzlicher Dank geht an Eva Pertzborn, meine Frau, für anregende Erörterungen und fachliche Diskussionen und dafür, dass viele Kapitel letztendlich ihren richtigen Platz gefunden haben.

Für die professionelle Unterstützung im Produktionsprozess durch den Verlag bedanke ich mich bei meiner Lektorin Maria Ronniger und bei Anne Rathgeber.

Dieter Bensmann

Literaturverzeichnis

Aderhold, Jens: Form und Funktion sozialer Netzwerke in Wirtschaft und Verwaltung — Beziehungsgeflechte als Vermittler von Erreichbarkeit und Zugänglichkeit, Wiesbaden 2004

Aderhold, Jens/Meyer, Matthias/Wetzel, Ralf (Hrsg.): Modernes Netzwerkmanagement — Anforderungen — Methoden — Anwendungsfelder, Wiesbaden 2005

Aderhold, Jens: Unternehmen zwischen Netzwerk und Kooperation, in: Aderhold, Jens/Meyer, Matthias/Wetzel, Ralf (Hrsg.): Modernes Netzwerkmanagement — Anforderungen — Methoden — Anwendungsfelder, Wiesbaden 2005, S. 113 ff.

Ahlers-Niemann, Arndt/Freitag-Becker, Edeltrud: Netzwerke — Begegnungen auf Zeit. Zwischen Uns und Ich, Bergisch-Gladbach 2011

Ahlers-Niemann, Arndt/Dempsey, Kate: … und ewig lockt das Netzwerk — sozioanalytische Reflexionen zum verführerischen Charakter von Netzwerken, in: Ahlers-Niemann, Arndt/Freitag-Becker, Edeltrud: Netzwerke — Begegnungen auf Zeit. Zwischen Uns und Ich, Bergisch-Gladbach 2011, S. 159 ff.

Ahlers-Niemann, Arndt/Freitag-Becker, Edeltrud: Über die Herausforderungen, ein Netzwerkbuch zu gestalten, in: Ahlers-Niemann, Arndt/Freitag-Becker, Edeltrud: Netzwerke — Begegnungen auf Zeit. Zwischen Uns und Ich, Bergisch-Gladbach 2011, S. 11 ff.

Ahlers-Niemann, Arndt/Freitag-Becker, Edeltrud: Mit dem Wertequadrat der eigenen Netzwerkkompetenz auf der Spur, in: Ahlers-Niemann, Arndt/Freitag-Becker, Edeltrud: Netzwerke — Begegnungen auf Zeit. Zwischen Uns und Ich, Bergisch-Gladbach 2011, S. 191 ff.

Albrecht, Steffen: Knoten im Netzwerk, in: Stegbauer, Christian/Häußling, Roger (Hrsg.): Handbuch Netzwerkforschung, Wiesbaden 2010 , S. 125 ff.

Avenarius, Christine B.: Starke und schwache Beziehungen, in: Stegbauer, Christian/Häußling, Roger (Hrsg.): Handbuch Netzwerkforschung, Wiesbaden 2010, S. 99 ff.

Becker, Thomas: Leitbildentwicklungen in Kooperationen, in: Becker, Thomas/Dammer, Ingo/Howaldt, Jürgen/Loose, Achim (Hrsg.): Netzwerkmanagement. Mit Kooperation zum Unternehmenserfolg, Berlin/Heidelberg 2011, S. 105 ff.

Becker, Thomas/Dammer, Ingo/Howaldt, Jürgen/Loose, Achim (Hrsg.): Netzwerkmanagement. Mit Kooperation zum Unternehmenserfolg, Berlin/Heidelberg 2011

Becker, Thomas/Dammer, Ingo/Howaldt, Jürgen/Killich, Stephan/Loose, Achim: Netzwerke — praktikabel und zukunftsfähig, in: Becker, Thomas/Dammer, Ingo/Howaldt, Jürgen/Loose, Achim (Hrsg.): Netzwerkmanagement. Mit Kooperation zum Unternehmenserfolg, Berlin/Heidelberg 2011, S. 3 ff.

Bensmann, Dieter: Das Beispiel »Netzwerk der Ganztagsschulkoordinatoren« in Hamburg, in: Kulin, Sabrina/Frank, Keno/Fickermann, Detlef/Schwippert, Knut (Hrsg.): Soziale Netzwerkanalyse. Theorie, Methoden, Praxis, Münster 2012, S. 79ff

Bensmann, Dieter: Grundlagen des Netzwerkmanagements im Projekt QuaSi BNE«, in: Fischbach, Robert/Kolleck, Nina/de Haan, Gerhard: Auf dem Weg zu nachhaltigen Bildungslandschaften — Lokale Netzwerke erforschen und gestalten, Wiesbaden 2015, S. 119ff

Bensmann, Dieter: Rückmeldung von wissenschaftlichen Daten: Herausforderungen — Erfahrungen — Anregungen, in: Fischbach, Robert/Kolleck, Nina/de Haan, Gerhard: Auf dem Weg zu nachhaltigen Bildungslandschaften — Lokale Netzwerke erforschen und gestalten, Wiesbaden 2015, S. 105ff.

Berger, Ulrike/Bernhard-Mehlich, Isolde: Die Verhaltenswissenschaftliche Entscheidungstheorie, in: Kieser, Alfred/Ebers, Mark: Organisationstheorien, Stuttgart 2006, S. 169ff.

Beumer, Ullrich: Ich war noch niemals in New York ... — Netzwerke und Angstabwehr, in: Ahlers-Niemann, Arndt/Freitag-Becker, Edeltrud: Netzwerke — Begegnungen auf Zeit. Zwischen Uns und Ich, Bergisch-Gladbach 2011, S. 145ff.

Dallwig, Michael: Kollaboratives Arbeiten. Alle reden darüber, aber wie macht man es wirklich?, in: Joachim Hertz Stiftung (Hrsg.): Aufbrüche — Das Bildungsmagazin, Mai 2017

Dammer, Ingo: Gelingende Kooperation, in: Becker, Thomas/Dammer, Ingo/Howaldt, Jürgen/Loose, Achim (Hrsg.): Netzwerkmanagement. Mit Kooperation zum Unternehmenserfolg, Berlin/Heidelberg 2011, S. 37ff.

Dammer, Ingo: Clusterpolitik: Gestaltung und Erfahrungen in NRW, in: Becker, Thomas/Dammer, Ingo/Howaldt, Jürgen/Loose, Achim (Hrsg.): Netzwerkmanagement. Mit Kooperation zum Unternehmenserfolg, Berlin/Heidelberg 2011, S. 51ff.

Duschek, Sigrid/Wetzel, Ralf/Aderhold, Jens: Probleme mit dem Netzwerk und Probleme mit dem Management, in: Aderhold, Jens/Meyer, Matthias/Wetzel, Ralf (Hrsg.): Modernes Netzwerkmanagement — Anforderungen — Methoden — Anwendungsfelder, Wiesbaden 2005, S. 143ff.

Ebers, Mark/Gotsch, Wilfried: Institutionenökonomische Theorien der Organisation, in: Kieser, Alfred/Ebers, Mark: Organisationstheorien, Stuttgart 2006, S. 247ff.

Fink, Dietmar/Wamser, Christoph: Zur Marktentwicklung der Netzwerkberatung durch Beratungsnetzwerke, in: Sydow, Jörg/Manning, Stephan (Hrsg.): Netzwerke beraten. Über Netzwerkberatung und Beratungsnetzwerke, Wiesbaden 2006, S. 37ff.

Fischbach, Robert: Quasi BNE: Handlungsforschung im Kontext von Netzwerkentwicklung, in: Fischbach, Robert/Kolleck, Nina/de Haan, Gerhard: Auf dem Weg zu nachhaltigen Bildungslandschaften — Lokale Netzwerke erforschen und gestalten, Wiesbaden 2015, S. 39ff.

Fischbach, Robert/Kolleck, Nina/de Haan, Gerhard: Auf dem Weg zu nachhaltigen Bildungslandschaften — Lokale Netzwerke erforschen und gestalten, Wiesbaden 2015

Fischbach, Robert/Kolleck, Nina/de Haan, Gerhard: Auf dem Weg zu nachhaltigen Bildungslandschaften: Lokale Netzwerke erforschen und gestalten, in: Fischbach, Robert/Kolleck, Nina/de Haan, Gerhard: Auf dem Weg zu nachhaltigen Bildungslandschaften — Lokale Netzwerke erforschen und gestalten, Wiesbaden 2015, S. 11 ff.

Fischer, Jörg/Kosellek, Tobias (Hrsg.): Netzwerke und Soziale Arbeit. Theorien, Methoden, Anwendungen, Weinheim/Basel 2013

Freitag-Becker, Edeltrud: In Netzen werken — m/ein Geschäftsmodell, in: Ahlers-Niemann, Arndt/Freitag-Becker, Edeltrud: Netzwerke — Begegnungen auf Zeit. Zwischen Uns und Ich, Bergisch-Gladbach 2011, S. 97 ff.

Fried, Andrea/Knoll, Michael: Vernetzt oder verstrickt, in: Aderhold, Jens/Meyer, Matthias/Wetzel, Ralf (Hrsg.): Modernes Netzwerkmanagement — Anforderungen — Methoden — Anwendungsfelder, Wiesbaden 2005, S. 73 ff.

Haas, Jessica/Malang, Thomas: Beziehungen und Kanten, in: Stegbauer, Christian/Häußling, Roger (Hrsg.): Handbuch Netzwerkforschung, Wiesbaden 2010, S. 89 ff.

Hausberg, Bernard: Cluster und Kompetenznetzwerke beraten — Erfahrungen des VDI Technologiezentrums, in: Sydow, Jörg/Manning, Stephan (Hrsg.): Netzwerke beraten. Über Netzwerkberatung und Beratungsnetzwerke, Wiesbaden 2006, S. 127 ff.

Hellmann, Kai-Uwe/Marschall, Jörg: Netzwerkanalyse in der Konsumforschung, in: Stegbauer, Christian/Häußling, Roger (Hrsg.): Handbuch Netzwerkforschung, Wiesbaden 2010, S. 647 ff.

Heuer, Stefan: Im goldenen Käfig, brandeins 7/17, S. 48 ff.

Howaldt, Jürgen: Beratung im Netz — Neue Innovations- und Beratungsarrangements an der Schnittstelle von Wirtschaft, Wissenschaft und Politik, in: Sydow, Jörg/Manning, Stephan (Hrsg.): Netzwerke beraten. Über Netzwerkberatung und Beratungsnetzwerke, Wiesbaden 2006, S. 247 ff.

Howaldt, Jürgen/Dammer, Ingo: Innovationsnetzwerke — ein (nicht nur) wirtschaftliches Erfolgsmodell, in: Becker, Thomas/Dammer, Ingo/Howaldt, Jürgen/Loose, Achim: Netzwerkmanagement. Mit Kooperation zum Unternehmenserfolg, Berlin/Heidelberg 2011, S. 77 ff.

Howaldt, Jürgen/Ellerkmann, Frank: Entwicklungsphasen von Netzwerken und Unternehmenskooperationen, in: Becker, Thomas/Dammer, Ingo/Howaldt, Jürgen/Loose, Achim: Netzwerkmanagement. Mit Kooperation zum Unternehmenserfolg, Berlin/Heidelberg 2011, S. 23 ff.

Innovationsbüro Fachkräfte für die Region — DIHK Service GmbH im Auftrag des Bundesministeriums für Arbeit und Soziales (Hrsg.): Gute Praxis — Ideen und

Anregungen zur Fachkräftesicherung in der Region. 1. Leitfaden für Netzwerke zur Fachkräftesicherung, Berlin 2014

Innovationsbüro Fachkräfte für die Region — DIHK Service GmbH im Auftrag des Bundesministeriums für Arbeit und Soziales (Hrsg.): Fachkräfteanalyse in Regionalen Netzwerken. 2. Leitfaden für Netzwerke zur Fachkräftesicherung, Berlin 2014

Innovationsbüro Fachkräfte für die Region — DIHK Service GmbH im Auftrag des Bundesministeriums für Arbeit und Soziales (Hrsg.): Das gemeinsame Projekt: Definition von Zielen und Maßnahmen. 3. Leitfaden für Netzwerke zur Fachkräftesicherung, Berlin 2014

Innovationsbüro Fachkräfte für die Region — DIHK Service GmbH im Auftrag des Bundesministeriums für Arbeit und Soziales (Hrsg.): Projekte zielgerichtet umsetzen. 4. Leitfaden für Netzwerke zur Fachkräftesicherung, Berlin 2015

Innovationsbüro Fachkräfte für die Region — DIHK Service GmbH im Auftrag des Bundesministeriums für Arbeit und Soziales (Hrsg.): KMU als Partner regionaler Fachkräftenetzwerke. Erfolgreiche Strategien aus der Praxis und Handlungsempfehlungen, Berlin 2017

Katzmair, Harald: Die soziale Netzwerkanalyse in der Welt des Consulting, in: Stegbauer, Christian/Häußling, Roger (Hrsg.): Handbuch Netzwerkforschung, Wiesbaden 2010, S. 657 ff.

Kieser, Alfred: Der Situative Ansatz, in: Kieser, Alfred/Ebers, Mark: Organisationstheorien, Stuttgart 2006, S. 215 ff.

Kieser, Alfred/Ebers, Mark: Organisationstheorien, Stuttgart 2006

Kieser, Alfred/Walgenbach, Peter: Organisation, Stuttgart 2010

Killich, Stephan: Formen der Unternehmenskooperation, in: Becker, Thomas/Dammer, Ingo/Howaldt, Jürgen/Loose, Achim: Netzwerkmanagement. Mit Kooperation zum Unternehmenserfolg, Berlin/Heidelberg 2011, S. 13 ff.

Killich, Stephan/Kopp, Ralf: Wirksames Wissensmanagement in Netzwerken, in: Becker, Thomas/Dammer, Ingo/Howaldt, Jürgen/Loose, Achim: Netzwerkmanagement. Mit Kooperation zum Unternehmenserfolg, Berlin/Heidelberg 2011, S. 143 ff.

Klocke, Ralph: Kooperationspotentiale nutzbar machen. Beratung und Entwicklung von Netzwerken kleiner und mittlerer Unternehmen, in: Sydow, Jörg/Manning, Stephan (Hrsg.): Netzwerke beraten. Über Netzwerkberatung und Beratungsnetzwerke, Wiesbaden 2006, S. 101 ff.

Klocke, Ralph: Wer spricht mit wem? Kooperations-Controlling per Netzwerkanalyse, in: Becker, Thomas/Dammer, Ingo/Howaldt, Jürgen/Loose, Achim: Netzwerkmanagement. Mit Kooperation zum Unternehmenserfolg, Berlin/Heidelberg 2011, S. 171 ff.

Klocke, Ralph: Organisationen durch die Netzwerkbrille sehen, in: Profile — Internationale Zeitschrift für Veränderung, Lernen, Dialog 21/2011, S. 44 ff.

Kolleck, Nina: Innovationen und Bildungslandschaften: Ergebnisse Sozialer Netzwerkanalysen, in: Fischbach, Robert/Kolleck, Nina/de Haan, Gerhard: Auf dem Weg zu nachhaltigen Bildungslandschaften — Lokale Netzwerke erforschen und gestalten, Wiesbaden 2015, S. 55 ff.

Kolleck, Nina: Bessere Bildung durch mehr Kooperation, in: Joachim Hertz Stiftung (Hrsg.): Aufbrüche — Das Bildungsmagazin, Mai 2017

Königswieser, Roswita: Kann man Netzwerke beraten?, in: Sydow, Jörg/Manning, Stephan (Hrsg.): Netzwerke beraten. Über Netzwerkberatung und Beratungsnetzwerke, Wiesbaden 2006, S. 271 ff.

Kozok, Barbara/Töpfer, Jo: Boscop eg — eine Synapse im open space-Netzwerk, in: Sydow, Jörg/Manning, Stephan (Hrsg.): Netzwerke beraten. Über Netzwerkberatung und Beratungsnetzwerke, Wiesbaden 2006, S. 227 ff.

Krempel, Lothar: Netzwerkvisualisierung, in: Stegbauer, Christian/Häußling, Roger (Hrsg.): Handbuch Netzwerkforschung, Wiesbaden 2010, S. 539 ff.

Kühl, Stefan/Schnelle, Wolfgang: Laterales Führen, in: Aderhold, Jens/Meyer, Matthias/Wetzel, Ralf (Hrsg.): Modernes Netzwerkmanagement — Anforderungen — Methoden — Anwendungsfelder, Wiesbaden 2005, S. 185 ff.

Kulin, Sabrina/Frank, Keno/Fickermann, Detlef/Schwippert, Knut (Hrsg.): Soziale Netzwerkanalyse. Theorie, Methoden, Praxis, Münster 2012

Lampe, Pascal: Expertise, Kooperation und Vertrauen schaffen eine innovative Dynamik, in: Profile — Internationale Zeitschrift für Veränderung, Lernen, Dialog, 21/2011, S. 24 ff.

Loose, Achim: Organisationen und Netzwerke: Beratende und Beratene, in: Sydow, Jörg/Manning, Stephan (Hrsg.): Netzwerke beraten. Über Netzwerkberatung und Beratungsnetzwerke, Wiesbaden 2006, S. 19 ff.

Loose, Achim: Netzwerkbeziehungen: Zwischen (blindem) Vertrauen und (umfassender) Kontrolle, in: Ahlers-Niemann, Arndt/Freitag-Becker, Edeltrud: Netzwerke — Begegnungen auf Zeit. Zwischen Uns und Ich, Bergisch-Gladbach 2011, S. 41 ff.

Lotter, Wolf: Konkurrenzlos, in: brandeins 7/2017 , S. 30 ff.

Manning, Stephan/Sydow, Jörg: Von der Organisationsberatung zur Netzwerkberatung, in: Sydow, Jörg/Manning, Stephan (Hrsg.): Netzwerke beraten. Über Netzwerkberatung und Beratungsnetzwerke, Wiesbaden 2006, S. 1 ff.

Müller, Helmut/Scholta, Claudia: Beratung und Coaching von Netzwerken im Rahmen regionaler Verbundinitiativen: Der Ansatz der RKW Sachsen, in: Sydow, Jörg/Manning, Stephan (Hrsg.): Netzwerke beraten. Über Netzwerkberatung und Beratungsnetzwerke, Wiesbaden 2006, S. 115 ff.

Müller-Jentsch, Walther: Organisationssoziologie. Eine Einführung, Frankfurt/M. 2003

Müller-Prothmann, Tobias: Netzwerkanalyse in der Innovations- und Wissensmanagementpraxis, in: Stegbauer, Christian/Häußling, Roger (Hrsg.): Handbuch Netzwerkforschung, Wiesbaden 2010, S. 835 ff.

Oestereich, Bernd/Schröder, Claudia: Das kollegial geführte Unternehmen. Ideen und Praktiken für die agile Organisation von morgen, München 2017

Osterloh, Margit/Weibel, Antoinette: Investition Vertrauen. Prozesse der Vertrauensentwicklung in Organisationen, Wiesbaden 2006

Otto-Albrecht, Manfred: Gut beraten und vernetzt — so gelingt berufliche Inklusion. Abschlussbericht Projekt Wirtschaft inklusiv, Hrsg. BAG abR e. V., 2017

Petermann, Sören: Einsatzmöglichkeiten der Netzwerkanalyse, in: Aderhold, Jens/Meyer, Matthias/Wetzel, Ralf (Hrsg.): Modernes Netzwerkmanagement — Anforderungen — Methoden — Anwendungsfelder, Wiesbaden 2005, S. 343 ff.

Preisendörfer, Peter: Organisationssoziologie — Grundlagen, Theorien und Problemstellungen, Wiesbaden 2005

Profile — Internationale Zeitschrift für Veränderung, Lernen, Dialog 21/2011, Themenheft »Netzwerke revisited — Formen und Grenzen der Steuerbarkeit«

Roehl, Heiko/Rollwagen, Ingo: Organisationale Gestaltung als Gestaltung von Kooperation, in: Aderhold, Jens/Meyer, Matthias/Wetzel, Ralf (Hrsg.): Modernes Netzwerkmanagement — Anforderungen — Methoden — Anwendungsfelder, Wiesbaden 2005, S. 165 ff.

Scheidegger, Nicoline: Strukturelle Löcher, in: Stegbauer, Christian/Häußling, Roger (Hrsg.): Handbuch Netzwerkforschung, Wiesbaden 2010, S. 145 ff.

Scherer, Andreas Georg: Kritik der Organisation oder Organisation der Kritik? — Wissenschaftstheoretische Bemerkungen zum kritischen Umgang mit Organisationstheorien, in: Kieser, Alfred/Ebers, Mark: Organisationstheorien, Stuttgart 2006, S. 19 ff.

Scherer, Jiri: Kreativitätstechniken, Offenbach 2007

Schlecht, Michael: Frankfurter Erfolgsfaktoren für kommunale Netzwerke ‚Bildung für nachhaltige Entwicklung‘, in: Fischbach, Robert/Kolleck, Nina/de Haan, Gerhard: Auf dem Weg zu nachhaltigen Bildungslandschaften — Lokale Netzwerke erforschen und gestalten, Wiesbaden 2015, S. 169 ff.

Schmidt, Alexander: klima:aktiv — Netzwerkbildung zwischen Politik und Wirtschaft, in: Becker, Thomas/Dammer, Ingo/Howaldt, Jürgen/Loose, Achim (Hrsg.): Netzwerkmanagement. Mit Kooperation zum Unternehmenserfolg, Berlin/Heidelberg 2011, S. 87 ff.

Schubert, Herbert: Netzwerkmanagement. Koordination von professionellen Vernetzungen. Grundlagen und Beispiele, Wiesbaden 2008

Schulz, Klaus-Peter: Lernen und Reflexion in Netzwerken, in: Aderhold, Jens/Meyer, Matthias/Wetzel, Ralf (Hrsg.): Modernes Netzwerkmanagement — Anforderungen — Methoden — Anwendungsfelder, Wiesbaden 2005, S. 213 ff.

Stegbauer, Christian/Häußling, Roger (Hrsg.): Handbuch Netzwerkforschung, Wiesbaden 2010

Strauß, Florian: Netzwerkkarten — Netzwerke sichtbar machen, in: Stegbauer, Christian/Häußling, Roger (Hrsg.): Handbuch Netzwerkforschung, Wiesbaden 2010, S. 527 ff.

Sutrich, Othmar/Opp, Bernd/Enders, Egon: Entscheiden im Wechselspiel zwischen Linie und Netzwerk, in: Profile — Internationale Zeitschrift für Veränderung, Lernen, Dialog 21/2011, S. 10 ff.

Sydow, Jörg: Netzwerkberatung — Aufgaben, Ansätze, Instrumente, in: Sydow, Jörg/Manning, Stephan (Hrsg.): Netzwerke beraten. Über Netzwerkberatung und Beratungsnetzwerke, Wiesbaden 2006, S. 57 ff.

Sydow, Jörg/Manning, Stephan (Hrsg.): Netzwerke beraten. Über Netzwerkberatung und Beratungsnetzwerke, Wiesbaden 2006

Tzschoppe-Kölling, Andreas: Statt eines Dialogs: Entscheiden im Wechselspiel zwischen Linie und Netzwerk, in: Profile — Internationale Zeitschrift für Veränderung, Lernen, Dialog 21/2011, S. 21 ff.

Unger, Georg/Loose, Achim: Nachhaltige Entwicklung in nachhaltigkeitsorientierten Netzwerken, in: Becker, Thomas/Dammer, Ingo/Howaldt, Jürgen/Loose, Achim (Hrsg.): Netzwerkmanagement. Mit Kooperation zum Unternehmenserfolg, Berlin/Heidelberg 2011, S. 155 ff.

van Reybrouck, David: Gegen Wahlen — warum Abstimmen nicht demokratisch ist, Göttingen 2016

Vieregge, Peter: Cluster und Kompetenzstandorte, in: Becker, Thomas/Dammer, Ingo/Howaldt, Jürgen/Loose, Achim (Hrsg.): Netzwerkmanagement. Mit Kooperation zum Unternehmenserfolg, Berlin/Heidelberg 2011, S. 63 ff.

Walgenbach, Peter: Die Strukturationstheorie, in: Kieser, Alfred/Ebers, Mark: Organisationstheorien, Stuttgart 2006, S. 403 ff.

Weinberg, Ulrich: Network Thinking. Was kommt nach dem Brockhaus-Denken?, Hamburg 2015

Weisboard, Marvin/Janoff, Sandra: Systemische Netzwerkberatung bei IKEA — Oder: Umgestaltung einer globalen Wertschöpfungskette in 18 Stunden, in: Sydow, Jörg/Manning, Stephan(Hrsg.): Netzwerke beraten. Über Netzwerkberatung und Beratungsnetzwerke, Wiesbaden 2006, S. 145 ff.

Weyer, Johannes: Soziale Netzwerke, München 2000

Weyer, Johannes: Einleitung — Zum Stand der Netzwerkforschung in den Sozialwissenschaften, in: Weyer, Johannes, Soziale Netzwerke, München 2000, S. 1 ff.

Wittig, Christiane: Kreatives Netzwerken, Offenbach 2012

Zentes, Joachim/Swoboda, Bernhard/Morschett, Dirk (Hrsg.): Kooperationen, Allianzen und Netzwerke. Grundlagen — Ansätze — Perspektiven, Wiesbaden 2003

Ziegenhorn, Frank: Das Netzwerk als unverzichtbares Erfolgskriterium der Organisationsentwicklung, in: Aderhold, Jens/Meyer, Matthias/Wetzel, Ralf (Hrsg.): Modernes Netzwerkmanagement — Anforderungen — Methoden — Anwendungsfelder, Wiesbaden 2005, S. 35 ff.

Stichwortverzeichnis

HauFE.

Ihr Feedback ist uns wichtig!
Bitte nehmen Sie sich eine Minute Zeit

www.haufe.de/feedback-buch